제인 구달 생명의 시대

일러두기

본문에서 제인 구달의 이야기는 검정색의 활자로,
마크 베코프의 이야기는 녹색 활자로 표기했다.

제인 구달 생명의 시대

생명을 지키는 10가지 길

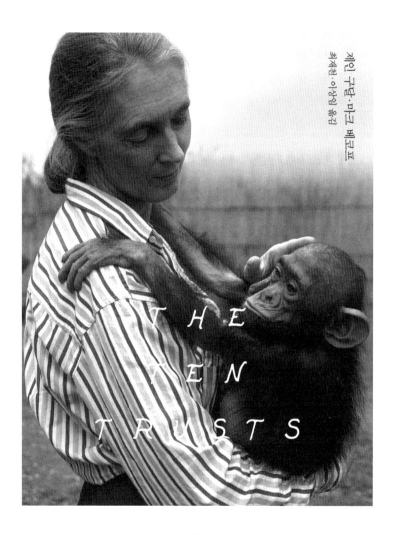

제인 구달·마크 베코프
최재천·이상임 옮김

바다출판사

나에게 자연을 존중하고 사랑하도록 가르친 이들에게 이 책을 바친다.
내 생애 66년 동안 나의 선생님이자 역할모델이시며
가장 친한 친구가 되어주셨던 나의 어머니 밴 구달.
데이비드 그레이비어드, 플로, 그 외 곰비의 침팬지들.
그리고 내 어린 시절 멋진 동반자이자 선생님이 되어준 러스티에게.

제인 구달 *Jane Goodall*

이 세상의 좋은 것들을 두루 알고 계시고 내 삶을 평화와 따스함,
동정과 존경, 그리고 넘쳐나는 사랑으로 축복해주셨던
나의 어머니 베아트리스에게 이 책을 바친다.
또 그 동안 내가 함께 지내왔던 평범치 않았던 개들과
내가 알게 되었던 야생동물들에게도 깊이 감사한다.
그들은 자신들의 존재에 대해 나를 일깨워주었고
내 삶을 풍요롭게 해주었다. 특히 제스로에게 감사한다.

마크 베코프 *Marc Bekoff*

차례

이젠 행동으로 옮길 때입니다

이 책이 처음 우리말로 번역되어 나온 지 어언 18년이 흘렀습니다. 그동안 우리 삶에는 많은 일들이 있었습니다. 2007년 12월 7일 삼성중공업의 해상 크레인과 유조선 허베이스피리트호가 충돌해 원유 1만 2,547킬로리터가 충남 태안 해역으로 유출되는 사고가 발생했습니다. 이명박 정부는 2009년 2월부터 2013년 초까지 총사업비 22조 원을 들여 한강, 낙동강, 금강, 영산강 등에 이른바 '4대강 살리기 사업'을 벌여 우리나라 담수 생태계의 상당 부분을 초토화시켰습니다. 2011년 3월 11일 이웃 나라 일본에서는 대규모 지진으로 인한 쓰나미로 후쿠시마 원자력 발전소에서 1986년 소련 체르노빌 원전 사고와 동일한 등급의 방사능 누출 사고가 발생했습니다. 2019년 9월부터 2020년 2월까지 호주에서는 대규모 산불이 일어나 한반도 면적의 85%에 달하는 18만 6,000제곱킬로미터가 소실되었습니다.

그러다가 2019년 12월에 터진 코로나19 사태는 우리의 삶을 완벽하게 뒤엎어버렸습니다. 1년이 넘는 기간 동안 초유의 사태를 겪으며 사람들은 종종 '자연의 역습' 혹은 '신의 저주'를 들먹입니다. 저는 동의할 수 없습니다. 자연은 역습을 기획할 수 있는 존재가 아닙니다. 신도 우리 인간이 하는 짓을 보면 한없이 밉겠지만 우리만 콕 집어 저주를 퍼부을 리도 없다고 생각합니다. 코로나19 사태는 우리가 그동안 자연에 저지른 죗값을 그대로 돌려받고 있는 것일 뿐입니다. 구태여 표현하자면 말 그대로 자업자득自業自得입니다. 자연이 우리에게 보복이나 역습을 도모하는 게 아니라 우리가 망가뜨린 자연의 상처가 고스란히 우리의 고통으로 되돌아온 겁니다.

　　원래 백신은 개발에서 공급까지 대략 10~15년 정도 걸렸습니다. 놀랍게도 이번에는 생명과학의 혁신적인 발전 덕택에 최신 mRNA 기술을 이용해 기존의 백신과 전혀 다른 공정으로 1년 이내에 개발되었습니다. 그러나 앞으로 만일 이런 인수공통바이러스가 지금보다 훨씬 자주 창궐한다면 그럴 때마다 언제나 이번처럼 백신을 신속하게 개발할 수 있다는 보장은 없습니다. 그래서 저는 일찌감치 실험실에서 백신이 제조될 때를 기다리지 않고도 손쉽게 할 수 있는 두 가지의 백신 — '행동 백신behavior vaccine'과 '생태 백신eco-vaccine'을 제안한 바 있습니다. 행동 백신은 이번에 우리 국민이 정말 성실하게 접종한 손 씻기, 마스크 쓰기, 사회적 거리 두기 등 행동으로 할 수 있는 백신입니다. 생태 백신은 이보다 더 근원적인 백신입니다. 자연을 마구 훼손하고 유린하는 게 아니라 존중하며 적절한 거리를 두면 이번과 같은 팬데믹은 원천적으로 일어나지 않습니다. 생태 백신은 사실 새로운 게 아닙니다. 그동안 여러분은 '자연 보호'라는 이름으로 귀에 못이 박이도록 들었습니다. 다만 실천하지 않았을 뿐입니다. 그러나 이제 제가 '자연 보호'라는 표현을 '생태 백신'으로 바꿔 부르는 순간 모두 동참해야 합니다. 왜냐하면 백신은 모름지기 사회 구성원의 적어도 80퍼센트 이상이 접종해야 이른바 집단 면역을 성취할 수 있기 때문입니다.

2020년 7월 SBS CNBC가 제작한 〈포스트 코로나 뉴노멀을 말하다〉라는 대담 프로그램에서 제인 구달 박사와 저는 코로나19라는 절망적 재앙 속에서도 역설적으로 희망을 본다는 데 동의했습니다. 어쩌면 눈에 보이지도 않는 바이러스가 그동안 우리가 그토록 열심히 부르짖어 온 메시지를 확실하게 전달하고 있는 것 같기 때문입니다. 그동안 환경이 밥 먹여주느냐고 비난하던 사람들에 입에서 '더는 환경을 훼손하면 인류의 생존이 위협받는다'라는 발언이 거침없이 쏟아져 나옵니다. 엄청난 비용을 지불하고 있는 건 사실이지만 어쩌면 코로나19 팬데믹이 앞으로 닥칠 기후 위기와 생물 다양성의 고갈에 대해 많은 사람에게 경각심을 불어넣어 주는 것도 사실입니다. 위기가 기회라는 말이 바로 이럴 때 쓰는 말이라는 걸 실감합니다.

이 책의 저자 구달 박사와 베코프 교수는 평생토록 자연의 비밀을 캐온 성실한 자연의 광부들입니다. 구달 박사는 잘 아시다시피 아프리카 숲속에서 60년 넘도록 야생 침팬지들의 행동과 생태를 연구해온 생물학자입니다. 베코프 교수는 제가 몸담고 있는 동물행동학 분야에서는 제일 급의 세계적인 학자이며《동물에게 귀 기울이기》,《동물 권리 선언》,《개와 사람의 행복한 동행을 위한 한 뼘 더 깊은 지식》등으로 우리 독자들에게도 잘 알려진 작가입니다. 오랫동안 미국 콜로라도 대학에서 교수 생활을 하며 동물의 사회 행동과 인지 능력에 관하여 많은 연구를 해왔습니다.

이 책은 동물들을 머리와 가슴 모두로 연구하고 사랑해온 두 대표적인 학자가 동물들에 대해 보다 많이 알아가며 어떻게 하면 그들을 더 사랑할 수 있게 되는지에 대한 구체적인 실천방안 열 가지를 제시한 책입니다. 저는 이들을 '생명 사랑 십계명'이라 부르렵니다. 모세의 십계명을 가슴 깊이 새기고 사는 기독교인들처럼 저는 세상 모든 사람이 이 '생명 사랑의 십계명'을 신앙처럼 떠받들고 살았으면 좋겠습니다. 그래서 저는 제가 초대 원장으로 일한 충남 서천에 있는 국립생태원에 '제인 구달의 길'을 만들며 그 길 거의 끝자락에 이 십계명을 새긴 푯대들을 세웠습니다. 구달 길을 걸으며 구달 박사의 업적과 철학을 공부한 다음 '생명 사랑 십계명'으로 다시 한번 마음을 다잡자는 취지에서 만든 겁니다. 우리 자연은 이제 더는 유린되거나 방치해둘 수 없는 절박한 상황에 처했기 때문입니다. 자연이 힘들어하면 우리 인간이 먼저 병들기 때문입니다.

저는 1999년 모리 요시다 전 일본 총리의 초빙으로 '도쿄 신세기 문명 포럼'에서 강연했습니다. 그 강연을 위해 오랫동안 생각해왔지만 이런저런 핑계로 미뤄왔던 우리 인류의 '창씨개명'을 단행했습니다. 남의 민족 정기를 말살하려는 침략 의도로 그 옛날 일본 사람들이 강행했던 창씨개명은 물론 아닙니다. 우리 인간은 '호모 사피엔스$_{Homo\ sapiens}$', 즉 '현명한$_{wise}$ 인류'라고 자신을 추켜세웁니다. 공주병, 왕자병의 극치지요. 저는 우리 인간이 참으로 똑똑한 동물임에는 틀림이 없으나 결코 현명하다고는 생각하지 않습니다. 그래서 저는 제 연설에서 이제 우리를 '호모 심비우스 $_{Homo\ symbious}$' 즉 '공생인'이라 부르자고 제안했습니다.

그동안 우리는 자연을 너무 한쪽으로만 바라보았습니다. '약육강식'

에다 '이에는 이, 눈에는 눈' 식으로만 생각했습니다. 한정된 자원을 놓고 경쟁은 불가피합니다. 하지만 무작정 대놓고 남을 거꾸러뜨리는 것만이 경쟁에서 이기는 유일한 방법은 아닙니다. 이 지구상에서 무게로 볼 때 가장 성공한 생물 집단이 누군지 아십니까? 바로 식물입니다. 그중에서도 꽃을 피우는 식물, 즉 현화식물입니다. 이 세상 동물들을 다 한데 모아도 현화식물의 무게에 비하면 그야말로 새 발의 피입니다. 그렇다면 숫자로 가장 성공한 생물 집단은 누구입니까? 두말할 나위도 없이 곤충이지요. 이 두 가장 성공한 생물 집단들이 '너 죽고 나 살자' 식으로 물어뜯어서 성공한 것이 아닙니다. 꽃가루받이를 통해 서로 손을 잡았기 때문에 함께 성공한 것입니다. 공생이 경쟁을 이기는 가장 현명한 길이라는 걸 우리는 이제 압니다.

"알면 사랑한다!" 제가 과학의 중요성을 대중에게 알릴 때 늘 가슴 한 복판에 크게 써 붙이고 다니는 말입니다. 우리네 삶에서도 서로에 대해 잘 모르기 때문에 시기하고 헐뜯는 것처럼 자연도 충분히 알지 못하면 해칠 수밖에 없습니다. 그래서 저는 자연에 대해 보다 많이 아는 것이 무엇보다도 중요하다고 생각합니다. 당장 빈 깡통 하나 줍는 것도 물론 중요하지만 하루빨리 자연이 사라지기 전에 그 섭리를 깨닫는 일 또한 무척 중요합니다. 이 책을 읽다 보면 여러 곳에서 구달 박사와 베코프 교수 역시 제가 열심히 부르짖고 있는 "알면 사랑한다"의 정신을 설명하고 있는 걸 발견할 겁니다. 서로 연구해온 동물은 달라도 결국 같은 결론에 도달한 것입니다.

황지우 시인은 "길은 가면 뒤에 있다"라고 했습니다. 구달 박사와 베코프 교수가 걸어간 뒤로 이젠 분명하게 길이 나 있는 걸 저는 봅니다. 우리는 그 뒤를 따르기만 하면 됩니다. 이젠 행동으로 옮길 때가 되었습니다. 자연은 이제 우리를 기다려주기에는 너무도 지쳐 있습니다. 우리 자신을, 그리고 우리가 몸담고 있는 이 아름다운 지구를 구하려고 일어선 당신에게 '생명 사랑의 십계명'을 안겨 드립니다.

최재천

이화여대 에코과학부 석좌교수

생명다양성재단 대표

아름다운 지구를 구하는
생명 사랑의 실천

이 책은 우리가 지구에서 함께 살아가고 있는 다른 여러 생물들에게 좀더 윤리적인 태도를 갖고 자연 세계를 가까이 느끼자는 내용으로, 내 친구이자 동료인 마크 베코프와 함께 썼다. 여기서 우리는 아이들과 모든 사람들에게 동물들에 대한 동정심과 그들이 살아가는 곳을 소중히 여기도록 가르치는 것이 보다 안전하고 관용이 넘치는 세상을 만든다는 이야기를 하려고 한다. 이 점을 이해해야만 비로소 우리는 지구와 그 위에 사는 모든 생명체를 아끼고 사랑할 수 있으며, 그래야만 비로소 우리가 그들을 도울 수 있다. 또한 우리가 함께 힘을 합쳐 아름다운 지구를 더 이상 파괴하지 않으려는 노력을 하지 않으면 미래에 대한 그 어떤 희망도 모두 물거품이 될 것이다. 지금 우리는 역사상 아주 중요한 지점에 와 있다.

이 책은 1999년 11월 마크가 그의 친구인 견공 제스로와 산책하던 중에 떠오른 생각에서 시작되었다. 자신이 사는 콜로라도 주 볼더의 수려한 경관을 즐기면서도, 마크는 환경과 생명체들의 미래를 생각하는 사람들을 괴롭히는 문제들에 대해 깊이 생각하고 있었던 것이다. 새 천년이 시작되기 바로 전날 마크는 전 세계에서 벌어지고 있는 잘못된 일들 ― 오염, 서식처 파괴, 멸종 ― 에 대해 생각했다. 2000년, 거의 300년 만에 처음으로 영장류 한 종이 멸종되었음이 공식 발표되었다. 바로 가나의 우림에 서식하던 색깔이 화려한 미스 월드론의 콜로부스 원숭이였다. 사람들은 20세기 동안 수만 종의 눈에 띄지 않는 동식물이 사라졌다는 것을 듣고 매우 놀랐다.

마크는 과학자나 비과학자 할 것 없이 모두 하나의 공통된 목표를 위하여 일하는 시대를 꿈꾸어왔다. 사람들이 자연 세계를 존중하고 그 속에서 조화롭게 살아가며, 살아가는 동안 삶의 자취를 너무 깊게 남기지 않는 목표를 위해서 말이다. 가난과 기아로 자포자기하던 시대는 이미 지나가고, 이제는 좋은 삶을 누리는 데에 필요한 것들이 어디에나 있다. 우리 인간이 서로와, 다른 동물들과, 그리고 자연과 조화롭게 살아야 할 시대가 온 것이다. 이것이 바로 마크와 내가 최근 몇 년간 입이 닳도록 말하고 서로 팩스를 주고받았던 내용들이다. 마크의 머릿속에서 떠나지 않던 생각들은 이 책에서 십계명으로 표현되었으며, 그 내용은 우리가 지구의 지킴이가 되어 지구를 지키고 보호하는 활동을 능동적으로 해야 한다는 것이다. 마크는 나에게 자신의 생각 ― 20세기가 끝날 즈음 《볼더 데일리 카메라》에 기고한 ― 에 동참하겠느냐고 물었다. 이 책은 이러한 마크의 생각들을 '계명'이라는 이름으로 담고 있다.

이 책의 가장 중심된 주제이자 내가 침팬지 연구를 시작했던 1960년부터 강연을 통해 말하고 글로도 써온 부분이 바로 개체의 중요성이다.

인간 각 개인뿐만 아니라 각 동물 개체들도 마찬가지다(물론 우리도 동물이지만, 여기서의 '동물'은 일상적인 의미로서 비인간 동물을 가리킨다). 그리고 두뇌가 발달된 동물들을 포함한 다른 동물들이 개성, 감정, 그리고 문제해결 능력을 갖고 있다는 내용도 중심 주제 중 하나이다. 우리 인간은 문제해결 능력에 있어서는 다른 동물들보다 좀더 우월하지만, 그렇다고 해서 동물들이 '본능'이나 '욕구'에 따라 움직이는 단순한 기계는 아니다. 그들도 역시 선택을 하고 필요에 따라 행동을 조절할 수 있다. 일단 이것을 받아들이고 나면, 우리는 다른 동물들에 대해 새로운 존중의 시각을 갖게 될 것이며 그 시각으로 보면 사회 일부의 동물학대에 대해 새로운 윤리적 문제를 제기할 수 있을 것이다.

　　루이스 리키Louis Leakey 박사는 스물여섯 살의 나를 침팬지가 있는 야생으로 보냈다. 나는 과학 연구에 관하여 아무런 훈련도 받지 않았으며 대학을 다니지도 않았다. 리키 박사는 그 당시 동물행동학자들의 환원론적 사고방식에 얽매이지 않은, 순수한 마음을 가진 사람의 관찰을 원했던 것이다. 처음에는 많은 과학자들이 나의 관찰들을 일화적이고 비과학적이라며 불신했다. 특히 《내셔널 지오그래픽》에 실린 내 기사에 대해서 말이 많았고, 특히 유럽에서는 과학자가 대중언론에 기고하는 것을 바람직하게 보지 않았다. 어떤 사람들은 심지어 나를 '내셔널 지오그래픽 표지 모델'이라고 부르기까지 했다. 그러나 내 유일한 목표는 침팬지의 사회생활에 대한 비밀을 밝혀내는 것이었고, 이미 나의 개 러스티에게서 동물의 행동에 관해 많은 것을 배웠기 때문에 이러한 평판에는 그리 신경 쓰지 않았다. 케임브리지 대학에서 받은 동물행동학 박사학위 덕분에 내 연구 방법론과 생각들이 주류 과학의 일부가 될 수 있었다. 결국 사랑과 과학이 하나가 된 셈이다.

마크는 나보다는 좀더 보편적인 방법으로 과학에 입문했지만, 마크 역시 그가 연구했던 동물들에 대해 깊은 사랑을 갖게 되었다. 해가 지날수록 점차 마크는 동물행동학과 심리학 분야에서 쓰이는 연구방법론에 대해 거부감을 갖게 되었다. 마크가 나와 같은 — 좀더 배려하는 태도로 연구하자는 — 뜻에서 출발할 수 있었던 것은 철학자 데일 제이미슨Dale Jamieson과 공동연구를 한 덕택이었다.

마크와 나는 동물들을 개체로 인식하기 때문에, 그리고 과학적인 객관성을 유지하는 동시에 동물에 대해 배려할 수 있음이 가능하다는 것을 믿기 때문에 사람들로부터 많은 비난을 받아왔다. 우리는 머리뿐만 아니라 가슴도 개입돼야 한다고 믿는다. 생각할 수 있고 어떨 때에는 지혜롭기까지 한 존재로서 동물들을 바라보는 것이 과연 비과학적인가. 구대륙의 원숭이, 영장류와 인간은 뇌와 중추신경계의 구조와 생리 과정이 서로 아주 유사하다는 것은 이미 잘 알려진 사실이다. '병적인 우울증 증세'가 인간과 원숭이 사이에 비슷하다는 증거도 있으니 인간만이 슬픔이나 절망 등의 감정을 느낄 수 있다는 생각에는 전혀 근거가 없다. 사실은 동물과 인간, 특히 영장류와 인간 사이의 생물학적 유사성 때문에 둘은 비슷한 감정들을 보일 것이라고 생각하는 것이 훨씬 더 논리적이다. 다른 영장류의 아이가 사람의 아이와 비슷하게 행동할 때, 예를 들어 기쁘거나 슬픈 행동을 보일 때, 그가 기쁘거나 슬픈 감정을 느끼지 않는다고 회의론자들이 증명할 수 있겠는가!

이 책의 네 가지 주 목적 중 하나는 우리 인간이 경이로운 동물계의 일원이며 자연의 일부라는 것을 보이는 것이다. 인간은 모두 '생명'이라는 영약을 가지고 있다. 우리는 몇 가지 원론적인 문제를 제기할 것이다. 이 문제들에 대한 대답은 지구라는 큰 공동체 내에서 동물의 위치뿐 아니라 우리 인간의 위치를 이해할 때 비로소 얻어진다.

물에 빠진 아이를 구하기 위해 물 속으로 뛰어들 수 있겠냐고 사람들에게 물으면 대부분은 '그렇다'고 대답한다. 파도가 바위에 부딪치는 얼음장같이 차가운 바닷물 속에 빠진 당신의 아이를 구하기 위해서 뛰어들 수 있겠는가? 당연히 그렇다. 만약 모르는 사람의 아이라면? 당신의 적의 아이라면? 혹은 회생의 가능성이 없는 혼수상태의 아이라면? 많은 사람들은 이 모든 상황 아래서도 목숨을 감수하겠다고 이야기한다. 물론, 실제로 그러한 상황에 닥치면 어떻게 될지는 모르지만 말이다. 그러나 적어도 이러한 상황에서 그 아이를 구해야 한다는 것은 알고 있다.

그러나 물 속에 빠진 것이 당신의 혹은 다른 사람의 개라면, 당신은 뛰어들 수 있겠는가? 수많은 사람들이 이런 상황에서 위험을 무릅쓰며, 때로는 목숨을 잃기도 한다. 동물을 구하려고 위험을 무릅쓰는 사람들이 항상 영웅대접을 받는 것은 아니다. 감정적이고 바보 같은 행동이라고 비난받기도 한다. 결국 그들 자신의 목숨이 위험에 처하면 또다시 다른 사람의 구조가 필요한 상황이 되니 말이다. 여러분은 이 문제에 대해서 어떻게 생각하는가?

당신의 어머니, 아이, 그리고 사랑하는 사람이 죽어가고 있는데, 침팬지나 개 한 마리를 희생시키는 동물실험을 통해 치료될 수 있다고 가정해보자. 당신은 그 실험대상이 되는 동물의 고통에 대해 얼마나 생각할 것인가? 당신의 아이가 혼수상태에 빠졌고 당신의 개를 희생시켜야만 생명을 유지할 수 있다고 상상해보자. 그 개는 당신의 긴 간병시간 동안 가장 가까운 친구였던 개다. 이러한 선택이 위법이 아니라면 당신은 어떻게 하겠는가? 다른 사람들이 당신에 대해 어떻게 생각할까에 따라 당신의 선택이 달라질 것인가? 이 질문들에 대한 답은 결코 쉽지 않다. 그러나 당신이 어떻게 느끼고 어떻게 행동할까를 상상해보는 것, 그리고 더 중요한 것은 왜 그럴 것인가를 생각해보는 것은 분명 가치가 있다.

개들은 주인을 구하기 위해 온갖 위험을 감수한다. 매우 용감한 구조대원들과 함께 하는 구조견들은 세계무역센터 폭파 이후 테러의 현장에서 용감하게 그리고 지칠 줄 모르는 열정으로 구조작업을 펼쳤다. 아홉 살 된 서버스라는 이름의 벨기언말리노이즈Belgian Malinois는 그 현장에서 일하다가 5미터 아래 먼지더미 위로 떨어진 뒤 구조되었지만 심한 호흡곤란을 겪었다. 몸을 회복한 뒤에 서버스의 담당대원인 크리스는 서버스를 집에 데려가 쉬게 하려고 했다. 그러나 놀랍게도 서버스는 차에 오르지 않았다. "저를 빤히 쳐다보기만 했어요"라고 크리스는 말했다. 결국 그 둘은 그 날 일곱 시간을 더 일했다. 수많은 다른 개들도 구조작업 도중 완전 탈진했고 수의사의 진료를 받은 뒤에야 다시 작업을 시작할 수 있었다. 그 중에 한 마리는 죽음을 맞기도 했다.

리베라 씨는 세계무역센터의 북쪽 건물 71층에 있는 자신의 사무실에서 일하고 있었다. 그 때 공중 납치된 비행기가 그 건물 96층에 부딪친 것이다. 리베라 씨는 맹인이었고, 그의 안내견 솔티가 바로 발밑에 엎드려 있었다. "벌떡 일어나니 유리조각들이 주위에 산산이 흩어지는 소리를 들을 수 있었어요. 폐 안에 연기가 가득 차 들어왔고 방 안의 열기는 견딜 수 없을 만큼 뜨거웠지요"라고 리베라 씨는 말한다. 그리고 당연히 앞을 볼 수 없는 그로서는 세상이 온통 깜깜할 뿐이었다. 그는 비명을 지르며 서로 밀치고 뛰어 내려가는 사람들 틈에서 혼자 계단을 내려갈 수 없다는 생각에 곧 죽겠구나 생각하면서도 솔티는 혼자 도망칠 수 있을 것이라 생각했다. "저는 솔티의 목줄을 풀고 머리를 쓰다듬은 다음, 팔꿈치로 슬쩍 밀며 빨리 도망치라고 명령했습니다." 몇 분 동안 리베라 씨는 깜깜한 혼돈 속에서 혼자 몸부림치고 있었다. 그런데 갑자기 아주 익숙한 느낌으로 무릎에 무언가가 부딪치는 것을 느꼈다. 솔티가 자신을 구해주러 돌아온 것이다. "그 때 저는 깨달았죠. 제가 솔티를 사랑하는 만큼 솔티도 저를 사랑하고 있다는 사실을 말입니다." 내려오는 길은 악몽 같았다. 거의 한 시간이나 걸려 둘은 건물이 무너지기 직전 그곳을 빠져나올 수 있었다.

다른 동물들도 마찬가지지만, 개들은 인간 친구를 돕는 데 전혀 주저하지 않는다. 그러나 동물에 대한 우리의 태도는 다르다. 다른 사람들이 우리를 어떻게 생각할까 하는 두려움 때문이다. 후버 씨의 집은 펜실베이니아에 네 번째로 공중 납치된 비행기가 추락한 뒤 부서졌고 교통마저 차단되었다. 후버 씨는 집에 있을 자신의 고양이 우디가 몹시 걱정되었다. 우디가 다쳤을지도 혹은 죽었을지도 모를 일이었다. 그러나 수많은 사람들이 다친 마당에 자신의 고양이가 어떻게 되었는지 묻는 일은 옳지 못한 일이라는 생각이 들었다. 결국 그는 부모님께 우디가 걱정된다는 얘기를 털어놓았고, 그의 부모님은 경찰에게 아들이 집에 갈 수 있도록 허락해줄 것을 요청했다. 경찰은 이 요구를 들어주지 못하는 대신, 경찰관 한 사람이 후버 씨의 집에 가서 고양이 먹이를 놓아주기로 하였다. 다행히 고양이 우디는 살아 있었다. 어떤 구조요원이 수많은 죽음 속에서 찾은 생명체를 기쁜 마음으로 돌보고 있었던 사실을 후버 씨도 나중에야 알게 되었다.

현대 서방세계의 우리들은 동물들을 어떻게 대해야 할지에 대해 혼란스러워하고 있다. 대부분의 사람들이 집에서 같이 지내는 동물들은 사랑하지만, 애완동물이 아닌 다른 동물들은 전혀 사랑할 줄 모르는 것 같다. 그래서 사냥꾼은 자신이 구해낸 사슴 새끼를 집으로 데려와 키우면서도 아무런 양심의 가책 없이 또 다른 사슴을 죽이러 사냥을 나간다. 실험실 안에서는 개에게 끔찍한 고통을 가하는 과학자도 집에 돌아와서는 애완견을 가까운 친구로 취급하고 "내가 하는 말을 다 알아 듣는다니까요" 하며 똑똑하다고 자랑을 늘어놓는다. 수백 명의 사람들이 새들에게 모이를 주거나 날아가는 새들을 보며 좋아한다. 봄에는 새집도 달아주곤 하지만, 야생에서의 자유로운 날갯짓을 잃은 채 좁은 공간에서 끔찍한 상태로 방치되어 있는 양계장의 닭과 칠면조, 오리들에게는 신경도 쓰지 않는다. 동물을 '사랑한다'는 수천 명의 사람들이 하루에 한두 번씩 고기 요리를 즐긴다. 삶다운 삶을 누려보지도 못하고 도살장에서 ─ 그리고 도살장에 끌려가는 동안 ─ 끔찍한 고통과 공포를 당한 동물들의 살점을 말이다.

　　한번은 내 전남편 휴고 반 라윅Hugo van Lawick과 내가 세렝게티에서 동물들을 촬영하며 지낼 때, 우리는 새끼를 낳으려는 암컷 톰슨가젤과 마주쳤다. 우리는 두 시간도 넘게 그 암컷을 지켜보았는데, 새끼의 몸이 거꾸로 되어 있어 더 이상 빠져나오질 않았다. 어둠이 깔리자 하이에나들이 몰려왔고, 그놈들이 자신의 살점을 뜯어먹는 동안 암컷이 내뱉던 애처로운 울부짖음을 우리는 모두 카메라에 담았다. 물론 그러한 장면들은 자연의 일부이고 언제든지 일어날 수 있는 일이다. 야생동물의 삶에 지나치게 감상적인 견해를 갖는 것은 별로 도움이 되지 않는다. 자주 보지는 못하지만, 자연은 여러 면에서 '피로 물든 이와 발톱'을 갖고 있기 때문이다.

그러나 휴고와 나는 우리가 무엇이든 해야 한다는 느낌을 받았다. 그래서 공원 감독관에게로 차를 몰아, 감독관에게 총으로 그 암컷을 안락사시켜달라고 부탁했다. 그러나 감독관의 대답은 안 된다는 것이다. '자연에 개입하지 않는' 것이 방침이므로 하이에나의 식사거리를 뺏어서는 안 된다는 것이다. 그래서 나는 하이에나가 고기를 먹을 수 있도록 시체를 놓아두자고 말했지만 감독관의 입장은 확고했다. 그러나 다른 한 명의 과학자에게는 누우를 총으로 쏘아 그들의 위 안에 무엇이 들어 있는지 조사할 수 있도록, 그리고 또 다른 과학자에게는 대머리독수리를 잡아 그들이 면역된 것처럼 보이는 탄저병 바이러스를 주입해 인위적으로 병에 걸릴 수 있는지를 조사하도록 허가를 내주었다. 또 어떤 과학자는 코끼리 떼 위로 낮게 날면서 (이것은 코끼리에게 엄청난 스트레스를 주는 행위이다) 등에 페인트를 부어 개체 인식을 하는지를 알아보는 실험 허가를 받았다. 따라서 그 방침이라는 것은 결국 상부에서 허락한 대로, '과학'이라는 이름으로 '개입'하는 것은 괜찮은 반면, 마음에서 우러난 '동정'이라는 감정에는 그 어떠한 행동도 허락되지 않는다는 것이었다.

그러나 세상은 변하고 있다. 우리는 점점 자연에 가하고 있는 엄청난 파괴에 대해 보다 많이 알게 되었으며, 이러한 인식은 과학으로, 일반 대중의 마음에, 그리고 법규에도 스며들어 세계 각국에서 해마다 동물과 환경을 보호하는 법규가 점점 더 많이 생겨나고 있다. 그러나 우리가 미처 알지도 못한 많은 종들이 이미 멸종하고 말았다. 수천 종의 고통받는 동물들에게 변화의 속도는 너무 느릴 테지만, 새로운 잣대를 받아들임으로써 우리는 동물과 자연에 대한 학대를 접고 동정과 사랑으로 인간이 자연과 함께 평화롭고 조화되어 살아갈 수 있는 세상을 점차 만들어가고 있다.

마크와 나, 그리고 여러분 모두 로마가 하루아침에 만들어지지 않았다는 것을 알고 있다. 그리고 변화는 우리 안에서부터 생겨나야 한다는 것도 알고 있다. 뜻있고 정열적인 동물 애호가들이 타인들의 사고방식을 바꾸기 위하여 사람들을 지나치게 매도하는 것을 우리는 너무도 자주 목격한다. 이 때 서로 상대의 의견을 너무 무시해버리곤 한다. 어떻게 하면 상대에게 반박할 수 있을까 하는 궁리에 너무 바쁜 것이다. 이러한 태도는 전혀 도움이 되지 않는다. 단지 자신들의 의견만 고집하게 될 뿐이다.

5년쯤 전에 한국을 처음 방문했을 때의 일이 생각난다. 규모가 큰 기자회견을 가졌는데 동물에 관심이 많은 젊은 한국여인이 내 통역을 맡았다. 회견 도중 나는 개고기를 먹는 한국의 식습관에 대해 언급하게 되었다. 통역을 맡은 그 여자가 얼굴이 새파랗게 질려서 나에게 "이것에 대해 말하지 않는 것이 좋겠는데요"라고 말했다. 한국사람들이 이 문제에 굉장히 예민하다는 것이었다. 물론 나도 그것을 알고 있었다. 나는 괜찮을 것이라고 그녀를 안심시켰고, 그녀는 내 말을 통역했다. "여러분도 아시다시피 미국인과 유럽인들은 중국인이나 한국인들이 개고기를 먹기 때문에 개들을 학대할 것이라고 생각합니다." 갑자기 정적이 감돌았고, 내 앞의 모든 얼굴들이 긴장감에 휩싸였다. "미국이나 유럽사람들은 돼지고기를 먹습니다. 돼지도 개만큼 영리하죠. 개처럼 사람들의 친구가 되기도 합니다. 저는 개를 먹는 것이 돼지를 먹는 것보다 나쁘다는 윤리적 근거는 없다고 생각합니다. 어떤 동물이건 우리가 동물을 먹는다면 가장 중요한 것은 동물들이 살아 있는 동안 우리가 얼마나 그들을 잘 대해주며 얼마나 자비롭게 그들을 죽이는가 하는 것입니다."

한국사람들의 긴장은 곧 풀어졌고, 서로 열띤 토론을 벌이기 시작했다. 마침내 안심이 되어 웃음을 되찾은 통역자가 토론의 내용을 내게 전달해주었다. 첫째, 기자들 중 몇몇은 한국사람들도 집에서 개와 함께 살고 있다는 것과 그 개들을 먹지 않는다는 것도 알려주었다. 한 남자는 어떤 식당 바깥의 좁고 지저분한 우리에 갇혀 있는 개를 보고 옳지 못하다고 생각했다고 말했다. 다른 사람들도 이에 공감했다. 동물학대 방지에 대한 법률을 언급하기도 했다. 나는 진정으로 이러한 토론이 새로운 사고방식을 제시해줄 수 있다는 강한 느낌을 받았다. 유리로 만든 집에서 사는 사람들은 돌을 던져서는 안 된다는 말 — 탄자니아에서는 '초가집에 사는 사람들은 불씨를 지피면 안 된다'라고 한다 — 과 같은 맥락이다.

많은 사람들이 동물들의 진정한 본성을 알지 못하기 때문에 동물을 학대한다는 것을 깨닫는 것이 중요하다. 혹은 자신들이 하고 있는 일의 결과를 생각해보지 않기 때문에 그들의 손에 의해 생기는 동물들의 고통을 외면하고 있기 때문에 동물학대가 일어나고 있다. 마치 의학연구실에서 일하는 사람들처럼 동물이 받는 고통은 정당하다고 생각하여 그에 대해 무심히 넘어가는 것이다. 만약 사람들이 잠시 멈춰 생각해보기만 한다면 엄청난 심경의 변화를 겪을 수 있을 텐데 말이다.

유엔에서 주최하여 각 종교단체의 지도자들이 모인 새천년평화정상회담Millenium Peace Summit — 전 세계 100개국으로부터 1,000명 이상의 대표 사절들이 참가하는 — 에 초청 받은 적이 있다. 나는 말하자면 '동물연합animal nations'의 대표로 초청된 것이었다. 나에게 주어진 시간은 단 8분뿐이었다. 많은 동물들이 각자의 개성과 생각, 그리고 감정을 가지고 있다는 내 믿음을 사람들에게 나누어줄 수 있는 시간이 단 8분뿐이었다.

다음날 아프리카 천주교 주교 두 분이 내게 다가왔다. 그 분들이 말하길, 당신들이 아플 때 가끔 전통적인 치료사에게 찾아가면 닭이나 염소를 희생해야 한다는 이야기를 듣는다고 했고, 내 연설 내용에 비추어볼 때 그것이 옳은 일인지 내게 물어왔다. 처음에 나는 이 질문이 인간은 영혼을 가지고 있으므로 동물과 다른 부류에 속한다는 것에 관한 토론을 이끌어내기 위해서 던진 질문이라고 생각했다. 그러나 그 분들은 순수하게 내 생각이 궁금했던 것이다. 나는 동물들의 진정한 본성에 대한 내 믿음을 전달하는 것이 내 역할이며, 그 분들의 질문에 대한 대답은 당신과 하나님 사이에 있다고 대답했다. 두 분은 고개를 끄덕이며 만족한 듯 그 자리를 떠났다.

우리는 지금 환경을 엄청나게 훼손하고 있고, 그로 인해 동물들에게도 심각한 파괴의 힘을 미치고 있다. 바로 '진보'라는 명목 아래 말이다. 이미 부유하여 필요한 양보다 훨씬 더 많이 소유하고 있는, 그렇지만 더 많이 요구하고 있는 사람들의 경제적 이득을 위해서 말이다. 그런 동안 엄청난 속도로 늘어나는 인간 개체군은 점점 감소하는 자연자원을 더 많이 요구하게 되었다. 현재 지구상에 사는 인간의 수가 60억이나 된다. 자연자원이 늘어나는 사람의 수를 감당하지 못하는 어떤 지역에서는, 살아가려고 발버둥치는 몹시 가난한 사람들에 의해 환경이 훼손되고 있다. 이런 사람들은 다른 곳에서는 음식을 사지 못하기 때문에 먹을 작물을 기르고 집을 짓고 가축을 기르기 위해 나무들을 잘라내는 것이다. 야생동물들을 총이나 덫을 놓아 잡아먹고, 동물의 시체를 팔아 약간의 돈을 챙기려는 밀렵꾼들까지 판을 친다. 개발도상국들 중 일부 부도덕하고 부패한 정부 관료들은 드넓은 처녀림을 외국의 벌목회사에게 넘긴 대가로 많은 돈을 착복하고 있다. 회사들도 마찬가지로 파렴치하여 무분별하게 벌목하고 땅을 갈아엎으며 동물들의 서식지를 파괴한다. 그 결과 열대우림은 사막화되고 가뭄과 범람이 점점 늘어나고 있으며 그 정도도 심해지고 있다. 실제로 벌목으로 인한 범람은 캐나다와 중국 본토에서 방글라데시와 모잠비크에 이르기까지 전 세계에 걸쳐 큰 문제가 되었다.

온실효과를 일으키는 기체는 특히 화석연료 연소에서 많이 발생하게 되는데, 세계적으로 두드러진 기후변화의 주범임이 거의 확실시되고 있다. 이러한 현상은 온갖 종류의 동물에 영향을 미친다. 예를 들어보자. 캐나다 야생관리국의 연구원 이언 스털링은 유라시아 대륙의 극지역과 허드슨 만 서부지역의 봄 기온 상승이 북극곰 개체군을 위협하는 요인이라는 것을 알아냈다. 북극곰들은 물개들을 잡아먹는데, 해수표면의 얼음구멍 위에서 물개들이 숨쉬러 올라오는 것을 기다렸다가 사냥한다. 얼음이 깨지면 북극곰들은 더 이상 사냥을 할 수 없게 되고, 다음 겨울이 올 때까지 몸속에 저장된 지방으로만 버텨야 한다. 현재 20년 전에 비해 2주나 일찍 얼음이 깨지고 있고, 북극곰들은 갈수록 건강상태가 나빠지고 있으며 출생률도 현저히 감소되었다.

남극의 얼음을 연구하고 있는 빙하학자, 지질학자, 그리고 다른 과학자들의 최신 조사에 의하면 남극 서부의 얼음층 20개 중 한 개가 지구온난화로 인해 붕괴된다고 한다. 이로 인해 해수면이 약 5미터 정도 상승하게 되고 엄청난 지구환경 변화를 초래하게 된다는 것이다. 나는 그린랜드 에스키모 국가의 지도자인 안가앙가그 라이베타Angaangag Lybetta의 무시무시한 경고를 잊을 수가 없다. 2000년 8월 그는 유엔 대회의장에 모인 1,000명의 종교지도자들에게 다음과 같은 메시지를 전했다.

"북쪽에서 우리는 매일 당신들이 남쪽에서 무엇을 하고 있는지 느끼고 있습니다. 북쪽의 빙하가 녹고 있으니까요. 사람들의 마음속에 있는 얼음을 녹이려면 어떻게 해야 하나요?"

이 책의 열 가지 계명은 단지 우리 마음속의 '얼음을 녹이기' 위한 것만은 아니다. 우리가 이 십계명을 생활 속에서 실천한다면, 우리의 관점이 달라질 뿐 아니라 이 지구상에서 살아가는 방식이 달라질 것이다. 이 십계명은 간단하지만 그 의미는 심오하다. 한 마디로 요약하자면, 십계명은 '모든' 생명체를 존중하며 살 것에 대한 내용을 담고 있고, 자연 지킴이로서의 우리 역할을 분명히 해준다.

마크와 나는 이제 동물과 자연과 우리의 관계를 여러 각도에서 바라볼 것이다. 동물들에 대한 여러 종류의 학대들을 기술하고 있기는 하지만, 각 개인이 현재 상태를 바꾸기 위하여 할 수 있는 일이 많다. 이 책을 읽으며 여러분은 이 점을 분명히 알게 될 것이다. 얼마나 바꿔야 할 것이 많은가? 어떨 때에는 세계에 대한 무지와 학대에 대해서 생각하는 것 자체가 맥빠지는 일일 수도 있다. 그래서 마크와 나는 지금 어디에선가 벌어지고 있는 아름다운 이야기들도, 그리고 변화를 위해서 함께 혹은 단독으로 열심히 일하고 있는 몇몇 사람들의 이야기들도 빼놓지 않았다.

우리는 유치원에서 대학에 이르기까지 현재 수만 명의 젊은이들이 참여하고 있는 제인구달연구소Jane Goodall Institute(이하 JGI)의 '루츠앤드슈츠Roots & Shoots' 프로그램('뿌리와 줄기'라는 뜻으로 제인 구달이 전 세계 청소년들을 위해 만든 환경 및 인도주의적 프로그램 — 옮긴이)도 이 책에 소개하였다. 이 프로그램으로 동물들, 사람들, 그리고 환경을 좀더 좋게 만들기 위한 활동들을 계속하고 있다. 이 책을 읽는 여러분 모두가 한 사람도 빠짐없이 개인의 몫을 해내는 것이 얼마나 중요한지 깨닫게 되길 바란다. 세상에서 학대와 증오가 사라지고 동정과 사랑이 넘치도록 말이다.

변화에는 대화가 필요하다는 생각으로 이 책에 우리 두 사람의 목소리를 모두 담았다. 내 이야기는 검정색의 활자로, 마크의 이야기는 녹색 활자로 표기했다.

제인 구달

1

우리가 동물사회의
일원이라는 것을 기뻐하자

Rejoice that
We Are Part of the Animal Kingdom

첫 번째 계명에서는, 우리가 본능적이고 감성적이며 지적인 면에서 다른 동물들과 얼마나 많이 닮았는지를 이야기하고자 한다. 이러한 유사성들은 우리의 신체구조에서뿐만 아니라 행동에서도 진행되고 있는 진화의 연속성을 극명하게 드러내줄 것이다. 우리 중 진화론을 믿지 않는 사람들에게 여기에 적힌 일화들이 인간과 동물의 행동이 매우 비슷하다는 강력한 증거를 제시해주리라 믿는다. 우리가 동물사회의 일원이라는 사실을 자랑스럽게 여겨도 좋을 것이다.

유사 이래 현자들은 우리가 동물사회의 일원이라는 것을 잘 알고 있었다. 미국 원주민들과 전 세계 많은 토착민들은 인간과 동물을 형제자매로 인식했으며, 아시시Assisi의 성 프란체스코도 동물들을 형제자매로 묘사하고 따뜻하게 보살폈다. 그는 도살장의 토끼와 양에서부터 길 한복판에서 꾸물대는 지렁이에 이르기까지 많은 동물들을 구했으며, 동물과 새, 물고기에게도 설교를 하며 그들과 의사소통했다. 퍼스트네이션First Nation(캐나다 원주민 집단 — 옮긴이)의 지도자 댄 조지Dan George는 사람들에게 다음과 같이 말한다. "만약 여러분이 동물들에게 말을 건다면, 그들도 우리에게 말을 건넬 것이고 우리와 동물들은 서로를 알게 될 것입니다. 그러나 말을 건네지 않으면 우리는 동물들을 전혀 알 수 없게 됩니다. 알지 못하는 것은 두려워하게 되며, 또 두려워하는 것은 파괴시키게 마련입니다."

많은 사람들은 인간이 다른 동물들과 얼마나 가까운지 알지 못한다. 인간 역시 하나의 동물이라는 것 또한 알지 못한다. 그 대신 그들은 인간과 다른 동물들 사이에 넘지 못할 장벽이 있다는 환상을 가지고 있다. 그 장벽을 넘어 우리에게 손을 뻗고 있는, 놀라울 정도로 우리와 비슷한 침팬지를 생각해보자. 침팬지는 말은 못하지만 '너는 나를 친척으로 받아들일 수 있니?'라고 묻는다. 우리가 침팬지의 눈을 들여다보고 그 손을 잡는다면, 침팬지는 아마도 다른 동물들을 가리키며 다시 물을 것이다. '저 동물들은 어때? 저들도 받아들일 수 있어?' 실제로 영장류들은 우리와 아주 비슷해서 지구에 사는 다른 동물들의 '친선대사' 역할을 해준다.

물론 우리도 하나의 동물이지만 분명 특별한 존재다. 이는 우리의 크고 복잡한 두뇌 때문만이 아니라, 진화의 역사 어딘가에서 우리가 발달시킨 복잡한 구어체계 때문이다. 두뇌가 발달된 다른 동물들도 복잡한 의사소통체계를 가지고 있다. 특히 고래, 돌고래, 코끼리, 원숭이, 그리고 영장류가 그러한데, 그 중 침팬지와 보노보, 고릴라는 인간처럼 말을 하는 데 결정적인 '브로카령Broca's area'이라 부르는 뇌 부분이 비대칭적이라는 특징까지 갖고 있다. 인간과 이 세 영장류에서만 좌뇌의 브로카령이 우뇌의 그것보다 크다. 그러나 이 유인원들도 옛날에 벌어진 일에 대해서 이야기하거나, 미래의 일을 함께 설계하거나, 벌어지지 않은 일을 자손들에게 가르치거나, 토론을 거쳐 의견을 조정하거나, 왜 그들이 여기에 존재하는지를 묻지는 못한다 ― 지금까지 우리가 아는 한은 그렇다. 또한, 자신들이 영혼을 가졌는지 아닌지에 대해 심각하게 고민하지도 않는다. 그럼에도 우리는 다른 동물, 특히 포유류와 놀라울 정도로 유사하다. 그 중에서도 우리와 가장 가까운 것은 침팬지를 비롯한 여러 영장류들이다.

우리는 침팬지와는 유전자의 98.7%를, 고릴라와는 97.7%를, 오랑우탄과는 96.4%를 공유한다. 혈액형만 맞으면 침팬지와 수혈을 할 수 있을지도 모른다. 침팬지는 실험적으로는 인간의 모든 감염성 질병에 감염될 수 있다. 영장류와 인간의 대뇌 및 중추신경계의 구조는 매우 유사하며 사회행동과 인식능력 또한 아주 비슷하다. 실제로 침팬지와 다른 영장류들은 우리 인간만이 할 수 있으리라고 생각했던 많은 능력들을 갖고 있다. 갖가지 소리와 몸짓(뽀뽀하기, 껴안기, 손잡기, 간질이기, 활보하기, 던지기, 주먹 휘두르기, 때리기 등)으로 의사소통하며, 다른 이를 동정하여 이타적인 행동도 할 수 있으나, 우리와 마찬가지로 이들 또한 어두운 면이 있어 난폭하게 굴기도 한다. 심지어 침팬지들은 원시적인 형태의 전쟁도 한다. 이들이 인간과 같은 구어체계를 갖고 있지는 않지만(그리고 후두의 구조가 달라 말을 하지는 못하지만), 야생이 아닌 포획 상태에서 수화와 같은 인간의 언어를 배울 수 있는 인식능력을 갖고 있다. 또 추상개념을 만들어 일반화하고, 의사소통에 추상적인 기호를 사용할 수도 있다. 심지어 동물원에 갇혀 있는 침팬지 중에는 그림을 즐겨 그리는 녀석도 있다.

데스먼드 모리스Desmond Morris는 1960년대 초에 침팬지 예술을 연구했는데, 장난삼아 런던의 한 갤러리에 작품을 한두 개 전시하도록 했다. 이 새로운 예술 형태의 의미를 해석하느라 오래 고민하던 비평가들이 결국 '미지의 작가'의 정체를 알고는 얼마나 당황했을까!

아프리카 여러 지역의 침팬지 집단에 대한 장기적인 연구 끝에 우리는 도구 사용과 같은 몇몇 행동의 차이가 관찰과 모방에 의해 여러 세대를 거쳐 전해 내려온다는 사실을 알아냈다. 관찰과 모방은 바로 '문화'의 한 단면이다. 침팬지들에게만 문화적 차이가 존재하는 것은 아니다. 일본의 고시마 섬에 사는 마카크원숭이Japanese Macaque 무리 중에 이모라는 이름의 한 암컷이 고구마를 바닷물에 씻으면 모래를 털어낼 수 있다는 것을 알아냈다. 다른 젊은 원숭이들이 이 행동을 따라했고, 나이든 엄마들과 어린 원숭이들, 결국 무리 전체가 고구마를 바닷물에 씻어 먹게 되었다. 얼마 지나지 않아, 이모는 사람들이 모래 위에 뿌려준 옥수수 알갱이를 바닷물에 던지는 방법도 개발해냈다. 이렇게 하면 모래가 가라앉아 깨끗한 옥수수 알갱이를 먹을 수 있었다(아마도 바닷물의 짭짤한 맛을 즐겼는지도 모르겠다). 이 행동도 점차 무리 전체에 퍼졌다. 이모의 행동은 순조 카와무라Shunzo Kawamura가 1954년에 일본어로 출간한 논문에 처음 보고되었다.

리서스원숭이Rhesus Macaque 무리에서 새로이 습득된 행동이 전파되는 것에 대한 재미있는 일화가 있다. 저명한 학자 데이비드 하버만David Haberman은 인도 델리 남쪽 160킬로미터 정도 떨어진 브린다반이라는 마을에서 원숭이들을 연구했다. 이 원숭이들은 정부로부터 보호를 받으며 큰 무리를 지어 사는데, 먹이에 대한 경쟁이 매우 치열하다. 1990년대 초 한 원숭이가 우연찮게 사람의 안경을 '훔친' 뒤 안경을 돌려주면 먹이를 받아먹을 수 있다는 것을 알아냈다. 이 사건이 여러 번 반복된 뒤 이 행동이 퍼져서 곧 무리 안에는 그 행동으로 '밥을 벌어먹고 사는' 원숭이들이 여럿 생겨났고, 그 지역 주민들은 원숭이들 앞에서는 안경을 벗고 다니게 되었다. 그러자 원숭이들은 이 사실을 모르는 관광객들에게 새로 터득한 방법을 써먹게 되었다고 한다.

특정 집단에서만 독특하게 나타나는 행동전통은 영장류 말고도 다른 동물들에서도 관찰된다. 예를 들어, 암컷 범고래는 자신이 속한 무리에 전통적으로 내려오는 바다코끼리 사냥법을 여러 해 동안에 걸쳐 새끼들에게 가르친다. 실제로 학자들은 돌고래와 고래들의 행동에서 지역 전통의 영향을 받아 문화적인 차이를 보이는 것을 거의 20가지나 찾아냈다. 암컷 표범 중 일부는 엄마로부터 고슴도치를 잡아먹는 위험한 기술을 배우고, 또 그 기술을 자신의 새끼들에게도 가르친다. 물론 대다수의 표범들은 그렇게 위험한 먹이를 건드릴 엄두조차 못 내지만 말이다.

침팬지는 숙련된 약사다. 이들은 위통을 치료하는 식물을 먹는 등 자가약물요법을 쓴다. 교토 대학 영장류연구소 출신인 마이클 허프만Michael Huffman은 야생 암컷 침팬지인 차우시쿠를 관찰하던 중 재미있는 발견을 했다. 차우시쿠는 다른 침팬지들이 먹는 중에도 잠을 잘 정도로 아파 보였는데, 어느 날 무리를 따라 이동하던 중 갑자기 멈춰 서더니 음존소mjonso나무의 껍데기를 벗겨 질겅질겅 씹고 수액을 마시는 것이었다. 바로 그 다음날 차우시쿠는 정상으로 돌아온 듯 생강, 무화과, 풀들을 씹어 먹었다. 허프만의 동료이자 국립공원 관리자이며 약용식물을 잘 아는 모하메드 칼룬데는 음존소나무가 치료에 효험이 좋다고 이야기해주었다. 칼룬데가 속한 와통위WaTongwe족 사람들뿐 아니라 아프리카 전역 수백만의 사람들이 말라리아, 기생충 감염, 그리고 배탈 등의 위장장애를 치료하는 데 그 나무를 쓴다는 것이다. 이에 덧붙여 허프만은 훌륭한 '벨크로 이론Velcro theory'도 내놓았다. 침팬지들이 먹는 나뭇잎들은 상당수가 잎 뒷면에 뻣뻣한 털이 많이 나 있는데, 잎이 위장을 통과할 때 그 뒷면에 기생충들이 들러붙어 함께 배설된다는 것이다. 실제로 허프만은 침팬지 배설물에서 장을 빠져 나온 잎의 뻣뻣한 털에 붙어 꼬물거리는 기생충들을 발견했다.

동물들의 감정

많은 동물들이 공포, 행복, 민망함, 분노, 질투, 사랑, 기쁨, 동정, 존경, 위안, 슬픔, 절망 등의 감정들을 인간과 똑같이 느낀다. 실제로 동물과 인간 사이에는 감정뿐 아니라 신체 생리, 그리고 해부학적 구조까지 너무도 비슷한 점이 많다.

이제는 동물이 감정을 느끼는지에 대한 물음은 더 이상 의미가 없다. 이제는 '왜' 감정이 진화했는지, 감정의 기능이 무엇인지에 대해 질문해봐야 할 때다(바로 이 같은 연구를 하는 학문이 최근에 등장한 진화심리학이다 — 옮긴이). 행동양식에 관한 다른 연구들도 마찬가지지만, 동물 감정에 대한 연구는 '확실한' 실험적 증거뿐 아니라 여러 가지 일화와 경험담으로 뒷받침되며(좋은 일화의 중요성을 거부하는 회의론자들이 있기는 하지만), 이 셋 중 어느 하나도 빠질 수 없다.

공포

공포는 복잡한 두뇌를 가진 모든 동물들이 공통으로 느끼는 감정이다. 왜냐하면 '무서움'이라는 것은 개체의 생존과 직결되어 있기 때문이다. 야생의 세계에서 기회란 두 번 다시 찾아오지 않는다. 동물들이 살아남기 위해서는 포식자나 낯선 개체와 마주치는 위험한 상황 바로 그 순간에 적절한 행동을 취해야 한다. 놀란 동물들은 대개 웅크리며 도망치거나 아니면 정면으로 맞선다. 주머니쥐 같은 동물들은 눈에 띄지 않으려고 그 자리에 멈춰 선다. 사람들이 엄마를 죽이는 것을 본 아기 코끼리들은 비명을 지르며 잠에서 깨기도 하며, 거리를 배회하다 구출된 개들도 악몽을 꾼다.

동물들은(인간을 포함하여) 공포를 느끼면 강한 냄새를 풍겨 다른 개체들에게 알린다. 내가 기르는 개 제스로는 몸집이 큰 독일산 셰퍼드와 로트와일러의 잡종인데, 동물병원에 가는 것, 특히 무릎이 아플 때 침을 맞는 것을 좋아한다. 그런데 진찰실에 있는 다른 개가 겁을 먹고 있으면 제스로도 꼬리를 다리 사이에 감추고 귀를 착 붙인 채 주저주저하며 진찰

실로 들어가길 꺼린다. 평소 같았으면 진찰실 탁자에 놓인 물건들을 떨어뜨릴 정도로 꼬리를 이리저리 흔들며 귀를 쫑긋 세우고 있을 텐데 말이다. 공포심은 앞서 진찰 받았던 개의 항문샘에서 만들어진 분비물을 통해 냄새로 제스로에게 전달된다. 고양이 앞에 놓였던 쥐들은 고양이 냄새에도 겁을 먹는다. 진화 즉 자연선택은 개체의 생존에 필수적이고 선천적인 반응을 만들어냈다. 위험과 맞닥뜨렸을 때 실수의 여지란 없다.

놀이의 즐거움

사회적 놀이는 많은 동물들이 무척 즐기는 활동이다. 실험실에서 키우는 어린 동물들은 배가 아주 고프지 않은 다음에야 먹는 것보다 놀이를 더 좋아하는 것 같다. 놀이는 단지 그 행동을 즐기기 위한 자가보상 행동인 듯싶다. 동물들은 놀면 놀수록 점점 놀이에 빠져들며 놀이 그 자체가 목적인 것처럼 보인다. 그러나 놀이는 신체적 사회적 발달과 더불어 신경과 인지능력 발달에 중요하며 전혀 경험해보지 못한 상황에 대처하는 데 도움을 주기도 한다. 《법률》에서 플라톤은 각 마을마다 아이들이 마음껏 뛰어놀 수 있는 놀이구역을 만들자고 제안했는데, 이것은 인간의 절친한 친구인 개들을 위한 '개 공원'을 연상시킨다. 놀이는 우리 인간뿐 아니라 다른 동물들의 복지에도 매우 중요하다.

놀이를 즐길 때에는 더할 수 없는 자유를 느낀다. 그 활동 자체가 보기에도 재밌고 실제로도 그러하다. 인간이 기쁨을 느낄 때 분비하는 화학물질 중 많은 것들이 놀이를 즐기고 있는 동물들에게서도 많이 분비된다. 놀이 시간을 기다리고 있는 쥐들은 도파민 활성 증가를 보인다. 심지어

간지럼을 태우면 웃기까지 한다.

　동물들은 끊임없이 놀이를 즐기며, 놀이에 초대했는데 상대가 응하지 않으면 다른 상대를 찾아 나선다. 만약 주위의 모든 개체들이 놀자는 제의를 거절하면 그 개체는 물건을 갖고 놀거나 자신의 꼬리를 붙잡는 놀이를 한다. 또한 놀이는 전염성이 매우 강해서 놀고 있는 동물들을 보는 것만으로도 자극이 된다. 동물들은 재미있기 때문에 놀이를 즐긴다. 엘크는 숨을 헐떡이며 높이 뛰어올라 몸을 이리저리 뒤틀면서 눈 덮인 들판을 달리고 또 달린다. 아메리카 들소는 줄지어 뛰어가다가 얼음 위를 지치며 '그와아아' 하고 고함을 질러댄다. 침팬지는 친구들과 함께 혹은 혼자서 놀 때 나뭇가지를 잡고 빙빙 돌거나 공중제비를 넘곤 한다.

　대다수의 동물들은 어렸을 때만 놀이를 즐기지만, 영장류, 개, 고래, 돌고래, 앵무새, 까마귀 등은 다 자라서도 놀이를 즐긴다. 우리 인간처럼 말이다. 어른 암컷 침팬지들은 새끼들과 놀이를 즐긴다. 곰비Gombe 계곡 (제인 구달 박사가 1960년부터 야생 침팬지들의 행동과 생태를 연구해온 탄자니아의 국립공원 — 옮긴이)의 플로라는 늙은 암컷 침팬지는 새끼들이 노는 것을 보면 안절부절못할 때가 있다. 하루는 그 가족 — 어른이 다 된 페이브, 사춘기의 피건, 그리고 아직은 어린 피피까지 — 이 웃고 떠들고 서로 발목을 잡아당기며 플로 근처의 나무를 위아래로 뛰어다니고 있었다. 플로는 이도 다 빠지고 잇몸만 남았을 정도로 늙었지만, 손을 뻗어 뛰어놀고 있는 새끼들의 발목을 잡아당기더니 몇 분 지나자 갓난 새끼 플린트를 배에 매단 채로 일어나서 아예 그 놀이에 뛰어들었다. 내가 제일 소중하게 여기는 기억 중의 하나는 탄자니아의 은고롱고로Ngorongoro 분화구에서 하이에나를 연구하던 시절, 달빛이 환한 밤에 하이에나 암컷들이 사냥을 성공리에 마치고 나서 근처의 모든 새끼들과 어울려 놀이를 즐기는 광경이다. 배불리 먹어 배가 늘어진 하이에나 으뜸암컷들이 어린 하이에나들과 함께 달빛을 받아 은색으로 빛나는 풀밭 위를 뛰어다니고 있었다.

경찰들은 누군가를 체포하려 할 때와 같이 긴장이 감도는 현장에서 종종 농담을 하여 일부러 주위 사람들을 웃게 만든다고 한다. 동물들도 마찬가지다. 플로리다의 한 동물원에 살고 있는 침팬지 '흑기사'는 으뜸수컷이 돌격행동을 보이려고 할 때 종종 놀이행동을 보인다. 돌격행동 중에 으뜸수컷이 누군가를 공격할 때도 있는데, 그럴 기미가 보이면 흑기사는 서둘러 달려와 으뜸수컷의 앞에 서서 몸을 옆으로 흔들며 웃기 시작한다. 그의 계략은 종종 적중하여 처음에는 공격적이었던 행동이 놀이로 끝을 맺곤 한다.

민망해하는 원숭이

동물들이 정말 민망함을 느낄 수 있을까? 엉뚱한 행동을 하거나 바보가 된 것처럼 느낄 때 우리는 당황한다. 물론 동물들은 당황해서 얼굴을 붉히지는 않지만, 분명히 품위 없는 행동을 하고 나서 아무도 그 광경을 보지 않았기를 바라는 것처럼 보일 때가 종종 있다.

곰비 계곡의 침팬지들 중 피피의 큰아들 프로이트에 대한 일화가 기억난다. 프로이트가 다섯 살 반이 되었을 때, 피피의 오빠 피건이 그 무리의 으뜸수컷이었고 프로이트는 이 막강한 삼촌을 영웅처럼 숭배했다. 어느 한가로운 오후 피피가 피건의 털을 골라주고 있었는데, 프로이트가 갑자기 바나나나무의 가느다란 가지 위로 기어올라가더니 잎이 달린 꼭대기에서 갑자기 앞뒤로 몸을 흔들기 시작했다. 마치 피건이 나무 위에서 하는 과시행동을 흉내라도 내는 것 같았다. 만약 프로이트가 사람이었다면, 우리는 그가 틀림없이 폼을 잡는다고 생각했을 것이다. 그런데 갑자기 나뭇가지가 부러져 프로이트는 내가 앉아 있던 곳 가까이 뚝 떨어지고 말았다. 다행히 다치지는 않았는지 프로이트는 길게 자란 수풀 사이로 머리를 빠끔히 내밀더니 피건 쪽을 바라보았다. 그의 영웅이 그 광경을 보았을까? 다행히 피건은 못 봤는지 관심도 없고 털 고르기만 계속하고 있었다. 프로이트도 조용히 다른 나무 위로 올라가서 먹이를 먹기 시작했다.

하버드 대학의 마크 하우저Marc Hauser는 수컷 리서스원숭이 한 마리가 민망해하는 것을 목격했다고 한다. 암컷과 짝짓기를 마친 그 수컷은 젠체하며 걷다가 그만 도랑에 빠지고 말았다. 그러자 그는 벌떡 일어나 주위를 둘러보더니 자신의 실수를 지켜본 원숭이가 없다는 걸 알고는 아무 일 없었다는 듯 머리와 꼬리를 빳빳이 세우고 걸어갔다고 한다.

놀이행동을 연구할 때 나는 눈 깜짝할 사이에 벌어지는 행동들을 일일이 관찰할 수 있도록 비디오테이프에 녹화해두었다가 한 번에 한 장면씩 재생해가며 분석한다. 인사놀이에는 물기, 엉덩이 때리기, 입 물어 당기기, 왼쪽으로 가는 척하다가 오른쪽으로 가기, 그리고 미묘한 표정과 눈매의 움직임 등 무수히 많은 행동들이 관찰되지만, 경우마다 행동들의 순서가 달라서 관찰할 때마다 나를 놀라게 한다.

한 예로, 통통한(누구는 '뚱뚱하다'고 하지만) 맬러뮤트malamute 암컷 사샤와 매일 놀러오는 순둥이 친구 점잖은 잡종견 수컷인 우디 사이의 놀이행동을 20번도 넘게 보았다. 한번은 우디가 사샤의 입술을 물었는데 사샤가 아픈 듯 주춤하였다. 사샤는 이내 놀이를 계속했지만, 조금 지나자 여전히 꼬리를 흔들고 장난기 가득한 표정을 지은 채 고개를 돌려 상처를 핥았고, 그러면서도 연신 뒤돌아보며 우디가 자신을 쳐다보고 있는지 확인하는 듯했다. 그리고 우디가 다가오자 사샤는 고개를 들어 우디를 한 번 핥더니 아무 일 없었다는 듯 우디에게 와락 뛰어들었다. 둘은 레슬링 한판을 더 벌였지만 더 이상 서로 물지는 않았다. 놀이를 마친 후 사샤는 엎드려 귀를 긁고는 자리 들어갔다. 우디가 집으로 돌아간 뒤, 사샤는 연신 입술을 핥으며 아파하는 듯했다. 입술에 깊게 베인 상처가 있었지만 사샤는 그것을 우디에게 알리고 싶지 않았던 것이다. 그날 저녁 또 다른 친구 카르툼이 놀러왔지만 사샤는 더 이상 놀이에 응하지 않았다.

분노와 짜증

어른 침팬지들은 대체로 아이들의 장난을 잘 참는 편이지만 종종 짜증낼 때도 있다. 한번은 내가 사춘기 침팬지인 에버리드와 푸치가 무언가를 먹고 있는 걸 관찰하고 있었는데, 둘 중 나이 많고 힘이 센 에버리드가 갑자기 푸치를 때리더니 바나나를 빼앗았다. 푸치는 비명을 질러댔지만 곧 진정했고 에버리드 옆에 앉아 먹이를 먹기 시작했다. 그런데 갑자기 푸치가 고함을 질러대면서 에버리드를 흠씬 패기 시작하는 것이었다. 근처에는 나이 든 수컷 헉슬리가 이 광경을 지켜보고 있었다. 헉슬리는 푸치의 엄마가 죽은 이후로 푸치의 후견인이 되었던 참이다. 푸치는 헉슬리를 보더니 에버리드를 때리는 걸 도와달라는 눈치였지만, 헉슬리는 상황을 알아채고 달려가 이 둘을 세게 한방 쳤고, 상황은 종료되었다.

피피의 아들 프로이트에 대한 이야기도 있다. 프로이트가 다섯 살이 조금 지났을 때였다. 프로이트가 땅바닥에 앉아 있는 아주 큰 수컷 비비원숭이의 머리 위로 올라가더니 낮은 가지를 붙잡고 매달려서는 그 비비의 머리를 차며 괴롭히기 시작했다. 몇 분이 지났을까. 그 비비원숭이는 신경이 날카로워져 똑바로 일어서서 짖어대며 프로이트를 때리기 시작했다. 프로이트는 소리를 질렀고, 갓난아기를 안고 근처에 앉아 있던 피피가 달려와 짖어대며 그 비비를 때렸다. 곧 상황은 진정되었다. 몇 분간 프로이트는 엄마 옆에 앉아 있더니, 또다시 그 비비의 머리 위로 올라가 괴롭혔고, 똑같은 상황이 몇 번이나 반복되었다. 프로이트가 다시 그 비비를 괴롭히려 하자 수컷 비비원숭이가 프로이트에게 돌진했는데, 그때 피피가 달려와서는 오히려 프로이트를 때리는 것이 아닌가! 프로이트는 꽥 하고 비명을 지르더니 도망가버렸고 결국 엄마의 벌을 받은 후에야 앉아서 먹이를 먹기 시작했다.

사랑과 슬픔

우리가 '사랑'이라고 부를 수 있는 친밀하고도 지속적인 관계는 수많은 동물들에게서도 나타난다. 베른트 뷔르직Bernd Würsig이 아르헨티나의 발데스 반도 연안에서 참고래의 구애행동을 관찰하고 있을 때였다. 암컷 아프로와 수컷 부치가 애무하듯 연신 서로의 앞지느러미를 건드리며 서로를 향해 헤엄치고 있었다. 마치 포옹하듯 앞지느러미로 서로를 붙들었다가 수면 위에 나란히 눕기도 했다. 그 둘은 서로 호흡을 맞춰 물 속으로 뛰어들었다 올라오기도 하며 이리저리 헤엄쳐 다녔다. 뷔르직이 부치와 아프로를 따라다닌 한 시간 내내 그 둘은 꼭 붙어 다녔다. 그는 이 둘이 서로에게 깊은 호감을 갖고 있으며 좋은 추억을 간직한 채 함께 헤엄쳐갔다고 확신하면서 이렇게 반문했다. "이것이 고래의 사랑이 아니고 무엇이겠는가?"

사랑은 엄마와 자식 간에도 나타난다. 태국에서 스물세 살짜리 코끼리 팡소이쏭이 딸 람야이를 구하고 난 뒤 정작 자신은 진흙뻘에 빠져 헤어나지 못하고 있었다. 팡소이쏭은 진흙 속에서 비명을 지르고 있던 딸을 구하기 위하여 자신의 발에 묶여 있던 사슬을 끊었다. 엄마가 진흙에 갇히자 딸 람야이는 인근 주민들이 팡소이쏭을 잡아당겨 진흙에서 꺼내는 것을 도왔다. 이 광경을 지켜본 수의사 알롱콘 마하놉은 "그 엄마를 살린 것은 사랑의 힘이다"라고 말했다.

새들도 사랑에 빠진다. 동물행동학에 기여한 공로로 노벨상을 받은 콘라트 로렌츠Konrad Lorenz는 "회색기러기는 인간과 여러 면에서 비슷한 방식으로 사랑에 빠진다"고 말했다. 짝을 맺은 후 암컷과 수컷 새들은 서로에게 헌신적이다. 베른트 하인리히Bernd Heinrich는 갈가마귀에 대해 이렇게 기술했다. "갈가마귀가 한 번 짝을 맺어 오랫동안 함께 하는 것을 보면 이들도 인간과 마찬가지로 사랑에 빠지는 것이 아닌가 싶다. 그렇게 오랜 관계를 유지하려면 모종의 내적 보상이 필요하기 때문이다." 하인리히는 여러 해 동안 갈가마귀를 연구하고 같이 생활해왔기 때문에 갈가마귀에 대해 매우 잘 알고 있다. 갈가마귀 부모들은 새끼에게 줄 먹이를 잡기 위해 협동하며, 낮 동안에는 꼭 붙어 다니고 잠잘 때에도 바로 옆에서 자며 서로 부드러운 소리로 의사소통을 한다. 또 같이 놀고 털도 골라주며 먹이도 나눠 먹는다. 구애할 때에는 먹이를 주면서 서로의 부리를 살며시 잡고 있기도 한다.

인도의 테즈푸르Tezpur에서는 아기 원숭이가 차에 치인 후 100마리 가까이 되는 리서스원숭이 무리가 몰려들어 교통이 마비된 적이 있다. 이 원숭이들은 다리가 부러져 꼼짝도 못하는 새끼 주위를 뱅뱅 돌고 있었다. 한 정부관리는 이 원숭이들이 화가 나 있었다고 했지만 인근 상점 주인은 "아주 감동적인 광경이었어요. 그 중 몇몇은 새끼의 다리를 마사지하기도 했으니까요. 결국 다친 새끼를 데리고 가버렸지요"라고 말했다.

많은 동물들은 가까운 친구를 잃으면 의기소침해지거나 우울해한다. 그 정도는 둘 사이가 얼마나 가까웠는지, 혹은 얼마나 서로에게 의존적이었는지에 따라 달라진다. 침팬지 엄마와 새끼 사이의 관계는 인간 엄마와 아기 사이의 관계, 즉 우리가 사랑이라고 부르는 감정으로 얽혀 있다고 보아도 좋을 것이다. 엄마를 잃은 어린 침팬지들은 인간 고아들처럼 구부정하게 움츠리고 있거나 몸을 이리저리 흔들고 또래들과 사회적인 접촉을 피하는 등의 병적인 우울증 증세들을 보인다.

플로가 죽은 뒤 그의 아들 플린트가 날이 갈수록 점점 더 깊은 슬픔에 빠지던 일을 나는 지금도 잊을 수가 없다. 플로가 죽은 뒤 사흘이 지났을 때였다. 플린트는 플로가 죽은 장소 근처의 큰 나무를 천천히 올라가고 있었다. 아주 천천히 가지 위로 올라가더니 멈춰 서서 빈 둥지를 내려다보았다. 1분이나 지났을까, 플린트는 다시 땅으로 내려와 한동안 바닥에 누워 멍하니 허공만 바라보았다. 그 둥지는 엄마가 죽기 얼마 전까지 그와 엄마가 같이 지냈던 곳이었다. 날이 갈수록 플린트는 점점 무기력해져 먹지도 않고 면역력이 약해져서 병까지 얻었다. 내가 마지막으로 플린트를 보았을 때 그는 슬픔과 아픔으로 바싹 야위고 눈은 움푹 꺼져 있었다. 플린트는 마지막으로 엄마 플로가 죽었던 카곰비Kagombe 계곡의 맑은 물가에 들러 몇 시간을 꼼짝 않고 반짝이는 물을 바라보면서 앉아 있더니, 몸을 조금 뒤척이다 바닥에 누운 다음 다시는 움직이지 않았다. 나는 그가 슬픔에 빠져 죽음을 맞았다고 믿는다.

고래들의 사랑의 결속이 얼마나 강한지는 그 결속이 깨졌을 때 겪는 슬픔의 정도로 얼추 짐작할 수 있다. 브렌다 피터슨Brenda Peterson은 내게 두 곱등고래에 대한 눈물겨운 비디오 이야기를 해주었다. 고래 연구선이 물 위에 둥둥 떠 있는 죽은 수컷을 발견하여 그 사인을 조사하려고 하자, 다른 곱등고래 한 마리가 수컷의 몸 아래쪽에서 나타나더니 자꾸 수면 위로 시체를 밀어 올리는 것이었다. 이것은 엄마 고래가 갓난 새끼로 하여금 첫 숨을 쉴 수 있게 도와주는 행동이다. 그런 후 잠시 동안 시체 밑에서 가만히 있다가 수면 위로 올라오더니 커다란 가슴지느러미로 죽은 친구를 껴안았다. 그 고래는 다섯 시간 남짓 그곳에 있었다. 연구자들은 그 비디오에 '이보다 더 큰 사랑은 없다'라는 제목을 붙여주었다.

새들도 마치 사랑을 하는 것처럼 배우자가 죽으면 슬픈 모습을 보인다. 로렌츠도 "짝을 잃은 회색기러기는 존 보울비John Bowlby가《아기들의 슬픔Infant Grief》이라는 그의 유명한 책에서 기술한 인간 어린이들과 똑같은 증상들 — 눈이 움푹 꺼지고 풀이 죽어 있으며 고개를 축 늘어뜨리는 등 — 을 보인다"고 밝힌 바 있다. 사냥꾼들은 종종 오리나 기러기 부부의 일편단심을 이용한다. 부부 중 하나를 쏘아 죽인 다음 시체 근처에서 기다리면 다른 하나가 반드시 나타나기 때문이다. 다른 동물들도 마찬가지다. 릭 배스Rick Bass는 그의 책《새로 쓴 늑대 이야기New Wolves》에서 유명한 자연학자 어니스트 톰프슨 시턴Ernest Thompson Seton이 수컷 늑대 로보를 잡기 위해 짝을 잃은 슬픔을 이용한 예를 묘사하였다. 시턴은 덫을 설치한 길을 따라 로보의 짝 블랑카의 시체를 질질 끌어 냄새를 뿌린 후, 로보가 블랑카를 찾아 나타났다가 덫에 걸리자 학대한 뒤 죽였다. 시턴과 그 친구들은 먼저 블랑카를 올가미로 잡은 뒤 밧줄로 두 마리의 말에 매달고 '입에서 피를 토할 때까지' 말들을 반대 방향으로 달리게 하여 죽였다. 이들은 로보를 학대하기 전 블랑카를 무참히 죽이고 나서 의기양양해 했다고 한다.

개나 고양이가 짝을 잃었을 때 보이는 외로움과 슬픔에 대한 이야기는 매우 많다. 실제로 미국 동물학대방지협회는 사람들의 관심에 부응하여 동물들이 짝을 잃었을 때 보이는 행동 변화에 대한 연구를 실시했다. 개와 고양이는 먹고 자는 패턴에서 눈에 띄는 변화를 보였다. 너무 굶어 탈진상태에 빠진 두 마리의 고양이는 아무리 먹이려 해도 먹지 않아 결국 안락사시켜야 했다. 이들은 자신감과 받고자 하는 사랑의 양에서도 변화를 보인다. 3분의 1 이상의 개와 고양이들은 슬픔에 빠지면 더 많은 사랑과 관심을 바란다. 다행히도 대부분의 이런 슬픔들은 1~6개월 내에 해소되지만, 슬픔의 깊이는 실로 엄청나다.

인간과 개 사이의 헌신, 충성, 그리고 사랑은 믿기 어려울 정도다. 개와 함께 하면서 그들의 사랑을 얻을 수 있었던 행운을 가진 사람들은 누구나 우리가 짐을 싸기 시작할 때 그들이 느끼는 극도의 불안감을 잘 알고 있다. 내가 키우는 개 위스키비스키도 내가 짐을 싸서 현관 앞에 놓으면 그 위에 올라앉아 자곤 한다. 한번은 내가 잊어버리고 지퍼를 열어두었는데, 위스키비스키가 내 옷을 다 헤치곤 그 속에 들어가 몸을 웅크리고 있었다. 내가 떠난 며칠 동안 그는 먹지도 않고 산책도 하지 않았다고 한다. 그러나 그는 내가 돌아오리라는 것을 알고 있었던 것 같다. 내가 돌아왔을 때 위스키비스키가 나를 반기는 모습은 기쁨 그 자체였다.

아마도 개의 슬픔에 관한 이야기 중 가장 유명한 것은 그레이프라이어스 바비Greyfriars Bobby의 이야기일 것이다. 존 그레이John Gray는 1850년대 사람으로 스코틀랜드 에든버러의 경찰관이었고, 그의 개 바비는 스카이 테리어Sky terrier 종이었다. 존은 1858년에 결핵으로 죽었고 그레이프라이어스 교회 묘지에 묻혔다. 장례식이 끝나자 바비는 존의 무덤으로 가서는 14년 동안 그 자리를 떠나지 않았다. 바비는 그레이와 같이 점심을 먹던 식당에도 들르곤 했지만 밥을 먹으면 곧장 무덤가로 돌아갔다. 바비는 1872년에 죽었고 그 주인 곁에 나란히 묻혔다. 1년 후 사람들은 묘지 입구에 바비의 동상과 분수를 만들어주었다.

《호스피스 하운드Hospice Hound》의 저자인 미쉘 리베라Michelle Rivera는 아홉 살 된 도베르만핀셔Dobermann Pinscher 사브리나의 이야기도 들려주었다. 사브리나는 9년 동안 같이 지낸 주인이 세상을 떠난 후 매우 우울해했다. 증상은 곧바로 나타나 눈을 감은 채 자신의 둥지인 바구니에 축 처져 앉아 있기만 했다. 사브리나를 먹이려고 보호소 직원들이 돌아가며 별의별 방법을 다 써보았지만, 사브리나는 아주 맛있고 영양도 풍부한 먹이에도 전혀 반응하지 않았다. 수의사들과 간호사들은 걱정이 태산 같았지만 사브리나는 매일 그저 가만히 앉아 있을 뿐이었다. 결국 사브리나는 그 지역 도베르만 구조협회 회장인 낸시 암스트롱에게 보내졌고, 특별조치를 받은 후에야 완전히 회복되었다. 그 후 사브리나는 3년 동안 낸시와 같이 살다가 자연사했다.

미니어처슈나우저 종인 펩시는 수의사 마티 베커가 그의 아버지에게 드린 강아지이다. 마티는 펩시가 태어날 때 분만을 도왔으며 펩시를 평소에도 잘 알고 있었다. 형제들 중 막내인 펩시는 태어났을 때 숨을 쉬지 못해 인공호흡을 받아야 했다. 펩시는 마티 아버지의 가장 친한 친구가 되었다. 둘은 같은 음식을 먹고 같은 의자에 앉았으며 같은 침대에서 잠을 잤다. 마티의 아버지는 여든 살이 되던 해에 스스로 목숨을 끊었다. 가족, 친구들, 그리고 경찰들이 집을 떠나자, 펩시는 지하실 계단을 내려가 마티의 아버지가 죽은 그 자리로 달려가더니 조각상처럼 움직이지 않고 서 있었다. 마티가 펩시를 안아 올리자, 펩시는 축 늘어지며 고통스러운 신음소리를 냈다. 펩시를 아버지의 침대로 데려가자 이내 잠이 들었다는데, 마티의 어머니에 의하면 펩시가 계단을 몹시 무서워해 지난 10년 동안 지하실에 내려간 적이 없다는 것이었다. 마티는 펩시와 아버지를 연결해주는 끈이 무엇인지 궁금했다. 펩시가 아버지에게 작별인사를 하려고 지하실에 내려간 것이었을까? 펩시는 마티 아버지의 죽음에서 헤어나지 못한 채 천천히 죽어갔다. 마티는 펩시를 묻고 나서야 깨달았다. 펩시는 어떤 사람이 가깝게 지내던 사람과 헤어졌을 때 느끼는 아픔과 똑같은 아픔을 가슴에 안고 죽어갔던 것이다.

믿기 힘든 우정

동물과 우리 인간 사이는 물론, 동물끼리도 친밀한 관계가 있을 수 있음을 보여주는 몇 가지 예가 있다. 같은 집, 창고, 혹은 마당에서 함께 살아가는 가축들 간의 우정을 발견하기란 어렵지 않은 일이다. 나도 고아가 된 작은 아기 고양이에게 젖을 먹여 키운 암캐의 이야기를 알고 있다. 둘은 어른이 되자 마치 두 마리의 개인 것처럼 같이 즐겁게 뛰어놀았다고 한다. 제임스 헤리엇은 나에게 지저분한 아기 고양이와 돼지 사이에 피어난 우정, 버빗원숭이vervet monkey 새끼를 배에 매단 채 그 무리와 함께 몇 주일을 여행한 들개의 이야기도 들려주었다.

가장 믿기 힘든 경우는 치노라는 개와 폴스태프라는 물고기 사이의 우정일 것이다. 치노는 미국 오리건 주 메드포드에서 매리와 댄 히스 부부와 함께 사는 아홉 살의 골든리트리버이고, 폴스태프는 몸 길이 40센티미터 가량의 물고기인데, 이 둘은 지난 6년 동안 폴스태프가 사는 연못가에서 정기적으로 만났다. 치노가 오는 날이면 폴스태프는 수면 위로 고개를 내밀고 치노의 발에 입질을 하는데 치노는 재미있다는 표정으로 이를 내려다본다. 이 둘의 우정이 소중하다고 생각한 히스 부부는 이사간 뒤에도 폴스태프가 치노를 만날 수 있도록 새 연못을 만들었다고 한다.

데이브 시든Dave Siddon은 오리건 주 그랜츠패스에서 '야생의 이미지Wildlife Images'라는 야생동물 재활센터를 운영하고 있다. 1995년에 어떤 사람이 네 마리의 굶주린 고양이 새끼들을 센터에 가져왔는데, 그 중 막내인 캣이 도망쳤다. 며칠 후 데이브는 배고픔을 이기지 못한 캣이 다섯 살의 회색곰 그리즈의 우리로 철창 사이를 비집고 들어가는 것을 보고는 깜짝 놀랐다. 그리즈는 몬태나에서 왔는데 엄마와 동생이 기차에 치어 죽어 고아가 되었다. 캣이 맛있게 저녁을 먹고 있는 그리즈에게 다가가자 몸무게가 250킬로그램이나 되는 그리즈가 앞발 옆에 작은 닭고기 조각을 떨어뜨려주었고, 캣이 냉큼 달려가 그 고기를 주워 먹는 것이었다! 그 일이 있은 후 두 고아는 절친한 친구가 되었다. 같이 먹고, 같이 자고, 같이 놀았다. 캣은 그리즈가 곁에 없으면 누구도 자기 옆에 가까이 오지 못하도록 할 정도였다.

《내셔널 지오그래픽》 1994년 겨울호에는 캐나다 처칠에서 450킬로그램도 더 나가는 몸집의 북극곰과 캐나다 에스키모 개가 같이 놀고 있는 사진과 이야기가 실렸다. 허드슨이라는 이름의 그 개는 북극곰에게 다가가 꼬리를 흔들면서 이를 드러냈다. 곰에게 같이 놀자는 인사를 하는 것이다. 북극곰은 그에 응했고, 이 둘은 몇 분 동안 레슬링을 하며 같이 놀았다. 놀이가 끝나자 허드슨과 그 북극곰은 서로 껴안았고, 몸이 더워진 북극곰은 바닥에 드러누웠다. 이 둘의 놀이는 물이 얼어붙어 북극곰들이 겨울 사냥터로 떠나기 전까지 일주일 넘게 계속되었다. 그 둘이 왜 같이 놀이를 즐겼는지 아무도 모르지만, 둘 모두 놀이를 즐겼음은 분명하다.

동물들 사이에서 서로 도움을 주는 동반자 관계는 틀림없이 존재한다. 남에게 준 것은 결국 나에게 되돌아오게 마련이다. 우리가 사랑을 주면 우리도 사랑을 받게 되고, 주고받는 고리 속에 모든 동물들이 함께 느낄 수 있는 사랑이 끊임없이 생겨나게 되는 것이다.

다른 동물들과 친밀함을 느끼는 가장 쉬운 방법은 우리가 동물계의 일부라는 사실을 인식하고 받아들이는 것이다. 우리의 친척인 동물들로부터 소외감을 느끼지 않으려면 소외감의 고리를 끊고 재결합과 재화합의 고리를 찾아야 한다. 아마도 인간은 동물들에게서 우리가 잃은 무언가를 찾고 있는지도 모른다 — 동물들에 대한 사랑, 순수한 감정, 그리고 생명에 대한 열정을. 우리가 동물사회의 일부라는 사실을 맘껏 기뻐하자.

2

모든 생명을 존중하자

Respect All Life

두 번째 계명에서는 거미줄처럼 복잡하게 얽혀 있는 생명의 그물 속에서 모든 동식물이 나름대로의 가치를 지니고 있음을 이야기하고자 한다. 모든 생명체는 인간으로부터 존중받을 자격이 있다.

모든 생명체는 고유의 빛깔을 가지고 있다. 우리 인간은 주위의 다양한 생명의 형태들을 분류하고 단순화하려고 한다. 우리는 놀라우리만치 이성적이고 추상적인 사고를 할 수 있는 크고 잘 발달된 두뇌를 갖고 있으며, 아주 복잡한 의사소통체계를 지니고 있다. 서양사람들은 이러한 사실들로부터 인간이 다른 동물과는 엄연히 구분되는 지위를 갖고 있다고 믿었다. 우리 바로 밑에 유인원, 그 다음에 원숭이, 고래, 개, 그리고 쭉 내려가 곤충, 연체동물, 그리고 해면동물 등이 있다고 생각한다. 이러한 사고방식에서 가장 잘못된 것은 우리가 다른 동물들보다 우수하다는 믿음이다. 큰 두뇌와 발달된 기술로 우리는 다른 생명체를 지배할 수 있게 되었다. 그리고 기독교의 교리에 근거하여 지구와 동물들을 포함한 모든 생명체들은 우리 인간을 위해서 창조되었다고 믿게 되었다. 서양 과학은 특히 찰스 다윈의 진화론 덕분에 점차 종교로부터 독립되어 멀어지고 있지만, 인간이 우수하다는 믿음은 아직도 남아 있다.

다른 동물들에 대한 인간의 지배는 거의 절대적이다. 우리는 야생동물들을 죽이고 그들의 집을 파괴한다. 아무리 힘이 센 동물들이라도 우리의 지배 아래 있다. 우리는 다른 동물들을 지배하고 복종하게 만드는 데 고통을 적절히 사용한다. 소, 돼지, 낙타들은 코에 멍에를 꿰고 있다. 반항하는 소에게 고통을 주기 위해 만든 소몰이 봉과 마취총, 그리고 우리가 원하는 방향으로 그들을 몰기 위한 채찍과 박차도 있다. 최후의 수단으로는 동물들을 죽일 수 있는 총까지 있다.

우리는 짐을 나르는 짐승들 — 말, 당나귀, 노새, 낙타, 야크, 코끼리, 그리고 개에 이르기까지 — 을 타고 다니며 물건을 나른다. 말, 개, 그리고 심지어 돌고래까지 참혹한 전쟁터에 동원하고, 한니발 시대에는 코끼리들도 전투에 불러들였다. 사람들은 꼬리말이원숭이capuchin monkey 새끼들을 데려다 이를 다 뽑은 후 반신불수인 사람들의 도우미로 훈련시키기도 한다. 침팬지에서부터 쥐에 이르기까지 수없이 많은 동물들이 실험실에서 연구대상이 되어 약품이나 백신의 임상실험, 질병 연구, 우주여행의 영향 조사, 그리고 심지어는 단순히 신체의 기능을 알아보기 위한 실험 등에 쓰이고 있다. 우리는 다음 세대를 가르치기 위해 동물들을 해부하거나 동물원 안에 가두고 박제로 만들어 박물관에 전시한다. 우리 자신을 기쁘게 하려고 가끔은 아주 잔인하게 그들을 훈련시킨다. 그리고 말도 안 되는 일이지만, 끝없이 불어나는 인간 집단을 먹이기 위해서 그들을 가두어 기른다.

동물들에게 이름 붙이기

1961년 동물행동학 박사학위를 취득하러 케임브리지 대학에 처음 들어갔을 때, 나는 학사학위도 없는 사람이었다. 대학을 다니지 않았기 때문에 동물행동학에 대해 아는 게 별로 없었다. 예를 들어, 연구대상에게 이름을 붙여주는 것이 적절하지 못하다는 것을 나는 알지 못했다. 이름 대신 숫자를 붙여주어야 더 과학적이라는 것이었다. 말문이 막힐 노릇이었다. 나는 침팬지들이 내 '연구대상'이 아니라 고유한 성격을 가진 하나의 생명체라고 생각했다. 나는 그들에 '대해서' 배우는 것이 아니라 그들'에게서' 배우고 있었다. 실제로 만약 내가 침팬지들을 숫자로 구별했더라면 나는 누가 누군지 기억도 할 수 없었을 것이다. 그들에게 이름을 붙여주었기 때문에 곰비의 많은 침팬지들이 《내셔널 지오그래픽》 잡지나 다큐멘터리들을 통해 세상에 알려질 수 있었다고 생각한다. 한국에 처음 갔을 때 길에서 한 젊은 여성이 내게 다가와 "피피는 어떻게 지내고 있나요?"라고 물었다. 나는 그녀가 "17번 침팬지는 어떻게 지내고 있나요?"라고 물어보는 걸 상상조차 할 수 없다.

나는 또한 케임브리지 대학의 학자들로부터 침팬지들이 각각 고유한 성격을 갖고 있다는 생각을 버리라는 권고를 받았다. 내가 카사켈라 Kasakela 집단에 속한 여러 침팬지들의 성격을 지어냈다고 생각하는 모양이었다. 이들은 유일하게 인간만이 성격을 갖고 있고 오직 인간만이 이성적인 사고를 할 수 있으므로 침팬지의 사고에 대해서는 말할 수 없다고 했다. 침팬지의 감정에 대해 말하는 것은 내가 저지른 '침팬지 의인화하기'란 죄 중에서도 가장 나쁜 것이었다. 그러나 다행스럽게도 내게는 어린 시절에 동물행동을 가르쳐준 훌륭한 선생님인 나의 개 러스티가 있어 이같은 과학의 경고를 무시할 수 있었다. 아직도 받아들이지 않는 사람들이 있기는 하지만, 오늘날 많은 야생동물학자들은 동물들을 구별할 수만 있으면 이름을 붙인다. 같은 종의 다른 개체들 간의 성격 차이에 관한 연구도 많이 있으며, 이제는 동물들의 사고나 감정까지도 정당한 과학의 영역에 포함되었다.

고양이 스피도

고양이들이 어떻게 시각 정보를 처리하는지에 대한 신경생물학과 행동학 연구를 내가 시작했을 때, 나는 앞으로 내가 하게 될 일이 뭔지 모르고 있었다. 나는 고양이들이 올바른 선택을 하면 먹이를 주어 다른 시각 패턴을 구별해내도록 훈련시켰다. 고양이들은 제각각 학습방식이 달라 누구는 느리고 누구는 빠르게 배웠으며, 아예 배우지 못하는 고양이들도 있었다. 내가 작은 우리에서 꺼내 마취를 시키고 대뇌의 시각 피질의 일부를 제거하는 동안 나를 바라보던 스피도의 눈빛을 아직도 기억한다. 마취에서 깨어나면서 그의 눈은 나를 향해 묻는 듯했다. "당신 도대체 뭘 하는 거요?" 스피도의 눈길을 나는 영원히 잊지 못할 것이다.

아주 짧은 기간이었지만 나는 이 연구를 계속했다. 고양이에게 어떤 일을 수행하도록 훈련시킨 후, 뇌의 일부를 절제한 다음 얼마나 그 일을 잘 수행하는지 보는 연구였다. 그러나 실험의 효과가 대뇌의 올바른 부위에 국한되었는지 확인하기 위하여 그들을 안락사(고통과 두려움을 최소화하여 죽이는 것)시켜야 했을 때, 나는 모든 걸 그만두지 않을 수 없었다. 나는 스피도를 마지막으로 모두 네 마리의 고양이를 안락사시켰다.

내가 스피도를 꺼내려고 우리 가까이 다가갔을 때, 스피도는 그것이 마지막인 줄 아는 듯했다. 평소의 대담하고 건방진 모습은 어디론가 사라지고 없었다. 그의 그런 모습을 보며 나는 눈물을 흘리지 않을 수 없었다. 뚫어질 듯 나를 바라보는 눈길에 그를 죽여야 하는 내 마음이 너무 아팠고, 그를 집에 데려갈 수만 있으면 얼마나 좋을까 생각했다. 그가 참아내야 했던 고통과 냉대를 다 말해주는 듯한 스피도의 눈빛을 나는 아직도 기억한다.

결국 나는 그 연구를 그만두고 동물들에게 이름을 붙이는 것이 용인될 뿐 아니라 적극적으로 장려되는 새로운 연구에 합류했다. 그 후에 참가한 프로그램 중에는 남극에 사는 아델리펭귄Adelie penguin에 대한 연구도 있었다. 이 연구에서는 모든 펭귄들이 각자의 이름을 가졌고 코요테나 새들까지도 이름이 있었다. 연구하는 동물에게 이름을 붙여주는 일은 야생에서 하루를 시작하면서 아침을 챙겨 먹는 일만큼이나 일상적인 일이었다.

　제2차 세계대전 이후 1960년대에는 야생동물의 삶을 배우고자 야생으로 뛰쳐나가는 연구자들이 많아졌고, 이러한 열정으로 인해 동물에 대한 과학계의 태도가 바뀌게 되었다. 침팬지, 고릴라, 오랑우탄, 늑대, 코요테, 고래에 대한 연구들은 이들이 놀랄 만큼 복잡한 사회를 형성하고 있으며 정말로 생각하고 느낄 수 있다는 것을 보여주었다. 모든 동물들의 행동이 단순한 자극과 그에 대한 반응으로 결정된다는 기계적이고 환원주의적인 견해는 옳지 않다는 것이 입증되었다. 복잡한 두뇌를 가진 동물들이 인간과 마찬가지로 고통과 두려움, 만족과 기쁨 등 모든 종류의 감정을 느낄 수 있다는 것을 점점 더 많은 과학자들이 깨닫게 되면서 새로운 철학이 형성되었다. 과학자들은 많은 동물들이 그들만의 고유한 성격과 생활사를 갖고 있다는 것을 받아들이기 시작했다.

　오늘날 과학은 이전까지 많은 사람들이 직관적으로만 알고 있었던 것, 즉 우리 인간이 지구에서 사고하고 느낄 수 있는 유일한 존재가 아니라는 것을 '증명하기' 시작했다. 이는 우리와 함께 살아가는 동물들에 대해 새로운 관점을 갖게 해준다. 찰스 다윈도 말한 바 있지만 "살아 있는 모든 생명체에 대한 사랑이야말로 인간의 가장 숭고한 본성이다."

포키와 피닉스

일단 동물들을 알아보고 이름을 붙이게 되면 그 동물에 대한 시각이 바뀐다. 이러한 변화는 최근 구제역으로 인해 영국 정부가 대대적인 가축 도살을 강행했을 때에도 나타났다. 2001년 4월 말 영국의 신문 중 하나가 '포키에게 행복이란 내일도 꿀꿀거릴 수 있는 것'이라는 헤드라인의 기사를 실었다. 포키는 연금을 받아 살아가는 사람들과 함께 살았던 베트남산 배불뚝이 돼지인데, 그를 열렬히 사랑하는 주인은 포키를 집 안에서 키웠을 뿐 아니라 포키를 도살하려고 온 사람들을 내쫓아버렸다.

포키가 유일한 예는 아니었다. 소 떼가 도살된 지 닷새 후, 죽은 엄마 소 곁에서 피닉스라는 이름의 하얀 송아지 한 마리가 발견되었다. 피닉스는 며칠 동안 뉴스거리가 되었고 도살을 담당하는 농무부에는 피닉스를 살리라는 편지가 쇄도했다. 결국 토니 블레어 수상도 여론에 힘을 실어주었다.

여론은 포키와 피닉스의 생명을 구했다. 수백만 마리의 소와 돼지들이 도살되었고 사람들은 그 시체더미를 보면서 기겁했지만, 포키와 피닉스를 알게 된 후에야 마음이 움직였던 것이다. 포키와 피닉스는 이름을 갖게 된 후 생각하고 느낄 수 있는 존재라고 인식되었기 때문에 목숨을 건지게 되었으나 대부분의 도살은 알려지지 않는다. 너무도 끔찍하게 도살되는 동물들에 대해 아무런 생각을 하지 않기 때문에 식탁 위에 고기를 올린다. 소나 돼지를 먹는다고 하지 않고 그저 스테이크나 베이컨을 먹는다고 말한다. 그래서 포키나 피닉스가 중요한 것이다. 이들은 동물들이 우리 인간과 마찬가지로 제각각 행복과 슬픔, 두려움과 절망, 그리고 사랑으로 가득 찬 삶을 누리고 있다는 것을 일깨워주기 때문이다.

동물쇼의 뒷모습

일반대중은 늘 동물이 살아 움직이는 쇼를 보고 싶어한다. 옛날 동물쇼의 주제는 짐승과 맞붙어 싸우는 인간이었다. 글래디에이터들은 로마의 원형경기장에서 사나운 야생동물들과 싸웠고, 사자들에게 던져진 기독교인들을 구경하려고 수많은 사람들이 원형경기장에 몰려들었다. 오늘날에도 소싸움은 스페인에서 믿어지지 않을 정도로 인기가 높다. 미국에서도 반항하는 야생마를 길들이는 카우보이들의 로데오에 사람들이 모여든다. 서커스 동물들은 인기 최고다 — 물구나무서는 코끼리, 춤추는 곰, 불타는 고리를 통과하는 호랑이, 그리고 조련사의 머리를 입에 넣은 사자까지. 전 세계의 많은 동물원에서 펭귄, 앵무새, 맹금류, 돌고래 등 온갖 동물들이 출연하는 동물쇼들이 벌어지고 있다. 훈련받은 동물들은 심지어 영화나 광고에까지 등장한다.

서커스나 다른 동물쇼에 출연하는 동물들을 조련하는 방법은 때로 아주 잔인한데도 대부분 막 뒤에 가려져 있다. 쇼를 진행하는 동안 어린 침팬지들이 조련사에게 복종하도록 만들기 위해 철봉으로 어린 침팬지들의 머리를 때려 조련사에게 공포를 느끼게 만든다는 것은 이미 잘 알려져 있다. 침팬지 몇몇은 두개골이 파손되어 죽기까지 하였다. 영화 〈더티 파이터(원제 Every Which Way You Can)〉에 출연한 클라이드라는 오랑우탄은 안타깝게도 영화 홍보에 참여할 수 없었다. 영화촬영 중 곤봉에 맞아 죽었기 때문이다. 영화 포스터에 포즈를 취하고 있는 것은 그 대역 댈러스였다. 영화 〈프로젝트 X〉 촬영 중에도 침팬지들이 심한 학대를 당했다고 한다. 영국의 가장 오래된 가족 서커스단 설립자의 딸인 매리 치퍼필드Mary Chipperfield는 실제로 두 살배기 침팬지를 끔찍하게 학대한 죄로 기소되었다. 이 침팬지는 단지 매일 오후 네 시만 되면 작고, 차갑고, 외롭고, 궁색한 자신의 우리에 가둬지는 것이 싫었을 뿐이다. 비슷한 시기에 치퍼필드 서커스단의 코끼리 조련사가 사슬에 묶인 암코끼리의 눈과 예민한 코를 철봉으로 때리는 장면이 몰래카메라에 찍히기도 하였다. 얼마나 심하게 때렸던지 철봉이 부러져버렸다. 그 암코끼리의 잘못은 실수로 물양동이를 엎지른 것뿐이었다. 그 조련사는 실형을 선고받았다.

이 모든 상황을 우리 일반대중들이 바꿀 수 있다. 모든 생명체를 존중하는 것에서부터 시작한다면 말이다. 로스앤젤레스 남중부의 시내 중학생 800명을 대상으로 강연하던 때가 생각난다. 놀랍게도 많은 중학생들은 침팬지들이 서커스를 위해 조련되는 방법을 듣고 분노를 금치 못했으며, 침팬지에게 인간의 옷을 입혀 바보같이 보이도록 하는 게 왜 잘못된 일인지를 쉽게 이해했다. 우리가 무엇을 할 수 있을지 묻자, 여기저기서 침팬지가 나오는 서커스를 보러 가지 않겠다, TV를 꺼버리겠다, 편지를 쓰겠다는 대답들이 쏟아졌다. 이러한 방법들로 표출된 여론 덕분에 몇몇 도시에서는 동물쇼를 하는 서커스 자체를 금지시켰다. 인도에서는 2000년, 리우데자네이루에서는 2001년에 서커스가 금지되었다.

태양서커스단Cirque du Soleil이라는 곳은 스케일이 엄청나지만 동물이 전혀 출연하지 않는 쇼를 개발해냈다. 침프 채널Chimp Channel('미싱 링크Missing Link'라고도 불린다)에서는 어린 침팬지들이 옷을 차려입고 나와 인간의 예의범절을 배우는 프로그램을 방영했는데, 분노에 찬 내용의 편지와 이메일 — 그 중 다수가 우리 루츠앤드슈츠 회원들이 보낸 것들이다 — 이 빗발쳐 곧 종영되었다.

미국 상원의원 16명과 하원의원 55명이 푸에르토리코에서 순회공연을 하던 헤르마노스 수아레즈 서커스Hermanos Suarez Circus의 북극곰 일곱 마리를 구해달라고 연방정부에 요청한 적도 있었다. 이 북극곰들은 섭씨 38도에 가까운 날씨에도 철창으로 된 작은 우리에 갇혀 있었다. 안타깝게도 2002년 3월 초 그 서커스단장은 무죄로 석방되었고 북극곰들은 아직도 10분짜리 쇼를 일주일에 아홉 번씩 공연하고 있다. 그나마 다행인 것은 판결 직후에 일곱 마리 중 한 마리인 알래스카가 미국 야생동물관리국에 의해 볼티모어 동물원으로 보내졌다는 것이다.

근래 들어 동물쇼에서 은퇴한 동물들을 위한 보호소가 점점 늘고 있다. 테네시 주의 호헨월드Hohenwald에서는 혹사당한 코끼리들이 쉴 수 있는 코끼리 보호소가 설립되었다. 쉰두 살의 셜리가 그 보호소로 보내졌을 때 서른 살 먹은 제니의 옆방을 쓰게 되었다. 그 둘은 만나자마자 매우 기뻐하는 신호를 보냈다. 뱃속까지 울리도록 으르렁거리는 소리를 크게 내더니 코로 몸을 어루만지며 달라붙어 떨어지지 않았다. 제니는 셜리의 우리로 들어가려고까지 했다. 자료를 조사해보니 그 둘은 22년 전 제니가 여덟 살이었을 때 같은 서커스에 있었다는 것이 밝혀졌다. 코끼리가 기억력이 좋다는 서양 속담을 생각해볼 때, 그들이 서로를 기억하고 있었음이 틀림없다. 놀라운 것은 그들의 재회가 매우 가슴 따뜻한 광경이었다는 것이다. 그들은 아직도 서로의 곁을 떠나지 않는 친구다.

그들을 그저 붙어 있던 한 쌍의 '물건들'에 지나지 않는다고 여겨 강제로 헤어지게 하고 서로 다른 곳으로 보냈을 때, 서로를 그리워하며 겪어야 했을 정신적인 고통을 생각해보라. 바로 인간이 같은 인간 노예에게 저질렀던 일이었다. 오늘날에도 세계 곳곳에서는 수천 명의 아이들이 매춘 산업에 팔리고 있다.

돌고래 역시 큰 두뇌를 지니고 있고 코끼리처럼 사회적인 유대관계를 필요로 한다. 그러나 이들도 자유로운 바다에서부터 잡혀와 그야말로 '물 감옥'에 가까운 수족관에 갇혀 비참한 삶을 살아가고 있다.

루나는 병코돌고래bottle-nosed dolphin다. 루나와 다른 일곱 마리의 돌고래들은 멕시코의 바하칼리포르니아Bajacalifornia 해변의 막달레나 만에서 잡힌 뒤 나무상자에 갇힌 채 트럭에 실려 '라 파즈 돌고래 센터'의 작은 방에 갇히게 되었다. 루나는 도착했을 때 지치고 겁을 잔뜩 먹은 상태였으며 자기가 흘린 피에 흠뻑 젖어 있었다. 돌고래들은 깊이 45센티미터 정도도 안 되는 물에, 그것도 아주 좁은 우리 안에 갇혔다. 루나는 결국 죽었고, 그로 인해 멕시코에서 돌고래 포획이 중지되었다. 라 파즈 센터에서 가까이 살고 있는 멕시코 환경운동가 욜란다 알라니즈Yolanda Alaniz에 의해 루나 프로젝트가 조직되었고, 멕시코 환경부장관 빅터 릭팅거Victor Lichtinger는 어떤 해양 포유동물도 루나와 같은 운명을 맞지 않게 할 긴급법안을 통과시켰다. 2002년 3월 라 파즈 센터는 폐쇄되었다.

영화 〈프리 윌리〉의 스타 케이코의 이야기는 너무도 잘 알려져 있기에 여기서는 적지 않기로 한다. 아직도 자유로운 상태는 아니지만 그를 작은 풀에서 구해내어 본래 살던 지역으로 보내기 위한 사람들의 노력은 매우 감동적이었다. 인간이 항상 잔인한 것은 아니다. 오히려 어떤 것에 대해 더 많이 알게 될수록 더 큰 동정심과 사랑을 갖게 되는 존재이다.

자연 다큐멘터리 영화와 사진

자연 다큐멘터리 영화와 야생동물들의 사진은 매우 인기가 높다. 이 업종에 종사하는 사람들의 모임뿐 아니라 아마추어들의 모임도 있을 정도다. 이들은 몇 시간, 심지어는 몇 년이고 황야에서 참고 견디며 놀라운 장면을 담은 작품들을 만들어낸다. 나도 몇 명 알고 있다. (내 남편이었던) 휴고 반 라윅, 마이클 니콜즈Michael Nichols, 미치오 호시노Michio Hoshino, 그리고 톰 맨젤슨Tom Mangelsen이 그들이다. 이들의 작품은 동물과 그 서식처에 대한 사랑과 지식의 소산이다. 그러나 안타깝게도 동물에게는 신경조차 쓰지 않는 다른 사람들도 있다. 한 영화 제작팀은 엄마를 잃은 아기 물개를 보여주는 장면을 촬영하기 위해 아기 물개를 이누이트 사냥꾼으로부터 샀는데, 얼음 위에서 촬영한 뒤 그곳에 그냥 내버려두고 왔다고 한다. 또 다른 제작팀은 물개와 상어가 어떻게 물 속에서 헤엄치는지 촬영하기 위해 '크리터 캠critter cam'이라고 불리는 작은 카메라를 부착했다. 이렇게 스트레스를 받은 동물들이 정상적으로 행동하리라 생각하는 것은 분명히 어리석은 일인데도 말이다. 실제로 몇몇 상어는 촬영 중에 죽었다고 한다.

그 중에서도 특히 충격적인 것은 촬영을 위해 동물들을 빌려주는 '동물농장'이 있다는 사실이다. 여기서는 돈을 내고 훈련받은 동물들의 '자연스러운' 행동들을 근접 촬영할 수 있다. 돈을 주고 임대한 표범이 비비원숭이를 '사냥하는' 장면은 유명하다. 《라이프》지에 실린 이 장면들을 찍기 위해 비비원숭이가 800마리나 희생되었다. 이 원숭이들은 말 그대로 표범 앞에 한 마리씩 던져졌고, 사진작가는 자기가 원하는 장면들이 나올 때까지 연신 셔터를 눌러댔다. 몇 마리의 비비원숭이가 살아남았는지 모르지만, 표범이 달려오자 단번에 공중 높이 뛰어오르는 늙은 수컷의 얼굴에 비친 극도의 공포심은 아직도 내 머릿속에 맴돌고 있다. 이 장면을 담은 사진은 국제적인 상도 받았다. 촬영에 드는 비용이 치솟고 경쟁도 날로 치열해지기 때문에 제대로 된 동물 다큐멘터리 제작에 필요한 후원금을 얻기가 매우 힘들다는 것을 감안하면 왜 이렇게 훈련된 동물들이 쓰이는지는 쉽게 이해할 수 있다. 그러나 이것은 도의적으로 옳지 않다. 첫째, 그것을 보는 관중을 기만하는 일이다. 왜냐하면 관중은 자기가 보고 있는 동물들이 야생의 상태에서 자유로이 살아가는 동물들이라고 믿기 때문이다. 둘째, 이러한 방법으로 쉽게 얻어진 사진이나 영화들은 그 작가들의 이름을 더럽히는 것이다. 셋째, 그 동물들이 처한 상황들이 때로 너무도 열악하기 때문이다.

톰 맨젤슨은 미국 몬태나 주의 보즈맨 근처 농장을 점검하러 나선 적이 있었는데, 실제 상황은 상상했던 것보다 훨씬 나빴다고 한다. 북미산 족제비과의 동물인 울버린, 늑대, 삵, 코요테, 회색곰, 그 외 여러 동물들이 뜨거운 태양 아래 놓인 우리 안에서 불안한 듯 이리저리 왔다갔다하고 있었다. 1.5×1.5×3미터 크기의 우리는 바닥과 천장이 강철판으로 되어 있었다. 농장주인이 제 역할을 하지 못한 퓨마에게 '본때를 보이기 위해' 목에 묶인 쇠사슬을 잡고 숲 속으로 질질 끌고 가는 광경도 목격했다고 한다. 어떤 퓨마는 납중독으로 죽었는데, 누가 0.22밀리미터 구경의 총탄에 맞은 다람쥐를 갈아 밥에 섞어 주었기 때문이었다.

사진작가나 영화감독은 대개 젊고 건강한 동물들을 촬영하고 싶어 한다. 그러나 그 동물들이 나이가 들면 어떻게 되는가? 이러한 동물농장 산업은 고객의 부담을 덜어주고도 이윤이 남을 만큼 크게 발전하였으나 그 대가는 동물들의 희생이다. 지금은 은퇴했지만 버려진 동물들의 보호소를 운영하고 있는 공연하는 동물들을 위한 동물복지협회Performing Animal Welfare Society(PASW)의 회장 팻 더비는 "돈이 모든 것의 기준"이 되는 사람들의 태도 때문에 동물들에 대한 적절한 조치는 아예 불가능할 것이라고 말한다. 동물들에 대한 존중이란 없어 보인다.

그럼에도 자연 다큐멘터리는 사람들에게 동물의 행동을 알리는 중요한 역할을 하고 있다. 그리고 많은 영화들이 동물과 그 환경에 대한 위협, 그리고 동물을 보호하려는 사람들의 영웅적인 노력까지 담고 있다. 대부분의 사람들은 전 세계 각지의 야생 오지를 직접 가보고 싶어하지도 않거니와 그럴 기회를 얻는 것도 쉽지 않다. 미국의 '내셔널 지오그래픽', '디스커버리', 'PBS', 그리고 영국의 '서바이벌 앵글리아Survival Anglia'와 'BBC 와일드라이프Wildlife' 등의 채널들은 야생생물의 삶을 전 세계의 안방으로 전달해준다. 대부분의 영화제작팀은 위험한 환경에서도 무거운 장비를 들고 그 장면을 찍기 위해 고군분투하는, 진정 열정적이고 동물을 사랑하는 사람들로 구성되어 있다.

동물원 관리의 몇 가지 문제점

미국에서는 미국동물원수족관연합회American Zoo and Aquarium Association(이하 AZA)가 있어 동물원, 야생공원, 그리고 수족관을 감독한다. 동물원이나 야생공원이 AZA의 관리기준을 준수하면 AZA로부터 공인을 받게 된다. 미국 전역에 걸쳐 약 200곳의 동물원, 야생공원, 수족관이 AZA의 공인을 받았으나, 다른 2,000여 곳의 동물원들은 AZA의 공인은 얻지 못한 상태이다. 이러한 상황은 유럽도 마찬가지여서 유럽 내 280개의 동물원이 공인받은 데 비해 공인받지 못한 동물원이 훨씬 많다.

　이렇게 공인받지 못한 동물원은 동물들이 살기에 끔찍한 곳들이다. 공인받은 동물원들도 그 질은 천차만별이다. 몇몇 동물원 전문가들은 많은 동물 전시장이 너무 낡아 그 중 3분의 1 정도만이 진정으로 '유익'하고 '자연스러운' 상태라고 말한다. 한 동물원 관리자는 그가 보아온 동물 전시 중 95%는 개선의 여지가 있다고 말했다. 어떤 동물원은 여전히 불법적인 '동물 암거래'를 통해 동물들을 사들인다. 로퍼 설문조사의 1995년 자료에 따르면 70%의 미국인들이 동물원에 있는 동물들의 복지에 대해서 '진심으로' 걱정하고 있었다.

　동물원의 동물들은 분명히 자유와 사생활을 빼앗긴 채 살아간다. 그럼에도 국립동물원의 스미스소니언 연구소에서 사랑받던 기린 라이마가 죽자 담당관리자는 라이마의 의료기록을 사람들에게 공개할 수 없다고 말했다. 왜냐하면 그 기록을 공개하는 것은 "동물의 사생활에 대한 권리와 사육사와 동물의 관계(사람으로 치면, 의사와 환자처럼 서로 신뢰하는 관계)를 침해하는 것"이기 때문이라 한다. 이것은 논란의 여지가 많은 주장이며, 법정에서는 동물의 사생활을 인정하지 않는다. 그리고 만약 동물들이 '사생활에 대한 권리'를 갖고 있다면, 왜 그들의 동의 없이 전시되어 먹고, 자고, 목욕하고, 교미하는 광경을 다른 사람들에게 보여야 하는가? 어느 동물이 실제로 의료기록을 공개할 것에 대한 동의를 행사할 수 있는가? 어떤 동물이 그의 기록이 공개될 때 마음의 상처를 입을 것인가? 동물들이 사생활에 대한 권리를 갖고 있다면, 왜 그들은 자유로워질 권리는 갖고 있지 않은가? 이처럼 어렵고 논란의 여지가 많은 질문들은 동물의 인지능력, 감정, 그리고 윤리적·법적 위치에 대해 중요한 문제점을 제기하므로 심각하게 고려해볼 필요가 있다.

몇몇 동물원에서는 멸종위기에 있는 동물들을 보호하기 위한 노력을 하는 반면, 그보다 더 좋은 동물원에서는 동물들을 화물칸에 실어 옮긴다. 예를 들어, 콜로라도의 덴버 동물원은 2001년 봄 코끼리를 운반하면서 비극적인 사건을 겪었다. 충분히 예방할 수 있었던 사고였다. 무리의 으뜸 암컷인 미미가 늙고 약한 친구 캔디를 머리로 받아 넘어뜨린 것이다. 캔디는 너무 많이 다쳐서 안락사시켜야 했다(그 동물원에는 코끼리를 들어올릴 만한 장비가 없었다). 미미는 친구인 돌리가 '신혼여행(다른 동물원으로 교미하러 보낼 때 쓰는 말)'을 떠난 이후로 몇 번씩이나 화를 냈고, 그 사이에 새로 들어온 호프와 아미고가 미미의 옆방으로 들어왔다. 그러나 미미가 싫어한다는 걸 아무도 눈치채지 못했다. 불편한 마음에 호프는 2001년 6월 화를 내며 날뛰기도 했지만 3톤에 가까운 그 거구의 난리에도 불구하고 다행히 아무도 다치지 않았다.

아미고는 두 살쯤 되었을 때 엄마 곁을 떠나야 했다. 야생에서는 절대로 벌어지지 않는 일이다. 코끼리 엄마들은 아주 헌신적이므로 아미고를 엄마 곁에 두는 것이 더 나았을 것이다. 내가 그 지역 방송국과 인터뷰를 했을 때, 아미고가 그 엄마에게서 억지로 떼어졌다고 말하자 동물원 대변인은 다음과 같이 대답했다. "아미고는 절대로 엄마에게서 억지로 떼어진 것이 아닙니다. 그는 엄마와 같은 무리에서 살고 있습니다. 아미고는 여기 덴버 동물원에 석 달 동안 방문하러 온 것일 뿐입니다." 나는 아미고가 어떻게 동시에 엄마와 함께, 그리고 덴버 동물원에도 있을 수 있는지 의아했다. 9월 2일 동물원에서는 아미고의 생일잔치가 열렸고 그 후 결국 엄마 곁으로 보내졌다. 지나치게 관대한 AZA의 조항 때문에 코끼리나 다른 동물들이 아직도 영리적인 목적으로 이리저리 옮겨지고 있다.

동물원 안에서조차 동물들이 늘 안전한 것은 아니다. 인간의 보호 아래 있는 동물원에서도 안전하지 않다면, 도대체 동물들이 어디서 안전할 수 있을까? 2001년 10월 같은 덴버 동물원에서 아시아 흑곰 수컷 모크탄이 오랫동안 한 우리에서 살았던 암컷 셔파를 죽였다. 셔파의 목은 으스러진 채 간신히 붙어 있었고 다리가 동강나 있었을 정도로 아주 끔찍한 싸움이었다. 모크탄과 셔파는 이전에도 여러 번 ─ 그 일이 있기 전 열 달 동안 무려 서른여섯 번이나 ─ 대치한 적이 있었지만 여전히 같은 방에서 지내야 했다. 동물원 측은 코끼리나 북극곰과 같은 '간판스타'들의 죽음 외에는 공개하지 않는 것이 그들의 정책이라며 이 사건을 공개하지 않았다. 이 불행한 사건은 유사한 사건들을 조사하는 미국 농무부의 공개자료에서 발견되었다. 덴버 동물원은 이 사건을 공개하지 않은 죄값으로 단지 700달러의 벌금을 냈을 뿐이다.

공장식 사육

우리는 육식문화를 갖고 있다. 선사 인류의 유물에서 발견된 석기들을 보면 우리가 아주 옛날부터 먹기 위해 동물들을 사냥했음을 알 수 있다. 오늘날에도 초기 인류와 비슷한 생활방식으로 살아가고 있는 수렵채집사회들이 세계 곳곳에 남아 있다. 이들은 모두 사냥을 한다 ─ 그리고 그들이 사냥하는 동물들을 모두 존경할 줄 안다. 그들은 생명을 희생하여 음식을 제공한 동물들의 영혼에 감사드리는 기도를 한다. 그러나 현대사회에 살고 있는 우리는 모든 생명에 대한 경외감을 잃었다. 내가 어렸을 때 어머니는 음식에 감사하는 식전 기도를 하도록 가르치셨지만 그것은 하느님에 대한 기도였지 우리가 목숨을 빼앗은 동물들에 대한 감사는 아니었다.

전 세계를 통틀어 매년 수십 억 마리의 동물들이 도살된다. 미국에서만 해도 그 숫자는 엄청나다. 최소한 돼지 9,300만 마리, 소 3,700만 마리, 오리 2,400만 마리, 송아지 200만 마리, 말·염소·양 600만 마리, 그리고 닭과 칠면조는 100억 마리에 가까운 수가 매년 도살되고 있다. 2001년 미국에서는 해외 수출용으로 5만 5,000마리의 말이 도살되었다. 매 초마다 250마리가 넘는 동물들이 도살되는 셈이다. 보통의 미국인은 평생 2,400마리의 동물을 먹어치운다. 농업 관련 사업은 이제 미국 동물애호협회의 원로 생물윤리학자인 마이클 W. 폭스Michael W. Fox가 붙인 이름처럼 매일 매 초마다 끔찍한 일을 저지르는 '도살기계'가 되었다. 이 모든 것들이 끔찍한 이유는 바로 동물들이 처한 상태 때문이다. 이는 바로 우리의 두 번째 계명을 어김으로써 초래되는 결과이다.

음식으로 소비되는 수십 억의 생명뿐 아니라 육류 생산에 따른 엄청난 쓰레기 처리에 대한 문제도 있다. 콜로라도 주립대학의 연구에 따르면, 450킬로그램의 소 한 마리가 매일 27킬로그램의 배설물을 만들어내는데, 이것은 연간 11톤에 해당한다. 젖소는 매일 37킬로그램 정도를, 그리고 구이용 닭은 450킬로그램 당 36킬로그램을, 돼지는 28킬로그램을 배설한다. 이를 모두 합산하면 미국의 육류 동물은 매년 20억 톤 가량의 분뇨를 만들며, 이는 대충 걸러져 대부분 하천, 호수, 그리고 상수원으로 흘러들어간다. 이것은 인간이 만들어내는 분뇨의 열 배에 해당하는 양이다.

소는 보통 축사에서 사육되는데, 축사의 바닥은 대개 축축하고 질퍽

하며 햇살이 따가울 때는 단단하고 건조해진다. 젖소들은 매일 그리고 하루 종일 긴 줄로 늘어선 외양간 안에 묶여 지낸다. 똑똑하다고 알려져 있는 돼지들도 새끼들과 마찬가지로 작고 냄새 나는 우리에 갇혀 있다. 암퇘지들은 새끼들을 깔아뭉개지 못하도록(자연상태에서는 절대로 벌어지지 않는 일이다) 옴짝달싹 할 수 없게 분만틀 안에 갇혀 지낸다. 식용 송아지는 16~18주밖에 안 되는 짧은 삶을 60센티미터 너비의 좁은 나무틀에 갇혀 지낸다. 뛰어다니기는커녕 걷지도 못하고, 심지어는 편히 드러눕지도 못한다. 식사는 하루 두 번, 그것도 액체로 된 음식만 먹는다. 도살 전에는 고기의 색깔을 옅게 만들기 위하여 철분 섭취도 일정 수준 이하로 제한되는데, 이것은 송아지들을 빈혈상태로 만든다. 송아지 고기는 핏기 없는 색깔이어야 좋은 값을 받을 수 있기 때문이다.

오늘날 닭을 비롯한 가금류의 고기와 알은 가금육류 산업의 엄청난 성장 덕택에 가장 양도 많고 값도 싼 육류상품이 되었다. 알을 낳는 암탉들은 좁고 초라한 닭장에 갇혀 있는데, 여기서는 모든 종류의 정상적인 행동들, 예를 들어 모래목욕, 가지에 앉기, 둥지 짓기, 심지어 날개를 쭉 펴는 행동조차도 할 수 없다. 다른 닭을 쪼아 다치게 하거나 죽이지 못하도록 신경을 마비시키기 위해, 달군 면도날이나 정교한 낫으로 부리를 반쯤 자른다. 이 고통은 엄청나며 꽤 오래 지속되는 것처럼 보인다. 닭장 안의 닭들은 알을 너무 많이 낳는 데서 야기되는 칼슘 결핍과 운동 부족의 복합적인 결과로 골다공증을 보이기도 한다. 이들의 산란율은 1년에 달걀 300개에 육박하는데, 1925년에만 해도 170개 정도 수준이었다. 암탉의 25%는 닭장에서 꺼내 가공공장으로 운반될 때면 이미 다리가 부러져 있기도 하다.

인간이 먹기 위해 기르는 동물들은 다양한 호르몬이나 항생제로 살찌

운다. 구이용 영계는 16주가 아니라 6주만 지나도 시장에 내놓을 만한 몸무게에 이른다. 멕시코의 한 소녀가 다섯 살의 나이에 유방이 발달한 충격적인 사건이 있었는데, 호르몬을 지나치게 많이 먹인 닭을 먹었기 때문인 것으로 보인다. 유전공학 기술 또한 동물들을 더 크고 더 '고기가 많도록' 만드는 데 쓰이고 있다. 성장호르몬을 맞은 젖소는 하루에 우유를 45킬로그램이나 생산하는데, 이것은 정상적인 양의 열 배에 해당된다. 이 젖소들은 유선염에 자주 걸리는데 유선염에 걸린 젖소의 우유에는 모두 고름이 섞여 있을 것이며, 그 치유를 위해 항생제를 투여하더라도 이 역시 우유를 통해 인간에게 전달될 것이다.

공장식으로 사육된 가축들은 평생 동안 육체적 정신적으로 고통을 받으며, 그 고통은 도살장 안에서 최후를 맞을 때 최고조에 이른다. 암탉과 칠면조는 정신이 말짱한 상태에서 전기쇼크를 받거나, 끓는 물에 넣어지거나, 전기가 흐르는 욕조에 담겨 죽음을 맞는다. 가끔 섞여 들어오는 갓난 새끼병아리들은 플라스틱 자루에 던져져 질식사한다. 돼지나 소는 머리를 세게 맞아 기절한 상태에서 거꾸로 매달려 일렬로 도살장으로 향한다. 《도살장: 미국 육류산업의 탐욕, 태만, 비인도주의적 처리에 대한 끔찍한 보고서 Slaughterhouse:The shocking story of greed, neglect, and inhumane treatment inside the U.S. meat industry》의 저자 게일 아이스니츠 Gail Eisnitz와 캘리포니아의 인도주의사육협회는 최근 워싱턴 주에 있는 아이오와 육우가공협회의 끔찍한 동물학대에 대한 결정적인 증거를 입수했다. 그것은 미국 내 주요 도살장에서 살아 있는 소를 불법적으로 학대하고 가죽을 벗기고 절단한 가장 잔인한 경우에 대한 자료였다. 그 공장 직원 중 25명 정도가 그 진술서에 거짓이 없음을 확인했으며 몰래카메라로 찍은 자료도 있었다.

공장식 사육 상태는 너무도 끔찍해서 많은 동물들이 도살장에 이르기도 전에 병에 걸리거나 다쳐서 죽는다. 한 달도 되기 전에 270만 마리의 송아지들이 죽어나갈 정도다. 질병으로 인해 죽는 가축의 손실은 연간 17조 달러에 이르는 것으로 산출된다. 이것은 돈으로만 산출된 비용이며, 동물들이 느끼는 고통에 대한 비용은 알 수 없다.

다행히 도살장에서 생을 마감하는 동물들의 비참한 삶을 개선하려고 노력하는 사람들은 동물애호가뿐만이 아니다. 2001년 7월 미국 상원 기조연설에서 로버트 버드Robert Byrd 의원(웨스트버지니아 주 민주당 상원의원)은 이미 관습화되어버린 동물들에 대한 잔인한 대우와 인도주의적 도살에 관한 조항을 어기는 것을 맹렬히 비난하며, 도살장에서 벌어지는 잔인한 행각을 농무부가 나서서 종식시킬 것을 요청했다. 상원의 예산배당승인 의장인 버드 의원은 동물복지 법안과 인도주의적 도살 법안을 강화하는 데 300만 달러를 추가로 책정할 것을 요구했다. 그는 또한 동물들이 고통스러운 삶을 이어가고 있다고 언급하면서 "모든 생명체를 인도주의적으로 대우해줄 것과 존중해줄 것"을 청원했다.

선댄스와 부치

1998년 1월 영국 윌트셔의 도살장에서 두 마리의 돼지가 탈출해 강을 건넌 뒤 8일 동안 요리조리 포위망을 피해 살아남은 일이 있었다. 이 이야기는 뉴스의 헤드라인을 장식했고 영국인들의 심금을 울렸다. 며칠이 지나도 돼지들이 잡히지 않자 언론의 관심이 집중되었으며, 이 돼지들에게는 '선댄스와 부치'라는 이름이 붙여졌다. 조사 결과 이들은 탬워스

Tamworth 종과 야생 멧돼지의 잡종인 실험동물로 알려졌는데, 처음부터 도망치는 데 선수였다고 한다. 탈출한 지 8일째 되는 날 일간지《데일리 메일》은 주인에게서 그 둘을 샀고 특수 구조팀을 파견했다. 비가 퍼붓는 한밤중에 구조작업이 펼쳐져 경찰은 물론, 수의사 한 명, 왕립 동물학대방지협회에서 파견된 사람들, 스패니얼 한 마리와 사냥개 한 마리, 그리고 보도진까지 모여들었다.

사람들이 가장 많이 모였을 때에는 영국 내 주요 TV 채널과 신문, 그리고 유럽, 미국, 일본에서 모여든 사진기자와 TV 제작팀까지 모두 150명에 이르렀고 거기다 지역주민들도 합세했다. 암컷인 부치는 결국 먹이로 유인하여 잡았다. 선댄스도 둘러서 있던 사람들을 뚫고 빽빽한 덤불로 숨었지만, 결국 밖으로 유인하여 마취시켰다. 이틀 후 그 둘은 평화롭게 살도록 동물보호소로 보내졌다. 부치와 선댄스의 이야기는 채식주의 열풍을 일으키기도 했는데, 채식협회의 대변인은 "영국 사람들의 아름다운 점 중 하나는 그들의 양심이 일깨워지는 데 그리 오래 걸리지 않는다는 것이다"라고 말하면서 "거의 모든 사람들이 이 돼지들 때문에 밤을 지새웠고, 이제는 육식습관에까지 연관시키고 있다"고 말했다. 여기서 육(肉)이란 바로 돼지고기, 베이컨, 햄, 즉 돼지 그 자체를 말한다.

모피를 입는 일

인간은 항상 보온과 장식을 위해 동물가죽을 입어왔다. 실제로 이누이트 같은 종족들이 꽁꽁 얼어붙은 북극의 불모지에서 살아남을 수 있었던 것은 북극동물들의 모피가 있었기 때문이다. 그러나 불행하게도 모피는 부유한 서양세계에서 일종의 유행이 되어버렸다. 많은 동물들이 모피 제작을 위해 포획되고, 덫에 걸려 발목이 잡히거나 발버둥칠수록 목과 다리를 죄어오는 올무에 걸리거나, 몸 전체를 갈기갈기 찢고 목과 허리를 부러뜨리는 코니베어conibear 덫에 붙잡혀 비참한 죽음을 맞는다. 비버는 종종 물 속에 놓인 덫에 걸려 익사한다. 미국에서는 덫에 걸린 동물을 죽이는 것에 대한 법률이 없어, 동물들은 결국 잡은 사람 마음대로 죽음을 맞게 된다. 다른 동물들을 위해 쳐놓은 덫에 집에서 기르는 개나 고양이가 걸리는 것과 같은 생각지 못한 문제가 일어날 수 있는데도 말이다.

개와 고양이를 포함한 온갖 동물들이 모피를 얻기 위해 사육되고 있다. 이러한 사육장들의 상태는 앞에서 설명한 식용동물들의 공장식 사육과 매우 비슷하다. 모피산업계는 사육 동물들을 처리하는 데 몇 가지 지침을 세워놓았지만, 그 실행은 자발적일 뿐 감독되고 있지 않다. 동물들을 죽이는 방법도 여러 가지다. 머리를 때리거나 올가미에 매달거나 혹은 상처를 내 출혈을 유도한다. 가스실로 보내거나 극약을 주사하기도 한다. 밍크의 경우는 목을 부러뜨린다. 도살장에 끌려가는 소나 돼지가 날뛰듯이, 밍크와 같은 모피용 동물들도 우리에서 꺼낼 때 비명을 지르고 오줌이나 똥을 싸며 도망치려고 안간힘을 쓴다.

동물애호가들은 사람들에게 모피코트 제작에 수반되는 동물들의 고통을 알리기 위해 오랫동안 힘겹게 싸워왔다. 이러한 노력으로 제작된 광고 중에는 한 모델이 모피코트를 입고 지나가는데 그녀의 발자취에 핏방울이 뚝뚝 떨어져 있는 광고도 있었고, 패션쇼에서 한 모델이 모피를 입느니 옷을 입지 않은 채 등장하겠다고 하여 관중들을 깜짝 놀라게 하는 광고도 있었다. 한동안 이 운동에 동참하는 사람들이 많아지면서 1980년대와 1990년대에는 모피 판매가 감소하기도 했다. 그러나 21세기에 들어서며 미국 모피정보협회는 모피산업이 다시 증가 추세에 있다고 보고했다. 2000년의 판매량은 17억 달러에 육박했는데, 이전 해 판매량보다 20%나 증가한 액수이다. 이것은 미국에서만 한 해 700~800만 마리의 동물들이 모피용으로 도살된다는 것을 의미한다. 전 세계적으로는 모피용으로 2,800만 마리가 사육되며 760만 마리가 포획되는 것으로 알고 있다. 북극의 토착민들을 제외하면 추위로부터 살아남기 위해 동물가죽을 걸쳐야 했던 시대는 이미 지난 지 오래다. 대부분의 사람들은 합성섬유로도 충분히 추위를 피할 수 있다.

만약 패션디자이너, 모델, 그리고 모피를 사는 사람들에게 강철 덫에 발이 걸려 몸부림치고 있는 동물의 모습이나 사육된 동물들을 잔인하게 죽이고 가죽을 벗기는 장면을 억지로 보여주거나 그 동물들의 울부짖음을 들려준다면 상황은 달라질 것이다. 그 중 몇 명이나 '나는 감수성이 너무 예민해서 그런 끔찍한 것은 상상조차 하기 싫다'면서 돌아설 것인가? 그리고 계속해서 모피 패션쇼를 보러가거나 모피를 살 것인가?

희망의 조짐은 있다. 전 세계 70개국(미국은 포함되지 않았다)은 동물의 발목을 붙잡는 덫 사용을 금지했고, 그 중 20개국은 모든 형태의 덫 사용을 금지했다. 현재 네덜란드에서는 여우 사육이 금지되었고, 이탈리아에서는 개나 고양이 모피의 사용과 판매가 금지되었다. 영국에서는 모피산업 자체가 금지되었다. 그리고 뉴욕 시의 몇몇 나이트클럽에서는 모피 입은 사람들을 입장시키지 않고 있다.

실험대 위에 오르는 동물들

미국 농무부의 조사에 따르면 1996년에 영장류 5만 2,000마리(침팬지 2,000마리 포함), 개 8만 2,000마리, 고양이 2만 6,000마리, 햄스터 24만 6,000마리, 그리고 토끼 33만 9,000마리를 포함한 130만 마리의 동물들이 실험에 사용되었다. 이 수치에는 실험동물의 95%를 차지하는 수천만 마리의 쥐와 새는 포함되지 않았는데, 이들은 실험과정 내내 어떤 종류의 보호도 받지 못하며 당분간 앞으로도 보호받지 못할 것 같다. 2002년 2월 미국 상원은 연방동물복지법안에서 쥐와 새를 제외시킬 것인가에 대한 투표를 실시하였다. 그 의안을 제시한 제시 헴즈Jesse Helms(노스캐롤라이나 주 공화당 상원의원 ─ 노스캐롤라이나에서는 연간 쥐와 새 25만 마리가 실험에 사용된다)는 "쥐들은 연구시설이 아닌 밖에서 살면 못된 짓을 많이 할 수 있다"고 주장하면서, 보호대상에서 이들을 제외시킴으로써 의약학 연구원들은 '소위 동물보호론자 떨거지들'이 만들어낸 '법률 장난'에 얽매이지 않아도 될 것이라고 말했다.

그럼에도 심리학자 스콧 플루스Scott Plous와 해롤드 허르조그Harold Herzog가 최근 주관한 설문조사 결과, 많은 연구원들이 연방보호법안에 영장류(99.7%가 보호 찬성), 개(98.6%), 고양이(98.3%)뿐만 아니라 쥐(73.9%)와 새(67.9%)까지 포함시키는 것을 선호하는 것으로 나타났다는 것은 매우 중요한 의미를 지닌다.

미국에서만 연간 7억 마리의 동물들이 연구에 사용되며, 매 3초마다 한 마리의 실험동물이 고통과 두려움 속에 죽어가는 것으로 추정된다. 미국 전역의 각 대학 내에 있는 공공기관 동물보호 및 사용협회가 연구계획을 평가하는 방법에는 일관성이 부족하다. 어떤 대학에서는 허용되지 않은 연구가 다른 대학에서는 허용되는 경우도 있다. 《선데이 인디펜던트》의 보도에 따르면 영국에서는 실험용 생쥐 650만 마리, 실험용 쥐 240만 마리, 그리고 개 1,000마리가 연구용으로 사육되었지만 필요가 없어져 폐기처분 되었다고 한다. 많은 수의 실험동물들이 실험을 기다리다가 결국 이처럼 '필요 없다'고 판정되어 죽음을 맞는다.

미국 군 실험실에서는 하루 평균 5마리의 영장류를 죽이고 있으며, 그 수치는 증가 추세에 있다. 1997년에는 1,500마리, 1999년에는 1,877마리가 실험에 사용되었다. 군 실험에서는 주로 동물들에게 화학무기, 이온방사, 레이저, 그리고 고출력 극초단파를 실험하며, 이 중 많은 실험은 건강을 극도로 해치거나 고통을 준다. 그러나 미국 농무부에 의하면, 군 실험실은 다른 실험실보다 동물들의 고통을 줄여주고자 하는 노력이 적어 단지 9%의 동물들만 진통제를 투여받고 실험대에 오른다고 한다. 미 국방부 산하 34개 연구실에서는 5분의 1의 실험동물들이 마취 없이 고통스러운 실험에 사용된다. 1999년 미 국방부에서 사용한 실험동물은 33만 마리 이상이며, 이것은 이전 해에 비해 12% 증가한 수치이다. 이 수치는 생물학무기와 화학무기에 대한 두려움이 증가함에 따라 급속히 증가할 것으로 보인다.

미국은 생체해부를 허용하고 있는 많은 나라 중 하나에 불과하다. 대부분 기록이 제대로 보존되어 있지 않기 때문에 정확한 수치를 얻기가 쉽지 않지만, 1991년 일본에서는 1,223만 6,000마리, 프랑스에서는 364만 6,000마리, 그리스에서는 2만 5,000마리의 동물이 해부되었다. 1994년 스웨덴에서는 35만 2,000마리가 해부되었다. 오늘날 많은 사람들이 실험실 상황을 개선시켜 궁극적으로는 모든 살아 있는 동물들에 대한 실험을 폐지하기 위해 수천 가지의 캠페인을 벌이고 있다는 것은 반가운 사실이다. 생체해부의 선구자들이 동물들의 고통을 인식했다면, 동물연구 산업이 지금처럼 범세계적으로 수십억 달러 규모에 이르며 무수히 많은 사람들이 엄청난 돈을 긁어모을 정도로 발달하지는 못했을 것이다. 우리가 동물들의 본성을 새로이 알아가고 있음에도 동물연구 산업이 계속 발전하고 있다는 사실은 인도주의의 현실을 단적으로 드러낸다.

다행히 살아 있는 동물들을 대신할 만한 실험대상이 계속 개발되고 있다. 동물실험을 지지하는 사람들은 그래도 여전히 동물들을 사용해야 할 필요가 있다고 이야기하지만, 그 사용을 최소화하고 동물들을 가능한 한 인도주의적으로 대우하기 위한 노력은 계속될 것이다. 우리에게는 새로운 마음가짐이 필요하다. 현재 우리가 하고 있는 것들이 비윤리적이라는 점을 인정하고, 우리의 뛰어난 두뇌로 살아 있는 동물들에 대한 실험을 종식시킬 방법을 가능한 한 빨리 개발해야 한다. 대안 개발에 더 많은 돈을 투자하고 단계적인 성공에 노벨상을 수여하는 것도 도움이 될 것이다.

연구에 종사하지 않는 사람들도 동물실험에 대해 점점 더 걱정하고 있다. 최근 통계자료에 따르면 75%의 사람들이 동물들에게 극심한 고통을 주는 실험을 반대했고 60%는 중간 정도의 고통을 주는 실험까지도 반대했다. 영국에서도 비슷한 결과가 나왔다. 미국에서는 더 많은 과학자들이 고통과 죽음을 수반하는 연구를 반대하고 있으며, 이러한 연구를 찬성하는 심리학자들과 심리학과 학생들의 지지율도 50%대로 떨어졌다.

영장류에게 법적 권리를 주자

1993년《영장류 프로젝트: 인본주의를 넘어선 평등The Great Ape Project: Equality Beyond Humanity》이 출간되었고, 이로 인해 영장류 프로젝트(GAP)가 시작되었다. GAP는 인간의 기본권 중 생존권, 자유를 보장받을 권리, 고통을 받지 않을 권리 등이 영장류에게도 법적으로 적용되어야 한다고 주장하며, 영장류도 평등한 대우를 받을 수 있도록 노력하고 있다. 즉 영장류도 인간과 동등한 윤리적 지위를 지녀야 하며, 영장류에 대한 대우 역시 인간과 동등하게 법적으로 보장받아야 한다는 것이다. 7년이 지난 후 동물애호전문 변호사 스티븐 와이즈Steven Wise는《우리를 흔들며Rattling the Cage》를 출간했다. 이 책에서 그는 침팬지들의 풍성한 사회생활, 인간과 유사한 지적 능력과 감정표현, 동시에 침팬지들이 육체적 고통뿐만 아니라 정신적인 고통도 받을 수 있음을 설명하면서, 왜 침팬지들이 법적 지위를 보장받아야 하는지에 대한 증거들을 제시하였다.

여러분 중에는 세계 곳곳에서 인권 남용이 자행되고 있는데 영장류에게 법적 권리를 주는 것이 무슨 소용이 있느냐고 물을 사람이 있을지도 모른다. 그런 것에 대하여 걱정하는 사람들이 좀더 책임지면 되는 것 아니냐고. 그러나 나는 법적인 측면도 매우 중요하다고 생각한다. 사람들은 이름난 법률회사의 변호사들이 실제로 돈도 받지 않고 동물들의 권리를 위해 일하고 있다는 것을 알면 놀랄 것이다. 변호사들까지 이러는 것을 보면 무언가 있긴 있는 것이다! 보다 많은 사람들이 그들의 사고방식을 바꾸고 있다. 아마도 이러한 경향 덕택에 2000년 (미국 상원과 하원에서) 다음 두 가지 법안이 통과될 수 있었다. 바로 영장류 보전법안과 침팬지 건강증진·유지 및 보호법안(the CHIMP Act)이다. 전자는 야생의 영장류를 보전하는 데 얼마간의 예산을 책정하는 근거가 되며, 후자는 의약학연구에 사용된 영장류에게 보호소를 제공해주겠다는 미국 정부의 약속이다. 실험에 사용된 침팬지들의 보호를 보장하기 위해서는 해야 할 일들이더 많지만 이 정도면 좋은 시작이다.

우리는 왜 영장류에게 많은 노력을 쏟고 있는가? 다른 동물들은 중요하지 않은가? 물론 다른 동물들도 중요하다. 그러나 영장류는 인간의 가장 가까운 친척이며 우리와 많은 생물학적, 인지적, 감성적 측면들을 공유하고 있어 최소한 과학적 혹은 논리적 측면에서 다른 동물들과 인간을 구별하는 선은 존재하지 않는다는 것을 증명하려고 할 때 가장 좋은 출발점이 된다. 그리고 감정적인 측면에서도 침팬지의 눈을 들여다보기만 하면, 우리가 들여다보고 있는 것이 생각하고 느끼는 존재의 마음이라는 것을 직관적으로 깨달을 수 있을 정도로 침팬지는 우리와 가깝다. 그들의 행동을 더 많이 알게 될수록 우리는 인간의 착취로부터 그들을 보호하기 위해 노력하게 된다. 일단 영장류들을 통해 인간과 동물계 사이에 명확한 구분이 없다는 것을 알게 되면, 우리는 지구라는 공간에서 같이 숨쉬며 살아가고 있는 다른 놀라운 생명체들에 대해서도 새로운 시각을 갖게 될 것이다.

데이비드 그레이비어드는 그의 세계를 침범한 낯선 흰 원숭이를 믿고 받아들인 최초의 침팬지였다. 1년 남짓 후 그는 내가 숲 속 깊은 곳까지 그를 따라가도 신경 쓰지 않을 정도로 나의 존재를 받아들였다. 어느 날 그를 따라가려고 가시덤불을 애써 헤쳐나가보니, 그는 마치 나를 기다리는 듯 앉아 있었다. 정말 나를 기다리고 있었을 것이다. 내가 데이비드 가까이 앉았을 때, 바닥에 떨어져 있는 발갛게 익은 야자열매가 눈에 들어왔다. 내가 이것을 집어 손에 올려놓고 데이비드에게 내밀자 그는 고개를 돌렸다. 나는 손을 더 가까이 내밀었다. 그는 고개를 다시 돌려 나를 뚫어지게 쳐다보고는 툭 쳐서 야자열매를 떨어뜨린 뒤 내 손바닥을 그의 손가락으로 지그시 눌렀다. 이것은 침팬지들이 서로를 안심시키는 방법이다. 그의 의도는 분명했다. 그에게 야자열매는 필요 없지만 그는 내 마음을 십분 이해한 것이다. 나는 몇백만 년 전 지구 위를 걸어다녔을 인간과 침팬지의 공동조상으로부터 물려받은 선사시대의 언어로 데이비드와 의사소통을 한 것이다. 데이비드 그레이비어드는 이미 죽은 지 오래 되었지만, 나는 지금까지도 그의 믿음을 고이 간직하고 있다.

1978년 6월 초 나는 와이오밍 주 잭슨 시의 남쪽 블랙테일 언덕 근처를 걷고 있었다. 나는 막 새끼들을 출산한 어미 코요테 샐리를 찾고 있었다. 샐리를 찾으면 그녀의 새끼가 있는 둥지도 찾을 수 있을 것 같았다. 나는 새끼가 몇 마리인지 알고 싶었고, 새끼들의 사회적 발달 상황, 놀이행동, 그리고 어미의 행동도 기록하고 싶었다. 결국 그 둥지를 발견한 뒤 다가간 순간 다른 동물이 근처에 있음을 감지했다. 샐리나 다른 코요테를 보지도, 듣지도, 냄새를 맡지도 못했지만, 누군가 거기 있다는 불안감을 느꼈다. 그 때 어디선가 부드럽게 짖는 소리가 들렸다. 주위를 돌아보니 샐리가 10미터 정도 떨어진 곳에서 나를 보고 있었다. 샐리는 몸을 곧추세우고 귀를 쫑긋 세운 채 고개를 들어 이쪽저쪽을 살펴보더니 다시 짖고는 나를 뚫어지게 쳐다보았다. 우리는 서로 가깝게 연결되어 있음을 느꼈다. 나는 공포심이 아니라 샐리의 존재가 내뿜는 강인함에 몸을 떨었다. "뭐하고 있는 거야? 애들을 내버려 둬"라고 샐리가 말하는 것 같았다. 샐리는 계속 나를 바라봤고 우리의 눈은 고정되어 있었으며 시간이 멈춰버린 듯 느껴졌다. 샐리의 시선을 뒤로한 채 천천히 걸어 나오면서 나는 내가 샐리의 성역에 침입한 듯한 느낌을 지울 수 없었다. 그날부터 나와 우리 연구진은 새끼들이 밖으로 나와 돌아다닐 때까지 그 둥지 근처에 가지 않았으며, 그 후 샐리는 우리의 존재에 더 이상 신경 쓰지 않았다.

우리는 이제야 세상 동물들의 삶의 방식과 서식지, 그들의 역할을 알아가기 시작했다. 우리가 연민과 사랑을 마음에 품고 동물세계를 대할 때, 그리고 그들의 삶을 존중할 때 우리의 태도는 바뀔 것이다. 모든 생명체는 신성하며, 우리가 그들을 사랑하고 아낄수록 우리는 점점 더 조심스러운 태도를 가지게 될 것이다.

3

마음을 열고 겸손히
동물들에게 배우자

Open Our Minds, in Humility,
to Animals and Learn from Them

세 번째 계명에서는 어떻게 동물들이 우리의 삶을 사랑과 기쁨으로 가득 채워주며, 더 나아가 우리를 편안하게 하고 치유할 수 있는지에 대해 얘기해보고자 한다. 그들이 노예가 아니라 삶의 동반자라는 것을 받아들이기만 하면 우리는 그들로부터 많은 것을 배울 수 있다.

내가 어릴 적 읽은 《생명의 기적The Miracle of Life》이라는 책은 나에게 온갖 동물들의 다양한 행동적 그리고 구조적 적응에 대해 눈뜨게 해주었다. 동물들은 아주 덥거나 추운 곳, 고도가 높은 곳에서도 살도록 적응되었다. 우리는 바다 깊은 곳에서도, 높은 산꼭대기에서도, 뜨거운 사막의 모래 속에서도, 그리고 극지방의 불모지에서도 동물들을 찾을 수 있다.

진화를 통해 점차 어떤 지느러미는 손이 되고, 어떤 손은 가죽으로 된 혹은 깃털이 달린 날개가 되었으며, 어떤 손은 도로 지느러미가 되어 그 동물이 다시 수중생활로 돌아갈 수 있게 했다. 어떤 동물은 백 개의 다리로 걷고, 어떤 동물들은 두 다리로 달린다. 동물의 발가락 수는 한 개에서 다섯 개까지 다양하며, 심지어는 다리 없이 미끄러져 이동하는 동물들도 있다. 잠을 잘 때에도 땅 위에서, 땅굴에서, 나무구멍에서, 동굴에서, 정성 들여 지은 둥지에서, 물 속에서, 혹은 기류를 타고 날면서 잔다.

동물들은 갖가지 먹거리를 사냥하고 붙잡아 요리해서 먹을 수 있는, 놀랄 정도로 다양한 도구와 무기를 갖고 있다. 나는 특히 물 밖으로 물방울을 뱉어 날아가는 곤충을 수면으로 떨어뜨리는 물고기를 좋아한다. 마치 카우보이의 올가미처럼 끝 부분이 끈적이는 곤봉 같은 앞다리에 실로 거미줄을 꼬아 들고 다니다가 머리 위로 파리를 낚아채는 거미도 있다. 먹이를 감전시키거나, 독을 주입하거나, 바람같이 달리거나, 죽은 듯 앉아 기다리거나, 눈에 띄지 않게 변장하고 있는 사냥꾼들도 있다. 물론, 그 사냥꾼들의 먹이 역시 도망치기 위해 무수한 방법들을 개발해냈다.

다양한 동물들, 그 구조와 서식처에 대한 이야기에는 끝이 없다. 내가 더 오래 살수록, 그리고 더 많이 배울수록, 나는 더 큰 경외심을 갖게 될 것이다. 새와 물고기, 그리고 곤충들의 원거리 이동보다 더 놀라운 것이 어디 있겠는가? 어린 동물들이 별과 자기장을 이용하여 먹이를 찾아 출생지로부터 수천 킬로미터를 이동하는 것은 정말 신기하다. 연약해 보이는 나비들도 원거리 이동을 한다. 특히 3세대나 지나도 똑같은 장소로 돌아오는 제왕나비의 이야기는 유명하다. 그리고 옛날 집을 찾아오는 강아지와 고양이들에 대한 이야기들도 잘 알려져 있다.

동물들의 의사소통

나는 동물들의 다양한 의사소통 방법에 매료되곤 한다. 아주 즐거운 노래 소리부터 듣기 거북한 꽥꽥거리는 소리에 이르기까지 정말로 온갖 목소리들이 있다. 막을 진동시킨다든지, 다리를 비빈다든지, 나무줄기를 두드린다든지 하여 만들어낸 소리들도 있다. 우리에게 가장 익숙한 영장류의 것에서부터 개와 고양이의 꼬리 흔들기(이들의 꼬리 흔들기는 그 의미가 다르다)나 구애하는 새들의 기묘한 몸짓에 이르기까지 매우 다양한 표정과 몸짓들까지도 의사소통의 방법이 된다.

후각에 의한 의사소통도 빼놓을 수 없다. 개체의 영역을 표시하기 위해 여러 분비샘에서 나오는 물질의 혼합물을 이용한 의사소통 말이다. 어떤 곤충의 암컷은 몇 킬로미터 떨어진 곳에서 돌아다니고 있는 수컷을 유인할 수 있는 후각 신호를 보낸다. 이는 생식상태를 나타내주는 화학 신호인 페로몬에 해당한다. 더 기묘한 것은 바로 꿀벌의 꼬리춤이다. 벌집에서 먹이가 있는 곳까지의 거리뿐만 아니라 그 방향까지도 나타내니 말이다. 개똥벌레 암컷은 작은 불빛을 깜박이며, 어떤 물고기들은 생명체가 있으리라고 상상도 하지 못할 만큼 깊은 바다 차가운 어둠 속에서 형광을 내며 을씨년스럽게 빛난다.

여러 동물들이 진화의 역사를 거치며 성취한 갖가지 적응은 우리에게 경외심을 불러일으킨다. 실제로 인간의 신기술 중에는 동물로부터 배운 것들이 많다. 재봉새는 인간이 바구니를 짜기 훨씬 전부터 정교한 바구니 모양의 둥지를 만들었다. 진흙으로 처음 도자기를 빚은 사람은 아마도 진흙으로 공들여 집을 짓는 호리병벌이나 제비의 집에서 영감을 얻었을 것이다.

어떤 동물들은 미래를 예견하는 능력을 갖고 있는 것 같다. 중국에는 동물들이 지진을 예견할 수 있다는 말이 전해 내려오고, 어떤 개와 고양이는 간질환자의 발작을 정확하게 예측하기도 한다. 과학자 루퍼트 쉘드레이크는 많은 동물들이(대부분 개들이지만) 주인이 집을 향해 출발하는 때를 몇 초 이내에 알아차리는 것 같다는 사람들의 이야기들을 수집하여 연구하고 있다.

엔키시와 나눈 대화

2002년 1월 나는 엔키시N'kisi라는 이름을 가진 아프리카 회색앵무새를 만났다. 엔키시는 주인인 에이미 모가나와 다른 새 몇 마리와 함께 새장 안에서 살고 있었다. 나는 엔키시가 사람과 대화는 물론, 에이미와 텔레파시로 대화할 수 있다는 믿기지 않는 얘기를 들었다. 에이미가 해주는 엔키시에 대한 이야기를 한 시간 반 동안 듣고 있었는데, 중간중간에 엔키시는 혼잣말을 하다가 에이미와 나에게 말을 걸기도 하였다. 그의 새 장―마음대로 드나들 수 있는―은 높은 곳에 걸려 있어서 엔키시는 아마도 인간들보다 우월하다고 느낄 것 같았다. 두세 번 엔키시는 우리 쪽으로 날아와 대화에 동참했다. 나를 본 엔키시가 가장 처음 한 말은 "침팬지를 데려왔네Got a chimp"라는 말이었다. 에이미는 엔키시에게 침팬지들과 내가 같이 있는 사진들을 보여주었다고 했다. '침팬지'는 엔키시의 701번째 단어였고, 그 때가 "침팬지"라는 단어를 처음 말한 때였다. 내가 있는 동안, 나는 침팬지들이 인사할 때 내는 소리인 팬트 후트(pant hoot, 먹이를 발견했거나 다른 무리와 합류할 때 침팬지들이 사용하는 음성신호―옮긴이)를 냈다. 엔키시는 그 소리를 무척 좋아했다. 내가 돌아간 뒤 6주가 지났을 때, 에이미는 엔키시가 하루에도 여러 번 그 소리를 흉내내며 "이건 침팬지야. 제인이랑 소리가 비슷해"라고 말했다고 알려주었다. 그는 특별한 경험에 대해 몇 달이 지난 후에도 이야기하곤 했다.

에이미는 매일매일 자세한 일기를 쓰는데, 그 중 몇 가지 이야기를 해주었다. 에이미는 보석으로 된 장신구를 만드는데, 어느 날 그녀가 매고 있던 아끼는 목걸이가 끊어졌단다. 당장 그 구슬들을 집어 모으면서, 내가 금방 만든 건데 끊어지다니 창피한 일이라고 생각하고 있었다. 그때 엔키시는 측은한 목소리로 "안됐군, 새 목걸이가 끊어졌네"라고 말했다는 것이다. 또 한번은 에이미가 새로 사온 작은 촛불들을 엔키시에게 보여주고 있었는데 그는 "작은 촛불들 좀 봐"라면서 "작은 벌레도 있네"라고 말했다. 에이미의 양초 중 하나에 할로윈 축제용 거미 그림이 있었던 것이다.

내가 방문하는 동안 엔키시는 "싸이Psi를 보여줘"라고 말하기도 했다. '싸이'는 에이미가 텔레파시나 정신현상을 언급할 때 쓰는 단어이다. 그래서 나는 루퍼트 쉘드레이크와 에이미가 고안한 실험을 녹화한 비디오를 보았다. 에이미가 1번 카메라가 있는 아래층 방에 문을 닫은 채 들어가 있고, 엔키시는 2번 카메라가 촬영 중인 2층 새장 안에 있었으며, 에이미와 엔키시의 모습이 양쪽 화면에 나란히 나왔다. 다른 사람이 꽃 사진을 넣고 밀봉해둔 봉투(에이미가 미리 볼 수 없도록)를 에이미가 여는 장면이 1번 카메라에 잡혔다. 에이미가 그 사진을 보고 있던 때와 거의 동시에 엔키시는 "카메라를 가져와. 꽃도 지금 가져와. 꽃 사진을 거기에 놔. 작은 꽃들 좀 봐"라고 말하기 시작했다. 두 번째 봉투에는 휴대폰에 대고 말하는 사진이 담겨 있었는데, 엔키시는 "전화에 대고 뭘 하는 거야?"라며 두 번이나 말했다.

이제 우리 앞에 새롭고 흥미로운 연구가 펼쳐질 것은 분명하다. 엔키시의 성과는 놀랍지만, 루퍼트의 개와 그 주인에 대한 많은 실험들과 마찬가지로 현재 주류 과학의 경멸과 회의를 받게 될 것이다. 에이미는 엔키시의 모든 말과 행동을 정확하게 기록할 수 있는 촬영시스템을 만들기 위한 후원금을 찾고 있다. 이런 시스템을 활용하면 적어도 회의론자 몇 명의 마음은 바꿀 수 있을 테니까. 엔키시의 놀라운 능력을 생각할 때마다 나는 혼자 외로이 기지개도 펼 수 없을 만큼 좁은 새장에 갇혀 있는 전 세계 수십만 마리의 앵무새들을 떠올리지 않을 수 없다. 우리는 눈을 크게 뜨고 동물들을 있는 그대로 받아들여야 한다.

우리 주변의 동물들은 정말 놀라운 존재들이다! 그 복잡한 행동들이 본능에 의한 것일지라도, 타고난 것이거나 혹은 유전 메커니즘으로 이미 결정된 것일지라도 그것은 정말로 경이롭다. 그러나 많은 동물들이 그러한 본능뿐 아니라 고유의 성격과 마음과 감정을 갖고 있다는 것을 받아들일 때 우리는 겸손해지지 않을 수 없다. 그리고 우리보다 두뇌가 덜 발달된 동물들도 고통이나 불쾌함을 느낄 수 있다는 것을 인정할 때 우리와 동물과의 관계를 새로운 시각에서 바라보게 될 것이다. 겸손해질 뿐 아니라 수치심마저 느끼게 될지 모른다. 왜냐하면 그 동안 우리의 무관심이 스스로를 잔인하게 만들었기 때문이다.

다른 동물이 되어보는 것

우리가 다른 동물이라면 어땠을까 한번 상상해보자. 영장류, 개, 돌고래, 박쥐, 비둘기, 혹은 지렁이, 혹은 집게벌레였다면 말이다. 아마도 여러분은 집게벌레가 된 자신을 상상하면서 미소를 지었을 것이다. 최근 한 독일 과학자는 생식기가 두 개 달린(그리고 둘 모두 기능을 하는) 수컷 집게벌레를 발견했다는데, 그리고 보면 집게벌레가 된다는 것은 더 흥미진진한 일이 아닐 수 없다. 동물들의 감각세계는 다양할 뿐 아니라 우리의 것과 매우 다르다. 개와 돼지처럼 후각에 의존하는 동물도 있고, 박쥐와 돌고래처럼 초음파에 의존하는 동물들도 있다. 매, 독수리, 비비원숭이들은 시력이 아주 좋다. 동물들의 감각 능력은 우리보다 월등하다. 사람이 개 조련사의 호각소리를 들을 수 없다는 것을 생각하면 쉽게 알 수 있다.

어떤 동물이 우리와 다르면 다를수록 그 동물의 세계에서 살아가는 것을 상상하기란 어려운 일이다. 그러나 지렁이도 밟히기 싫어한다는 것은 모두가 다 알고 있으며, 슈바이처 박사나 아시시의 성 프란체스코처럼 우리도 지렁이들이 밟히지 않도록 길옆으로 옮겨줄 수 있다는 것도 알고 있다. 개, 고양이, 토끼, 말, 카나리아 등 다른 동물과 같이 살아본 사람은 누구나 동물들이 자신의 세계를 어떻게 보고 느끼는지 잘 알게 된다. 즉 제각기 고유한 성격을 가지고 있으며 좋고 싫은 것이 있는 동반자로서 동물을 대우한다면, 그리고 우리가 지배하는 소유물로 대우하지 않는다면 말이다.

마음을 열고 동물의 입장이 되어 최선이라 생각되는 방식으로 대해야 한다. 이러한 마음가짐으로 살아간다면 세상이 얼마나 아름다워질 것인가! 그야말로 수십억 사람들과 동물들이 비참함과 고통에서 벗어나게 될 것이다. 동물들을 우리의 소유물이나 물건으로 생각하지 않고 삶의 스승으로 여기게 될 것이며, 전 세계적으로 인간이 동물에게 저지르고 있는 끔찍하고 잔인한 행각을 용납하지 않게 될 것이다.

현재 각 동물들이 거의 물건처럼 취급받고 있다는 사실을 직시할 필요가 있다. 사람들은 이 사실을 마음 깊이 알고 있더라도 머릿속에서 자꾸 밀어낸다. 사실을 인정하지 않는 것이다. 일반대중은 가장 영향력이 큰 각종 광고와 전시된 상품들을 보며 그들의 육식습관, 쇼핑습관 등 삶의 방식에 따른 결과를 실감하지 못하고 있다. 사육공장, 도살장, 의학 연구실 등 동물들이 고통받고 있는 곳에서 실제로 벌어지고 있는 현실을 이야기하면, 대부분은 "듣고 싶지 않아요. 잔인한 건 싫거든요"라든가 "난 동물을 사랑해요. 가슴 찡해서 못 듣겠어요"라고 말한다. 이들은 죄의식을 느끼는 게 두려운 것이다.

또 다른 대답은 "하지만 그 동물들은 식용이던가, 연구용이던가, 하여간 그런 목적으로 사육되잖아요"라고 한다. 그들은 '진짜' 동물이 아니라는 것이다. 어떤 면으로는 맞는 말이다. 그렇게 비참한 상태에서, 좁은 우리에 홀로 갇힌 채, 혹은 콩나물시루와 같은 비좁은 공간에서 사육되고 있는 동물들은 실제로 같은 종의 다른 정상적인 개체들처럼 살 기회를 갖지 못하기 때문이다. 그러나 슬픈 사실은 이 동물 노예들 역시 고통과 좌절, 그리고 두려움을 그대로 느낄 수 있는 능력을 갖고 태어난다는 것이다. 식민지에서 태어난 인간 노예와 마찬가지로 말이다.

동물들이 처한 현실에 대한 글을 읽을 때면 나는 인간이라는 존재에 대해 깊은 수치심을 느끼게 된다. 여기서 나는 두 개의 연구 프로젝트를 소개하고자 한다. 하나는 개를 대상으로 한 무기력함의 학습에 대한 연구로 인간의 우울증을 연구하고자 수행되었으나 성과가 그리 좋지 못했다. 다른 것은 원숭이를 대상으로 한 방사능의 영향에 대한 연구였다. 여러분 스스로 한번 판단해보기 바란다.

"정상적인 개는 상자 안에서 도피 훈련을 받으면 대개 전기충격이 시작될 때, 미친 듯이 날뛰고 똥과 오줌을 싸며 으르렁거리다가 결국 벽을 기어올라가 전기충격을 피한다. 그러나 그와는 정반대로 기구에 묶여 도피할 수 없는 상태에서 전기충격을 받은 개는 전기충격이 끝날 때까지 가만히 엎드려 기다린다. 마치 '포기'하고 수동적으로 그 충격을 '받아들이는' 듯하다."

"동물들에게 치사량의 방사능을 쪼여준 뒤, 전기충격을 주면서 쓰러질 때까지 러닝머신을 달리게 하는 실험이 있었다. 죽기 전에 마취되지 않은 원숭이들은 구토와 설사 등 과다한 방사능을 쪼였을 때의 증상들을 보였다. 이 사실을 모두 인정하며 미 방위원자력국 대변인은 '우리가 아는 한 동물들은 고통을 느끼지 못한다'고 말했다."

내 생각에 그 대변인이 "안다"고 하는 것은 단지 죄책감에 의해 그러기를 '바라는' 것일 뿐이다. 여러분들은 개나 원숭이가 그들이 처한 가차 없이 잔인한 세상에 대해 어떻게 느꼈을 것 같은가? 그들의 입장에서 자신의 의지와 무관하게 그토록 극심한 학대를 받게 된다고 상상해보라.

몇 달 전 나는 퓨마 사냥에 관한 영화를 보았다. 이전까지 사냥개를 동원한 퓨마 사냥이 법적으로 허용된다는 것을 몰랐다. 야생 사진작가 톰 맨젤슨은 이 사냥꾼들이 어떻게 돈을 버는지 알려주었다. 개 목걸이에 특별한 장치가 있어 개들이 사냥감을 찾아내어 나무 위로 모는 동안 내내 신호를 보낸다. 어떨 때에는, 특히 새로 눈이 내려 발자국을 찾기 좋을 때에는 사냥꾼들은 개를 풀어놓은 뒤 집으로 돌아간다. 퓨마 사냥 전문 사냥개들이 퓨마를 몰기 시작하면 사냥꾼은 고객에게 전화를 거는데 고객이 도착하기까지는 하루나 이틀이 걸리기도 한다. 그러나 그 퓨마와 그를 쫓던 배고픈 사냥개들은 그때까지 기다려야 한다. 고객이 원하면 말을 타고 '사냥 비슷한 것'을 하기도 하지만, 대부분 트럭이나 스노우모빌을 타고 그 자리에 도착하여 소총이나 혹은 더 '인간적인' 도구인 권총이나 활을 꺼내 퓨마를 쏘아 죽인다.

내가 본 영화는 카라 블레슬리 로우가 촬영한 것이었다. 카라는 자신을 사냥에 데려가 달라고 탐험대를 설득했다. 나는 그 장면들을 머릿속에서 지울 수 없었다. 다섯 마리의 개가 나무 아래에서 나무둥치를 발톱으로 긁어대며 미친 듯이 짖어대고 있고, 나무 위에서는 퓨마가 올라갈 수 있는 데까지 올라가 공포에 질려 침을 흘리며 엎드려 있다. 고통스러운 듯 퓨마는 천천히 무게중심을 옮긴다. 퓨마의 그 아름다운 눈은 공포로 가득 차 있다.

"이 작업(사살하여 박제를 만드는 작업)이 다 끝나면 그것(퓨마의 아름다움)은 영원히 남게 됩니다"라고 사냥꾼은 말한다. 갑자기 총이 발사되고 이내 퓨마는 땅으로 툭 떨어진다. 결국 남은 것은 퓨마의 시체뿐이다.

와이오밍에서 코요테를 연구할 때 나는 한 사냥꾼 소유인 목장에서 지냈는데, 종종 사람들(대부분 남자들)이 찾아와 흑곰 사냥을 하려고 그 사냥꾼에게 2,000달러까지 내곤 했다. 이들 중 대부분은 겉만 번지르르할 뿐 몸이 약해 야생에서 살아남을 수 없는 사람들이었고, 곰이 그들의 소리를 듣고 도망칠 수 있을 정도로 사냥에 서툰 사람들이었다. 이런 사람들은 가끔 음식 쓰레기더미를 뒤지러 온 '유인된' 곰을 사냥하여 소기의 목적을 달성하기도 했다. 그 사냥꾼은 이런 식의 사냥을 경멸했지만, 곰을 사냥해서 친구들에게 자랑하고 싶어 안달이 난 그들로부터 돈은 꼭 받아 챙긴다.

발달된 두뇌를 갖고 있고 다른 이의 감정을 이해하거나 사랑할 줄 아는 우리 인간이 어떻게 수많은 동물들에게 그토록 잔인하고 무감각할 수 있는가? 우리가 정말로 잔인하기 때문인가? 아니면 우리가 학대하는 동물들의 세계를 잘 알지 못하기 때문인가?

여기서 명확히 해두어야 할 것이 있다. 동물들도 때로는 서로에게 잔인하다는 것이다. 먹이로 잡은 동물을 천천히 씹어 먹는 포식자의 모습은 끔찍스럽기까지 하다. 세렝게티의 들개와 하이에나를 관찰하며, 나는 그 먹잇감들이 거의 쇼크상태에 있어 아무 것도 느끼지 못할 것이라는 생각으로 내 자신을 위로해야 했다. 그러나 아무리 포식의 광경이 섬뜩할지라도 그 행동은 살고자 하는 욕구에 의한 것이다. 바로 이 점이 지금 지구에서 살고 있는 인간과 동물의 차이이다. 선사시대의 인간 사냥꾼이 활과 창만을 손에 쥔 채 힘센 육식동물을 제치고 먹이를 쫓는 광경이 얼마나 낯

설게 느껴지는가? 현대의 발달된 기술 덕택에 우리는 인간끼리 전쟁을 하고 학대하는 것은 물론, 가장 힘센 동물들까지도 조종하고 지배하고 학대하고 죽일 수 있게 되었다.

동물들도 역시 원시적인 형태의 전쟁을 한다. 침팬지들은 이웃 침팬지 집단을 공격하고, 그러한 공격을 받고 큰 상처를 입어 죽는 경우도 있다. 침팬지는 '우리 무리, 다른 무리'라는 개념을 갖고 있어, 같은 무리의 개체들에게는 절대로 보이지 않는 공격성 — 다리를 뒤틀거나 피부를 할퀴어 찢거나 흘러나온 피를 먹는 등 — 을 다른 무리의 개체에게는 거침없이 행사한다. 그들은 다른 무리의 개체를 마치 먹이처럼 취급한다. 하이에나도 침팬지와 같이 잔인한 영역싸움을 보인다.

다른 동물들도 공격적일 때가 있으며 인간과 침팬지가 500~600만 년 전 공동 조상으로부터 갈라져 나왔다는 것이 우리가 고대 조상으로부터 그러한 공격적인 성향을 물려받았다는 것을 의미하는 사실이기는 해도, 이것이 오늘날 우리가 벌이는 잔인한 행각에 대한 핑계가 되지는 못한다. 우리는 복잡한 두뇌를 갖고 있으며 다른 이들의 고통을 이해하는 능력도 갖고 있다. 떠들어대기 좋아하는 언론에 매일같이 도배되고 있는 인간의 잔인한 일면 뒤에는 공격성보다 애정과 아끼는 마음을 가지고 다른 이들과 조화롭게 잘 지내려는 보통 동물의 보통 모습과 같은 보통 사람들의 보통 모습이 있다.

서로를 보듬는 동물들

침팬지 사회에서 가족관계는 매우 가깝고 오래 지속된다. 엄마들은 어린 자식들뿐 아니라 이미 어른이 된 아들딸까지도 돕는다. 자식들도 종 종 엄마를 도우며, 형제자매들도 서로를 돕는다. 엄마를 잃은 고아 침팬지 는 언니 누나뿐 아니라 형이나 오빠의 보호를 받게 된다. 그래서 모유 없 이 살아갈 나이가 되면 엄마를 잃더라도 살아남을 수 있다.

세 살 때 엄마를 잃은 멜의 이야기는 무척 감동적이다. 멜에게는 형이 나 누나가 없었다. 그런데 놀랍게도 열두 살짜리 수컷 스핀들이 그를 데려 다 키웠다. 스핀들은 멜의 친척도 아니었으며 멜이나 그 엄마와 친하게 지 낸 것도 아니었다. 그러나 스핀들은 멜을 이곳저곳으로 데리고 다니고 먹 이도 나누어주며 매일 자신의 보금자리로 데려갔다. 심지어 멜이 돌격행 동을 하려고 하는 수컷들 가까이 있거나, 나무토막 대용으로 질질 끌려 다 니거나, 집어 던져질 위험에 처해 있으면 부리나케 달려와 구해내곤 했다.

갇혀 있는 침팬지들이 전시장 주변의 해자(전시장 주위를 둘러싼 연못) 에 빠질 뻔한 다른 침팬지들을 구하려고 한 경우도 많다. 침팬지들은 수 영을 못한다. 한번은 어른 침팬지 셋이 서로 싸우던 중 한 마리가 얕은 물 을 건너 도망치려고 하다가 두꺼운 잡초 사이에 몸이 얽혀버렸다. 빠져나 오려고 몸부림칠수록 더더욱 손 쓸 수 없이 얽히게 되자, 조금 전까지만 해도 싸우던 다른 침팬지 두 마리가 달려와 놀랍게도 그의 팔을 잡아당기 며 구하려 애를 쓰는 것이다. 다른 동물원에서는 어른 수컷 침팬지가 물 에 빠진 아기 침팬지를 구해내고 자신은 익사한 경우도 있었다.

이렇게 감동적이고 가슴 시린 이야기들을 모두 종합해보면 동물들이 서로를 그리고 우리 인간을 사랑하고 있다는 것을 깨닫게 된다. 이러한 이야기들은 각 동물의 삶이 중요하다는 것을 보여주는 증거를 찾아 헤매 는 사람들에게 매우 소중하다.

티카와 그녀의 오래된 짝 코북, 두 맬러뮤트는 함께 여덟 번이나 새끼를 낳아 길렀고 지금은 말년을 즐기고 있다. 코북은 매력적이고 활동적이며 항상 주의를 끌고 싶어하여 늘 자기의 배와 귀를 긁어달라고 비버댔다. 또 떠들기도 좋아해서 큰소리로 짖어대곤 했다. 반면에 티카는 조용한 편이었고 목소리도 나지막했다. 누군가가 티카의 귀나 배를 만져주려 하면 코북은 그 사이로 밀치고 들어오곤 했고, 티카는 코북으로부터 멀리 떨어진 곳에 놓인 먹이가 아니면 먹지 않았다. 코북이 문 쪽으로 가려는데 티카가 우연히 그 길목에 있게 되면 코북은 티카를 밀치고 지나가곤 했기 때문이다. 티카와 코북은 함께 한 시간 동안 둘 사이의 차이를 극복하는 방법을 터득한 것이다.

그러나 이 둘 사이의 관계가 달라졌다. 어느 날 티카의 한쪽 다리에 작은 몽우리가 생겨 병원에서 진단해보니 악성종양이었다. 하룻밤 사이에 코북의 행동이 달라졌다. 티카 앞에서 얌전하게 굴었고 티카 곁을 떠나려 하지 않았다. 티카가 한쪽 다리를 절단하여 돌아다니는 것이 불편해지자 코북은 정말 걱정하는 것처럼 보였다. 코북은 더 이상 티카를 밀치지 않았고 티카가 혼자 잠자리에 들어도 개의치 않았다.

티카의 절단수술 후 2주가 지난 어느 날 한밤중에 코북은 정말 밖으로 나가야 할 일이 있는 것처럼 주인인 앤을 깨웠다. 그러더니 다른 방에 있는 티카에게 달려가는 것이었다. 앤은 티카를 깨워 개 두 마리와 함께 밖으로 나갔지만, 개들은 이내 풀밭에 엎드렸다. 앤은 티카가 낑낑거리는 소리를 들었고 티카의 배가 불룩하게 부어 있는 것을 보았다. 티카는 막 쇼크상태에 빠져드는 중이었던 것이다. 앤은 티카를 볼더 시에 있는 비상동물치료소로 급히 데려갔고, 수의사의 수술을 받은 티카는 생명을 구할 수 있었다.

만약 코북이 앤을 깨우지 않았다면 티카는 틀림없이 죽었을 것이다. 티카가 회복되어 건강해지자 코북은 이전처럼 으스대는 개로 돌아갔다. 그러나 주인은 티카가 원하는 한 코북은 티카 곁에 있을 것이라고 믿는다. 그들은 서로에게 필요한 존재가 되어주는 사랑하는 사이였던 것이다.

어떤 과학자들은 두 가지 이론을 통하여 동물들의 용기 있는 자기희생을 설명하려고 한다. 첫 번째는 친족선택이론으로, 돕는 개체와 도움을 받는 개체는 서로 친척간이라는 것이다. 이 이론에 의하면 둘은 얼마간의 유전자를 공유하고 있으며 돕는 개체는 자신의 유전자를 살아남게 하기 위해서 돕는 것이다. 두 번째는 호혜적 이타주의 이론으로, 친척도 아닌 동물들이 왜 서로 돕는지를 설명한다. 돕는 개체는 자신이 후에 다른 개체로부터 도움을 받을 것이라는 '기대'를 갖고 돕는다는 내용이다. '네가 내 등을 긁어주면 나도 네 등을 긁어주마'와 같다. 그리고 고귀해 보이는 행동도 생물학적으로는 돕는 개체의 이기적인 유전자에 의해 지시된다고 한다. 그러나 이 두 이론이 이타적 행동의 진화에 큰 역할을 했을 것은 틀림없지만, 인간을 포함한 많은 동물들의 이타적 행동에는 그 이상의 무엇이 있는 것 같다. 미국 무역센터 참사에서 주인을 구하려고 뛰어들어간 안내견을 떠올려보자. 위의 두 이론이 이러한 동정과 사랑의 행동을 설명할 수 있는가? 우리는 더 넓은 시각으로 동물들을 바라볼 필요가 있다.

제스로가 뛰쳐나간 이유

나와 10년도 넘게 같이 지낸 제스로는 낮은 목소리에 점잖고 매너가 좋은 개다. 제스로는 다른 개들처럼 산장 근처에 사는 다른 동물들을 잡으러 뛰어다닌 적도 없으며, 오히려 동물들을 사귀고 지켜보는 것을 좋아한다. 그는 보호가 필요한 작은 동물들을 보살피러 두 번이나 뛰쳐나간 적이 있다. 제스로가 친절의 대가로 뭔가를 기대했는지 알 수는 없지만, 아마 그랬던 것 같지는 않다.

제스로가 두 살 되던 해 어느 날 나는 그가 베란다를 걸어오는 소리를 들었다. 이상하게도 들어오고 싶을 때 늘 그랬던 것처럼 낑낑거리지 않고 그 자리에 털썩 주저앉는 것이다. 유리문 건너로 나는 제스로의 입에 털이 달린 작은 물체가 있는 것을 눈치챘다. 나는 "안 돼, 너 새를 죽였구나"라고 말했다. 그러나 문을 열자 제스로는 내 발치에 자기 침을 온 몸에 묻힌 아주 작은 아기 토끼를 떨어뜨렸다. 그 토끼는 꼬물거리고 있었는데 살펴보니 상처 하나 없었다. 그 아기 토끼는 온기와 먹을 것, 그리고 사랑이 필요한 털북숭이 동물이었던 것이다. 나는 그 아기 토끼에게 '버니'라는 이름을 붙여주었다. 버니의 엄마는 코요테나 여우 혹은 퓨마의 먹이가 되어버린 것 같았다. 제스로는 눈을 크게 뜨고 나를 올려다보았다. 마치 아기 토끼를 데려온 것을 칭찬해달라는 듯 말이다. 그는 자신이 너무 자랑스러웠던 것이다. 나는 제스로의 머리를 툭툭 치고 배를 문지르면서 말했다. "잘했어" 제스로도 좋아했다.

내가 버니를 들어올리자 제스로는 아주 흥분했다. 내 손에서 버니를 낚아채려 했고, 내가 상자와 이불을 들고 오는 동안 낑낑거리며 나를 따라다녔다. 나는 상자 안에 버니를 살며시 내려놓았다. 잠시 후 내가 당근, 샐러리, 그리고 양배추를 으깨 물과 함께 주자 버니는 먹기 시작했다. 그동안 제스로는 내 뒤에 두 발로 서서 헐떡대면서 내가 하는 일거수일투족을 지켜봤다. 처음엔 제스로가 버니나 버니의 먹이를 낚아채려는 것이 아닐까 생각했지만, 제스로는 그 자리에 서서 작은 털북숭이 토끼가 새 집에서 이리저리 꼬물거리는 것을 지켜보고 있었다.

버니가 담긴 상자를 두고 가려고 제스로에게 같이 나가자고 했지만 제스로는 나에게 오지 않았다. 보통 때 같으면, 특히 내가 뼈다귀를 주면 냉큼 달려오곤 했지만, 그 때에는 그 상자 옆에 몇 시간이고 계속 앉아 있는 것이다. 내가 제스로를 잠자리로 데려가려 했지만 제스로는 거절했다. 나는 제스로가 버니를 해치지 않을 것이라 믿었고, 실제로 제스로는 버니가 건강을 되찾는 두 주 동안 버니 곁을 지켰다. 제스로는 버니를 입양했다. 그는 버니의 친구가 된 것이다. 어느 누구도 버니를 해치지 않도록 버니 곁을 지켰다.

시간이 지나 버니를 밖에 풀어놓는 날이 되었다. 제스로와 나는 집 밖으로 나와 버니를 상자에서 꺼냈고 버니가 나무더미로 천천히 다가가는 것을 지켜보았다. 버니는 아주 조심스러웠고, 새로운 광경, 새로운 소리, 새로운 냄새를 마음껏 느끼는 듯했다. 한 시간 가량 그 나무더미에 앉아 있던 버니는 다 큰 토끼로서 새로운 삶을 시작하기 위해 과감히 밖으로 발을 내딛었다. 제스로는 같은 자리에 계속 엎드려 이 광경을 쭉 지켜보고 있었다. 버니에게서 눈을 떼지도 낚아채려고도 하지 않은 채 말이다.

버니는 제스로의 친구였고 제스로는 버니를 다시 만나고 싶어했다. 집 근처로 토끼들이 다가올 때마다 제스로는 마치 그 중 버니가 있을까 궁금한 듯 한 마리씩 유심히 쳐다보았다. 다가갈 수 있는 만큼 가까이 다가가려고 했지만 쫓아다니지는 않았다.

제스로는 정말로 다른 동물들을 사랑한다. 버니를 만나 친분을 쌓은

지 9년이 지난 후 제스로는 입에 또 다른 동물을 물고 내게 뛰어왔다. 흠, 또 다른 아기 토끼일까 나는 궁금했다. 내가 손을 내밀자 제스로는 동물을 내려놓았는데, 이번에는 창문으로 날아들어온 작은 새였다. 새는 기절한 상태였는데 깨어나기만 하면 될 것 같았다. 나는 몇 분 동안 새를 내 손 위에 올려놓았다. 제스로는 내 움직임을 지켜보고 있었다. 새가 날 수 있으리라 생각되자 나는 베란다 난간 위에 새를 올려주었다. 제스로는 다가와 냄새를 맡더니 한발 물러서서 새가 날아가는 것을 지켜보았다.

제스로는 두 마리의 동물을 죽음에서 구해냈다. 꿀꺽 삼켜버렸을 수도 있었다. 그러나 당신이라도 그들이 정녕 당신에게 은혜를 갚을 수 없다 하더라도 당신의 친구에게 그렇게 하지는 않을 것이다.

서로 다른 동물끼리 돕는 세상

서로 다른 종의 동물끼리 도와준 이야기는 심심치 않게 들을 수 있다. 한번은 휴고와 내가 세렝게티에 있을 때였다. 독수리의 공격을 받아 작은 호수 한가운데에 갇혀 있는 왜가리 한 마리를 보았는데, 그 주위에 펠리컨들이 잔뜩 모여 있었다. 펠리컨들이 큰 날개를 펼친 채 독수리를 쫓아내 결국 독수리는 왜가리를 포기하고 말았다. 우리가 노를 저어 다가가 그 왜가리를 구해내자 얼마 뒤 왜가리는 회복되어 날아갔다.

포식자와 그 먹이도 가끔 친구가 될 때가 있다. 케냐의 삼부루 국립공원에서 어른 암사자가 아기 영양을 데려다가 보살필 뿐 아니라 어미 영양이 다가와 아기 영양에게 젖을 먹여도 내버려둔 경우가 있었다. 그 아기 영양은 암사자가 자고 있는 동안 숫사자의 먹이가 되었는데, 후에 암사자가 그 숫사자에게 화를 냈다고 한다. 야생 전문가인 빈센트 커핀은 암사자가 그 영양을 데려다 키운 것은 암사자가 최근 친구를 잃어 외로웠기 때문일 것이라고 말했다. 몇 주 뒤 그 암사자는 또 아기 영양 한 마리를 데려다가 보살폈고, 다시 몇 주가 지나서 다른 아기 영양이 그 암사자에게 입양되었다.

안달루시안 말 순종인 무니의 이야기도 있다. 무니는 강으로 떨어진 뒤 뻑뻑한 진흙 뻘에 갇혀 머리만 내놓은 상태였는데, 23년간 친구로 지낸 당나귀 트리샤가 시끄럽게 울어댄 덕분에 주인이 알아챌 수 있었다. 트리샤의 도움이 없었다면 틀림없이 무니는 죽었을 것이다. 결국 소방수들이 달려와 한참을 애쓴 끝에 무니는 구출되었다.

인간을 돕는 동물들

같이 지내온 인간 가족, 심지어는 낯선 사람들을 구출하는 개들의 이야기는 수천 가지도 넘는다. 루마니아에서는 거리에 돌아다니던 개가 얼어 죽을 뻔한 아기를 구해준 일도 있었고, 포르투갈에서는 산 속에서 비바람 치는 밤에 다섯 살짜리 남자 아이가 개들 사이에 둘러싸여 그 밤을 무사히 넘긴 일도 있었다. 칠레에서는 열 살 소년이 부모에게 버림받은 후 거리의 개들과 함께 동굴에서 지낸 일도 있었다.

지금부터 자칫하면 심하게 다치거나 죽을 수도 있었던 상황에서 주인을 구해낸 영웅적인 개들의 이야기를 소개하고자 한다. 얼어붙을 듯 몹시 추운 어느 날 예순한 살의 노인 짐 길크라이스트는 그의 개 두 마리, 타라(로트와일러)와 타이리(골든리트리버)와 함께 산책을 하러 나섰다. 짐은 얼어붙은 호수를 가로질러 집으로 가려고 했는데, 갑자기 얼음이 깨지면서 물 속에 빠졌다. 타라는 짐의 목소리를 듣고 달려왔지만, 타라 역시 물 속에 빠져버렸다. 얼음처럼 찬 물 속에서 버둥대고 있을 때 타이리가 나타났다. 타이리는 낑낑거리며 납작 엎드린 채 천천히 기어 다가갔다. 짐이 타이리의 목걸이를 붙잡자, 타라가 짐의 등 위에 올라가 먼저 물에서 나와서는 타이리 곁에 엎드려 짐이 다른 손으로 타라의 목걸이를 잡을 수 있게 했다. 그리고 이 두 마리의 개가 짐을 매단 채 뒷걸음질쳐 90킬로그램이 넘는 짐을 물 속에서 끌어냈다. 짐은 말한다. "이 두 개가 위험을 무릅쓰고 내 목숨을 구해냈죠."

어느 선선한 여름날 두 살배기 션 해리가 할머니네 집 마당의 호두나무 근처에서 놀다가 갑자기 비명을 질렀다. 할머니가 기르는 치와와 헤이븐이 션에게 달려들더니 션의 청바지 엉덩이 부분에 매달려 있던 길이 1미터 가까이 되는 까만 독사를 붙잡은 것이었다. 헤이븐은 션의 다리에 달라붙은 채 뱀을 잡아 흔들어 결국 떨어뜨렸다. 다행히 그 뱀은 슬금슬금 미끄러져 사라져버렸다. 션의 청바지에는 독이 묻어 있었지만 션은 무사했다. 하마터면 션도 그리고 헤이븐도 죽을 뻔한 사건이었다.

지구 반대편인 탄자니아에 사는 내 친구 드미트리 만테아티스도 개 덕분에 목숨을 구했다. 드미트리가 차고에 들어섰을 때였다. 어디선가 '스스스'하는 소리가 들려 그는 타이어에 펑크가 났겠거니 생각했다. 허리를 굽혀 타이어를 살펴보려는데, 그의 개 테리가 으르렁대더니 그에게 달려드는 것이었다. 테리를 밀치고 나서 그는 다시 타이어를 살펴보려고 허리를 굽혔다. 그러자 테리는 드미트리를 거의 쓰러뜨리며 크게 짖어댔다. 뭔가 이상하다고 느낀 드미트리는 뒤로 물러서서 손전등을 켰더니, 그의 차

밑에는 어마어마하게 큰 독사가 똬리를 틀고 있는 게 아닌가.

노먼은 눈먼 래브라도리트리버이다. 노먼은 강가를 따라 가족들 곁에서 산책하는 것을 좋아한다. 그러던 어느 날 노먼은 아이들이 반대 방향으로 뛰어가며 비명을 지르는 소리를 들었다. 열다섯 살인 라이자와 열두 살인 동생 조이가 물에 빠져 강에 휩쓸려가고 있는 것이었다. 조이는 가까스로 강둑에 올라왔지만, 누나 라이자는 계속 발버둥치면서 떠내려가고 있었다. 노먼은 곧장 물로 뛰어들어 라이자를 쫓아가서 라이자에게 꼬리를 내밀어 잡게 하였고 둘은 가까스로 물 밖으로 빠져나왔다. 노먼의 사진은 아직도 라이자의 방에 걸려 있다. 라이자는 노먼을 수호천사로 생각하고 있다. 실제로 상당수의 사람들이 개에게 구조되었다. 한밤중에 눈 속에 갇힌 소녀, 외딴 곳에 떨어져 다리가 부러진 사람, 어둡고 인적 드문 거리에서 세 명의 청년들에게 갑자기 둘러싸이게 된 젊은 여성 등……. 사람들은 자기를 도와주려고 어디선가 홀연히 나타난 개들이 그들의 수호천사라고 굳게 믿고 있다.

개뿐만 아니라 다른 동물들도 사람들을 구한다고 알려져 있다. 여러 종류의 돌고래들도 위기에 처한 사람들을 구조한다. 이들은 종종 사람을 공격하려는 상어를 쫓아내고, 다친 사람들을 수면 위로 밀어올려 바닷가에 조심스레 눕혀놓는다고 한다. 또 이란의 로어스톤 지방에는 16개월 된 아기를 자기 보금자리에서 한동안 보살펴준 암곰의 이야기도 알려져 있다.

룰루는 길가 방갈로에서 조앤과 같이 살던 배불뚝이 돼지다. 어느 날 룰루는 그전에는 해본 적이 없는 일을 저질렀다. 뒤뜰 가장자리에 둘러쳐 있는 담장을 무너뜨린 뒤 훌쩍 넘어가 길 한가운데까지 나간 것이다. 룰루 주위로 차 몇 대가 피해 가는 것을 본 한 운전자가 이상히 여겨 차를 세우고 길로 들어서자, 룰루는 벌떡 일어나더니 담장 곁으로 돌아가서 그 운전자를 애타게 쳐다보았다. 호기심이 발동한 이 운전자는 룰루를 따라갔고, 마침내 집 안에서 심장마비로 쓰러져 있는 조앤을 발견했다. 그는 재빨리 구급차를 불렀다. "조금만 늦었다면 조앤은 큰 장애를 입을 뻔했다"고 담당의사는 말했다.

고양이들도 가끔 사람의 생명을 구한다. 버니타는 6주 된 아기 스테이시가 옆방 침대에서 자고 있는 동안 거실에 앉아 책을 읽고 있었는데, 고양이 미드나잇이 평소와는 다르게 자꾸 버니타의 무릎에 올라와 다리를 치는 것이다. 버니타는 고양이를 밀쳤지만, 미드나잇은 자꾸 무릎 위로 올라오려고 하더니 어디론가 가버렸다. 잠시 후 스테이시 옆에서 야옹거리는 소리가 들리는 것 같아 버니타가 부리나케 뛰어가보니, 미드나잇이 몹시 흥분한 채 찬장에 앉아 스테이시를 쳐다보며 소리를 내는 것이었다. 스테이시의 얼굴은 파랗게 질렸고 숨을 제대로 쉬지 못하고 있었다. 미드나잇이 아니었더라면 또 한 명의 아기가 돌연사할 뻔했다.

애완쥐인 위스커의 이야기도 있다. 어느 날 위스커는 스미스 씨의 개와 같이 부엌에서 자고 있었는데, 갑자기 집 안에 연기가 가득 차기 시작했다. 스미스 씨의 개는 부엌에 가만히 앉아 있었지만, 위스커는 계단을 뛰어 올라가 스미스 씨 딸의 방문을 긁고는 스미스 씨 방문도 긁으며 찍찍거렸다. 그 소리가 하도 시끄러워 잠에서 깬 스미스 부인이 문을 열었다. 갑작스레 닥친 연기 냄새에 놀란 부인은 딸과 남편을 재빨리 깨워 집을 빠져나간 뒤 소방차를 불렀다. 위스커 덕분에 아주 때맞춰 탈출할 수 있었던 것이다.

젖소인 데이지는 목장주인인 도널드 모트램과 아주 친한 사이여서 도널드가 부르면 어김없이 소 떼를 몰고 나타날 정도였다. 어느 날 도널드가 새로 온 황소의 공격을 피하지 못하고 바닥에 쓰러진 채 황소에게 밟혀 피를 흘리고 있었다. 도널드는 상처를 심하게 입고 기절했는데, 그가 잠시 후 깨어났을 때 데이지가 도널드의 비명을 들었던지 소 떼를 이끌고 나타나서는 도널드를 둘러쌌다. 화가 난 황소는 둘러싼 젖소들을 헤치고 뛰어 들어오려 했지만, 젖소들이 든든한 방패막이 되었고 도널드는 바닥으로 기어서 겨우 집에 도착할 수 있었다. 그 젖소들이 왜 보호해주었다고 생각하느냐는 물음에 도널드는 "내가 그 동안 그들을 온당하게 대해주었고 그들이 그 보답으로 나를 보살펴준 것 같아요. 사람들은 내가 너무 감성적이라고 하지만 나는 인과응보라고 생각합니다"라고 말했다.

우리의 친척 영장류들도 인간의 생명을 구한다고 알려져 있다. 시카고의 브룩필드 동물원에 있는 여덟 살배기 암컷 고릴라가 5미터 아래 자기 우리에 떨어진 세 살짜리 소년을 구해 큰 뉴스거리가 된 적이 있다. 빈티 주아Binti Jua('태양의 딸'이라는 뜻의 스와힐리어)라는 이름의 이 고릴라는 기절한 소년에게 다가가 조심스레 만져보더니, 자신의 아기를 등에 업은 채 이 아이를 살살 들어올려 한 팔에 안고 자기가 잠을 자는 방문 앞으로 데려갔다. 문 앞에 가만히 앉아 있더니, 문 안쪽에서 사육사의 소리를 들었는지 아이를 놓아둔 채 저 멀리 물러섰다. 아이는 곧 정신을 차렸고 구조되었다. 흥분한 다른 고릴라들을 진정시키기 위해 준비했던 물 뿌리는 호스는 필요 없었다. 저지 동물원의 한 어른 수컷 고릴라도 다른 고릴라들을 근처에 못 오게 막으면서 우리 안에 떨어진 아이를 구했다고 한다.

'올드맨'이라는 이름의 수컷 침팬지(잘 우울해지는 성격의 아기 침팬지들은 실제로 늙어 보인다)는 죽어가는 엄마에게서 떼어져 두 살 되던 해에 미국으로 보내졌고, 이후 10년 동안 너비 1.5미터, 높이 1.5미터의 상자에 간혀 살다가 암 연구센터로 보내졌다. 운 좋게도 열두 살 되던 해에 올드맨은 플로리다의 한 동물원으로 보내졌는데, 이 동물원의 침팬지 우리는 섬처럼 생겨 개울로 둘러싸여 있었다. 여기서 올드맨은 세 마리의 암컷 침팬지와 같이 지냈는데, 그 중 한 마리는 막 출산한 상태였다. 마크 쿠사노가 사육사로 고용되었을 때 사람들은 그에게 "저 침팬지들은 사람을 아주 싫어해서 죽일지도 모르니 가까이 가지 말라"고 이야기해주었다.

몇 주 동안 마크는 그 침팬지들을 지켜보면서, 먹이를 발견하고는 서로 어깨동무를 하고 기뻐하는 모습, 올드맨이 그의 작은아들을 아끼고 보호하는 모습 등을 보며 그들의 행동이 얼마나 인간과 비슷한지 알게 되었다. "이렇게 놀라운 동물들과 어떻게 아무 관계도 맺지 않은 채 이들을 돌볼 수 있는가?"라고 마크는 생각했다. 그래서 마크는 점점 더 침팬지들의 섬 가까이로 다가갔다. 어느 날 올드맨은 마크의 손에서 바나나를 집어 갔고, 또 어느 날 마크는 그 섬에 첫 발을 디뎠으며, 급기야 용기를 내어 올드맨의 털을 골라주게 되었다. 그리고 올드맨도 마크에게 털고르기를 해주었다. 둘은 같이 놀기도 하였다.

몇 주 지났을 때 마크가 진흙탕에 미끄러졌는데, 근처에 있던 올드맨의 아기가 놀라 비명을 질렀다. 그 즉시 어미가 달려와 마크의 목을 물었고, 다른 두 암컷들도 달려와 그의 발과 옆구리를 물었다. 갑자기 마크는 올드맨이 머리털을 곤추세운 채 달려오는 것을 보았다. 아기를 보호하려는 것이라 생각했지만, 올드맨은 자신의 인간 친구에게 들러붙어 있는 암컷들을 밀쳐내 가까이 오지 못하게 했고, 그 사이에 마크는 배로 돌아올 수 있었다.

나는 이 이야기가 상징하는 바가 크다고 생각한다. 올드맨은 인간으로부터 끔찍한 학대를 받아온 침팬지였지만 인간 친구가 도움을 필요로 할 때 손을 내밀어 그를 구해주었다. 발달된 두뇌로 남의 고통을 더 잘 이해할 수 있는 인간도 우리의 도움을 필요로 하는 동물들에게 손을 내밀어 줄 수 있지 않을까?

동물과 자연이 우리를 치유한다

마지막으로 동물의 치유능력에 대해 이야기해 보자. 동물 중에서도 개는 노인과 병자와 정서장애를 가진 사람들의 치료에 막대한 도움을 주며, 고양이나 돌고래 등도 많은 도움이 된다. 정서불안 환자들은 어항 속의 물고기를 보면 진정된다. 누구나 숲이나 꽃밭, 넓은 들판, 특히 지저귀는 새들 가운데에 있을 때 평화가 가슴속으로 스며 들어온다는 것을 알고 있을 것이다. 우리는 자연과 동물들에 대한 깊은 심리적 욕구를 갖고 있다. 아나톨 프랑스가 말한 바와 같이 "동물을 사랑하게 되기 전까지 그 사람의 영혼 일부는 아직 잠자고 있는 상태다."

끔찍한 어린 시절을 보냈던 이들이 동물과 함께 함으로써 극복해낼 수 있었다는 편지를 나는 많이 받는다. 밤마다 성폭행을 당하는 어떤 아이는 두려움에 떨며 지하실로 내려가 개를 껴안고 울다가 잠들곤 했다고 한다. 자살하고 싶을 정도로 괴로웠던 그 아이가 어느 날 학교에서 돌아오는 길에 소 떼가 노니는 들판을 지나쳤는데, 아이가 그 중 한 마리 소에게 다가갔을 때 그 소는 피하지 않았다. 이후 매일같이 아이는 소 떼를 찾아갔고 그들은 친해져 가까이 몸을 기대기도 하고 나란히 누워 되새김질도 했다. 덕분에 여자아이의 상처받은 영혼이 치료받을 수 있었다고 한다.

또 하나의 놀라운 이야기는 미샤에 관한 이야기이다. 미샤의 부모님은 제2차 세계대전이 시작될 무렵 나치에게 잡혀갔는데, 그 후 미샤는 열세 살 나이에 벨기에의 집에서 도망쳐 5,000킬로미터 가까이 되는 유럽의 숲을 가로질러갔다. 그 긴 여정에서 미샤는 거리의 개들 혹은 늑대들과 같이 다녔다. 늑대와 다닌 두 경우 중 한 번은 늑대 한 쌍과 함께였고(수컷이 사살될 때까지), 다음 경우는 늑대 가족의 일원이 되어 먹이까지 나누어 먹었다고 한다.

버지니아 주 구치랜드 지방의 한 교도소에서는 '우리의 둥지를 지키자Save Our Shelter'라는 지역단체와 협력하여 재소자들이 개들을 훈련시킬 수 있도록 하였다. 재소자들은 개들이 가족 일부가 되어 같이 먹고 같이 장난치게 되었다고 보고했으며, 삭막했던 교도소 분위기가 개들로 인해 인정이 넘치게 되었다고 강조했다. 노숙자들도 개들과 가까이 지낸다. 시애틀의 복음연합회 스탠리 코우 박사는 노숙자들이 애완동물을 돌보는 도니 기념동물병원을 설립했다. 상당수의 노숙자들에게 애완동물은 유일한 친구가 된다. 라이트 씨의 말 그대로다. "내 개는 나에게 가장 좋은 친구요 동반자입니다. 내 개는 다른 이들처럼 나를 버리지 않을 겁니다."

미국 상원의 도살장에 관한 연설(두 번째 계명 참조)에서 버드 의원은 인간 복지에 있어서 애완동물의 중요성을 역설하며 애완동물은 "제 몸을 아끼지 않는 친구"라고 말했다. 개들이 사람들의 스트레스를 줄여줄 수 있다는 것은 이미 잘 알려져 있다. 애틀랜타에서 처음 시작된 동물치료그룹인 '드림위커들'은 동물을 필요로 하는 사람들의 수요를 충족시키지 못할 정도라고 한다. 사실 이것은 상호적인 관계이다. 개 한 마리를 만져보고 기르는 것은 인간뿐만 아니라 개에게도 안정감을 준다. 마티 베커의 《애완동물의 치유능력The Healing Power & Pets》이라는 멋진 책에도 애완동물들이 어떻게 사람들을 건강하고 행복하게 만들며, 요양원이나 병원, 학교에 갇혀 지내는 외로운 사람들을 어떻게 치유하는지 잘 설명하고 있다.

수의사 앨런 쇼엔의 책《닮은꼴 영혼Kindred Spirits》(이 책은 우리말로 번역되어 나와 있다 — 옮긴이)에서는 애완동물과 인간의 관계가 스트레스를 경감시키게 되는 열네 가지 경로가 소개되어 있다. 이 중 몇 가지만 들어보면, 혈압 감소, 어린이와 청소년들의 자신감 증대, 심장마비 환자의 생존률 증대, 노인들의 삶의 질 향상, 어린이들의 인도적 태도발달 향상, 입양된 어린이들의 정서안정 향상, 노인 의료보험 대상자의 사소한 건강문제에 대한 내과의사의 필요성 감소, 사춘기 이전의 외로움 감소 등이다. 일터로 애완동물을 데려오는 것은 스트레스를 줄여줄 뿐 아니라 직장에 대한 만족도를 증가시키며, 사회관계를 원활히 하고 생산성을 높여준다.

개뿐만 아니라 고양이나 라마, 그리고 돌고래들도 말기의 질병, 극심한 고통, 그리고 치매로 고통받는 사람들에게 '동물 위안'을 준다. 간병인과 환자들 모두 동물들은 "믿고 맡길 수 있으며" 사람들에게 안정감, 우정, 그리고 '사랑의 꽃다발'을 안겨준다고 입을 모은다. 미셸 리베라의 책 《호스피스 하운드》에는 감동적인 이야기가 많이 소개되어 있는데, 이 책의 첫머리에는 어머니의 병간호에 애완견을 필요로 했던 자신의 이야기가 실려 있다. 어머니 캐서린은 병상에서 이렇게 부탁했다. "개가 보고 싶어. 꼬리를 흔드는 개 말이야." 그러나 당시 거기엔 개가 없었다. 캐서린은 개를 받아들이지 않는 노인요양소에서 지내다가 말기가 되자 미셸의 집으로 옮겨왔지만, 미셸은 바쁜 일상생활 때문에 개를 기를 수 없는 형편이었다. 결국 미셸은 직장을 그만두고 집에서 어머니를 돌보게 되었고 개 타이론을 기르게 되었다. 캐서린이 눈을 감을 때 타이론은 미셸의 고양이 세이블과 함께 가족 곁에 있었다. 캐서린의 소망은 이루어졌고 두 털북숭이 친구이자 치료사는 캐서린 곁을 끝까지 지켜주었다.

우리 어머니 베아트리스는 치매를 앓고 계신다. 부모님 댁을 방문했을 때 아버지는 최근에 남편을 잃은 친구 진저를 부르셨다. 진저는 그 이름과 꼭 들어맞는 타이니라는 작은 푸들 한 마리를 셔츠 안에 넣어 데리고 왔다. 타이니는 진저에게 응석을 부리고 사랑을 듬뿍 받으며(진저도 타이니에게 그랬을 것이다) 진저 남편의 빈자리를 기쁨으로 채워주었다. 안타깝게도 진저는 개를 키우면 안 된다는 집주인의 규칙 때문에 이사를 가야 했지만, 나는 진저에게 이 작은 개보다 다른 인간 이웃들이 더 성가신 존재였을 것이라 확신한다. 재미있었던 것은 어렸을 때 개에게 한 번 물려 평생 개를 무서워하셨던 우리 어머니에게도 타이니는 위안을 주는 친구가 되었다는 점이다. 내 어머니는 타이니를 무릎 위에 누이기도 하셨고, 타이니가 이불 속으로 파고들 때면 입가에 한가득 미소를 띄곤 하셨다.

왜 그런 것일까? 왜 개들은 이토록 좋은 치료사가 될 수 있는가? 한 가지만 말하자면, 삶 속에 개를 받아들이면 개들은 우리의 감각과 영혼을 일깨워준다. 개들과 여러 동물들은 순수한, 있는 그대로의 존경, 겸손, 동정, 믿음, 그리고 사랑을 가져다준다. 우리는 그들에게서 많은 것을 배워야 한다.

4

아이들이 자연을 아끼고
사랑하도록 가르치자

Teach Our Children to Respect and Love Nature

네 번째 계명은 자라나는 아이들에게 올바른 경험을 할 기회를 주자는 내용이다. 아이들은 동물 곁에서 자라면서 동시에 동물을 대하는 태도를 배우게 된다. 우리가 상처 입힌 자연을 치유하고 돌보게 될 다음 세대를 기르는 일은 그 무엇보다 중요하다.

동물을 존중할 줄 아는 가족과 자란 아이들, 특히 동물을 가까이 하며 자란 아이들은 커서 동물을 친절히 대할 줄 알며 사랑과 동정을 지닌 사람이 된다. 겉으로는 정상적으로 보이지만 동물을 학대하는 가정에서 자란 아이들은 심각한 정서장애를 보이는 경우가 있다. 대량학살범, 연쇄살인범, 혹은 다른 정신질환자의 어린 시절을 들여다보면 동물을 심하게 학대한 경험을 찾아볼 수 있다. 따라서 아이와 동물 사이의 관계는 동정과 친절을 배울 수 있는 기회가 되기도 하며, 또는 반대로 그 아이에게 정신질환이 있음을 드러내는 증거가 되기도 한다.

나는 내게 모든 생명체에 대한 동정을 일찍 깨우쳐주고 다양한 동물들을 접할 기회를 준 매우 현명하고 든든한 어머니가 계셨다는 점을 퍽 다행스럽게 여긴다. 내가 16개월 되었을 때, 어머니는 나에게 잘 자라는 인사를 하러 오셨다가 베개 위에 있는 무언가를 넋놓고 쳐다보는 나를 발견하셨다. 그것은 꿈틀거리는 지렁이 뭉치였다. 어머니는 나를 야단치기는커녕, 오히려 지렁이들은 흙 바깥에서는 곧 죽을 거라고 나직이 일러주셨다. 어머니 말에 의하면, 내가 곧장 지렁이들을 주워들고 아장아장 마당으로 나갔다고 한다. 당시 우리는 런던의 작은 아파트에 살았지만, 그 좁은 집에서도 멋진 불테리어Bullterrier 페기와 함께 살았다. 그 후 우리는 정원이 있는 바닷가 집으로 이사했고, 거기서 나와 내 여동생은 개와 고양이 몇 마리, 목줄을 맨 채 산책을 나가곤 했던 기니피그, 새장 안에서는 먹고 자기만 하고 대부분 밖에서 지낸 카나리아 한 마리, 안락의자의 커버 안쪽에 보금자리를 마련한 햄스터 한 마리 등과 함께 지냈다. 어느 누구도 우리 안에 가두지 않았다.

나는 틈만 나면 야외에서 시간을 보내며 자연으로부터 많은 것을 배웠다. 네 살 때 우리 가족은 휴일을 보내러 농장을 찾아간 적이 있다. 거기서 나는 달걀 거두는 걸 도왔는데, 당시에는 오늘날처럼 잔인한 철창 우리가 없었다. 나는 달걀이 어디서 나오는지 전혀 알지 못했다. 그만한 크기의 구멍이 어디에 있는 것일까? 나는 그것을 알아내려고 닭장 안에 장장 네 시간 동안이나 숨어 있었다. 우리 어머니는 걱정 끝에 경찰을 불렀지만, 마침내 암탉이 어떻게 달걀을 낳는지를 알아낸 내가 들떠서 온 집 안을 뛰어다니며 떠들어댈 때엔 조용히 앉아 내 이야기를 들어주셨다.

나는 어머니께서 읽어주신 동물에 관한 책들에서도 많은 것을 배웠다. 동물에 관한 이야기를 읽고 또 읽었다. '두리틀 박사'와 '타잔', 그리고 '모글리'……. 내가 가장 좋아한 책 중 하나는 바로《생명의 기적》이었다. 이 책은 우리 어머니가 작은 비누 묶음에서 오린 쿠폰들을 열심히 모아 공짜로 얻어주신 책이다. 앞서도 말했지만, 이 책은 수십 장의 흑백사진들과 그림이 삽입된 방대한 책으로 보호색, 다양한 자연의 언어, 해충, 그리고 약의 역사 등 다루는 주제도 매우 다양했다. 어른들을 위한 책이었으나 내 맘에 꼭 든 그 책은 자연세계에 대한 끊임없는 내 호기심을 자극하기에 충분했다.

부모님 말씀으로는, 나는 어렸을 때부터 '동물들의 마음을 읽는 것'에 대해 생각했다고 한다. '동물들의 마음을 읽는 것'은 두 가지를 의미한다. 첫 번째는 다른 동물을 아끼고, 그들을 있는 그대로 존중하며, 그들의 입장을 이해하며 무엇을 어떻게 왜 그렇게 느끼는지 궁금해하는 것이다. 두 번째는 많은 동물들이 능동적으로 생각할 수 있는 마음을 가졌다는 사실을 받아들이는 것이다.

나는 시골에서 자라지도 않았고, 동물과 함께 자란 것도 아니었다. 내가 어렸을 때 우리집에 금붕어가 몇 마리 있었는데, 나는 늘 그들이 어항 안에 갇혀 지내는 것을 좋아할지 궁금해하곤 했다. 그것은 레이철 카슨이 '궁금증'이라고 불렀던 감정이었을 것이다. 깊이 빠져 있었던 세계에 대한 멈추지 않는 호기심 말이다. 우리집은 이해심과 사랑으로 가득 차 있었다. 부모님은 내가 늘 동물의 생각과 느낌을 알고 싶어했다고 말씀하신다. 내가 네 살쯤 되었을 때 개를 때리고 있는 사람에게 고함을 질러댔고 그 사람이 화를 내며 우리 아버지를 쫓아왔다고 부모님은 회상하셨다. 또 내가 다섯 살 되었을 때 펜실베이니아 주로 크로스컨트리 여행을 갔는데, 우리가 길을 약간 벗어났을 때 우리 앞으로 뛰어들어온 붉은 여우를 내가 넋이 나간 듯 쳐다본 적도 있다고 한다. 나는 곧장 그 여우가 어디에서 사는지, 그리고 행복할까 아닐까를 물었다고 한다.

동물에 대한 나의 모든 행동은 애착심을 갖고 동물을 사랑하는 데 도움이 되었다. 이러한 동정심이 또 다른 동정심을 일으킬 것은 당연한 일이다. 몇 년 후 나는 연구로 인해 동물을 해치거나 '희생시키고' 싶지 않아서 대학원 두 군데를 그만두었다.

마크와 나는 모두 행운아들이다. 이렇게 이해심 깊은 부모를 두지 못한 아이들이 수백만 명에 달하기 때문이다. 또 다른 수백만 명의 아이들은 자연세계를 경험해볼 기회도 얻지 못한 채 극심한 가난 속에 태어난다. 동물의 생명, 심지어 인간의 생명까지도 존중해주지 않는 문화권에서 태어나는 아이들도 있다. 이러한 아이들에게 어떻게 자연의 경이로움과 아름다움을 가르쳐줄 수 있을 것인가? 선진국에는 콘크리트 정글에 갇힌 채 도심에서 살아가는 아이들에게 자연을 경험할 기회를 주는 기구들이 있다. 그러나 아주 극소수의 어린이들만이 여기에 참가한다. 개발도상국에서도 아이들을 버스에 태워 국립공원이나 넓은 들판을 보여주는 자연보호기구들이 생겨나고 있으나 가난한 시골에 사는 아이들은 이러한 기회를 전혀 얻지 못한다.

이렇게 기회를 얻지 못하는 아이들이 동물을 접할 수 있도록 하는 방법 중 한 가지는 학교에 동물들을 데려다놓는 것이다. 예전에 나는 이러한 방법에 대해 반대하는 입장이었다. 동물들을 착취하는 것처럼 생각됐기 때문이다. 그러나 동물들과의 접촉이 어린이의 삶을 얼마나 바꾸어놓을 수 있는지 내 눈으로 직접 목격한 후 생각을 바꿨다. 물론 이런 프로그램이 효과를 거두려면 운영이 매우 잘 되어야 하고 동물들이 충분히 보호받는 조건이어야 한다. 개중에는 적합하지 않은 동물들도 있다. 그러나 야생으로 돌아갈 수 없는 얌전한 야생동물이나 사람에 익숙해져 있는 야생동물뿐 아니라 심지어는 가축들까지도 동물계의 친선대사 역할을 멋지게 해낼 수 있다. 실제로 놀라움으로 가득 찬 아이들의 눈을 들여다보면 그만한 가치가 있다는 것을 깨닫게 된다.

전 세계 수천 명의 어린이들이 결손가정에서 태어나 마약, 알코올, 폭력의 세계에 갇혀 있는데, 이는 동물에게 지극히 잔인한 환경이 된다. 슬픈 사실은 아이들이 동물을 사랑하고 아끼는 방법을 쉽게 배우는 반면, 동물을 미워하고 두려워하고 경멸하는 방법 또한 쉽게 배운다는 점이다. 이런 아이들은 개를 발로 차거나 고양이를 못살게 굴고, 고통받는 동물을 보며 즐거워한다. 이런 아이들을 조사해보면 그들 자신이 이런 식의 대우를 받았던 경우가 종종 있다.

이렇게 희망이 사라진 세상에서 동물이 사람을 치유하고 사람에게 사랑을 가르친다는 사실은 우리에게 얼마나 용기를 북돋아주는 것인가! 피터(가명)는 뉴욕 도심에 사는 열두 살 소년인데, 몇 개의 폭력사건과 살인 미수에 연루되었다. 마지막 재활수단으로 법원은 피터를 녹색굴뚝Green Chimneys 농장으로 보냈다. 이곳은 55년 전에 샘 로스에 의해 설립된 시설로서 소년법정에 여러 번 출두한 적 있는 폭력 전과를 가진 소년들을 보호하고 있다. 새로 입소한 소년들은 돼지나 말, 기니피그에 이르기까지 가축 중 한 동물을 골라 그가 머무는 동안 내내 보살피며 친구로 삼게 된다. 동물들을 때리거나 해치는 행동은 금지되어 있지만 대부분의 소년들은 처음에는 동물들에게 매우 적대적이며 욕을 늘어놓기도 한다. 그러나 일주일 남짓 지나면 동물들을 아주 특별한 친구로 알며 절대로 해를 끼치지 않고 절대로 그를 실망시키지 않는 친구를 갖게 되었음을 깨닫는다. 이때부터 재활이 시작되는 것이다. 소년들은 곧 다른 소년들과 사귀게 되고 점차로 녹색굴뚝 농장의 일원이 된다.

피터는 동물을 선택하려 하지 않았다. "아무래도 상관없어요. 난 동물이 싫어요." 농장의 직원들은 회의 끝에 "글쎄, 그래도 우리 생각에 넌 아주 특별한 토끼를 좋아할 것 같구나"라고 제안했다. 피터는 멍하니 있더니 "나는 토끼가 뭔지도 몰라요"라고 답했다.

이렇게 동물을 접하는 것은 이런 소년들의 삶에 새로운 장을 열어준다. 피터는 열두 살이나 되었지만 토끼가 뭔지도 모른다. 아무도 그에게 '피터 래빗(토끼를 의인화한 유명한 이야기책 시리즈 ― 옮긴이)' 이야기를 읽어주지 않았다. 유치원에서 알파벳을 배울 때에도 B를 버니bunny(토끼)의 B로 배우지 않았다. 아침 햇살이 비치는 넓은 초록 들판 위에 한가로이 풀을 뜯고 있는 토끼 그림을 본 적도 없고, 시골로 여행을 간 적도 없었다. 그러니 "나는 토끼가 뭔지도 몰라요"라는 말을 하게 된 것이다.

직원들은 커다란 흰토끼를 데려다놓았다. 피터가 토끼에게 걸어오는 동안 토끼는 벤치 위에 가만히 앉아 있었다. 토끼는 전에도 여러 번 경험이 있었는지 제법 얌전했다. 피터의 담당교사가 토끼를 잠시 쓰다듬고는 피터에게도 해보라고 했다. 피터는 천천히 손을 내밀어 토끼를 만졌다. 매우 침착했다. 주위 사람들은 특별한 무언가가 피터와 토끼 사이에 일어나고 있다는 것을 감지하고는 뒤로 물러섰다. 몇 분 동안 피터는 사람들에게 등을 보인 채 토끼를 쓰다듬고 있었다. 눈을 한 번 비비더니 천천히 사람들을 보았다. 무표정한 얼굴이었다.

"봐요, 나 해치지 않았어요." 그 동안 피터의 관점으로는, 강자는 약자를 해치고, 그 약자는 더 약한 사람들을 해치는 것으로 인식해왔다. 하지만 토끼와의 첫 만남으로 피터는 삶에 대해 새로운 관점을 갖고 더 밝은 미래로 한발 내딛는 계기가 되었다.

나는 어린아이들, 특히 손자들과 있을 때 슬픈 감정을 주체하지 못한다. 내가 아주 어린 아이였을 때부터 지금까지 60여 년 동안 우리는 이 지구를 너무도 많이 파괴하고 오염시켰다. 많은 동물과 식물들이 영원히 사라졌다. 오늘날 어린이들이 우리보다는 더 나은 환경지킴이가 되도록 배우는 것은 그래서 아주 중요하다.

제인구달연구소에서 '루츠앤드슈츠' 프로그램을 시작한 것도 바로 이 이유에서다. 어린이들이 동물의 참모습을 제대로 알고 그들을 어떻게 보존할지 배우도록 돕는 것이다.

　이것은 1991년 2월 탄자니아의 다르에스살람에 있는 우리집 베란다에서 시작되었다. 아홉 개의 학교에서 온 열여섯 명의 탄자니아 중학생들이 나와 함께 동물행동과 환경에 대해 이야기하였다. 우리는 침팬지들이 각기 다른 성격과 인지능력, 감정, 가족생활, 그리고 정치적인 기술들을 갖고 있음을 이야기했다. 학생들은 토론에 푹 빠졌다. 갑자기 인간과 다른 동물을 구별하는 선이란 존재하지 않는다는 것을 깨닫게 된 것이다. 이 경험은 다른 동물들에 대해서도 새로운 시각을 갖게 해주었다. 우리는 코끼리와 선별 도축에 대해 이야기했고, 시장에서 판매되는 닭과 염소들의 실태에 대해서도 이야기를 나눴다. 그러면서 학생들은 그러한 것에 대해 무엇인가를 하고 싶다고 말했다.

　우리는 그들의 학교에 모임을 만들기로 하고, 그 모임의 이름을 '루츠 앤드슈츠'라고 붙였다. 이것은 무언가를 실행에 옮기는 젊은이들의 힘을 상징하는 것이다. 루츠 즉 뿌리는 든든한 기초가 되고, 슈츠 즉 줄기는 약할지언정 빛을 받기 위해 벽도 뚫을 수 있는 힘을 갖고 있다. 그 벽이 지금까지 인간이 지구 위에서 저지른 환경파괴, 오염, 음식의 유전자조작, 탐욕, 잔인함, 범죄, 그리고 전쟁과 같은 모든 문제들이라고 생각해보자. 전 세계 수십만의 뿌리와 줄기가 즉 젊은이들이 그 벽을 뚫고 나와 더 나은 세상을 만들 것이다. 10대 후반의 청소년들 몇 명에서 시작한 것이 지금은 전 세계 60개국 4,000개의 그룹으로 확산되었다.

　모든 그룹은 동물(가축 포함)보호, 인류보호, 그리고 환경보전이라는 세 가지 분야 중에서 최소한 한 개의 프로젝트를 선택해 적극 참여하도록 되어 있다. 이들이 무엇을 선택할지는 그 지역의 문제, 참여하는 아이들의 나이, 그 지역이 도심인지 시골인지 어느 나라인지에 따라 결정된다. 기본에 깔린 철학은 간단하다. 지식과 이해, 역경과 끈기, 사랑과 동정을 통해 모든 생명체를 존중하도록 변화시킨다는 것이다.

전 세계 루츠앤드슈츠 프로그램에 참여하는 학생들은 동물과 사람에 대한 존중과 동정심을 이끌어내는 다양한 프로젝트를 수행하고 있다. 이 중에는 집에서 기르는 동물에 대한 책임감을 강화하는 것, 다친 동물을 보살피는 것, 재활센터에서 일하는 것, 가축과 야생동물에 대해 배우는 것 등이 있다.

몇몇 노인요양소와 노숙자 보호소는 루츠앤드슈츠 프로그램 소속인 어린이들이 동물을 데리고 방문할 수 있도록 하고 있다. 콜로라도 대학의 루츠앤드슈츠 프로그램은 볼더의 노인요양소에서 매년 연회를 개최하고 있다. 이 연회는 모든 참가자들이 침팬지의 '팬트 후트'를 함으로써 시작된다. 한 학생은 이웃집에 사는 할아버지의 개를 정기적으로 산책시키고 목욕시키면서 루츠앤드슈츠 프로그램의 세 가지 목적을 한꺼번에 달성하고 있다. 동물도 돕고, 사람도 돕고, 환경도 깨끗하게 하면서 말이다. 학생들은 서로서로 배운다.

어떤 소녀가 학교에 햄스터를 데리고 왔는데 한 친구가 인사를 하려고 햄스터를 잡았다. 그 친구는 친하고 싶어서 그런 것뿐인데, 햄스터는 무서워 몸을 움츠렸다. 햄스터의 반응을 본 학생들은 동물을 어떻게 다룰 것인가에 대해 이야기했다. 후에 누군가가 개를 학교에 데리고 왔을 때, 다른 학생들은 개를 막아서지 않고 개가 그들에게 다가올 때까지 기다렸다.

구명보트에 탄 개

　루츠앤드슈츠 프로그램에서 일한 사람들이라면 누구나 네 살짜리 꼬마들이 인간과 동물의 관계에 대해 매우 복잡한 개념을 갖게 되는 과정에 놀라곤 한다. 볼더의 루츠앤드슈츠 프로그램이 주관한 초등학생들을 대상으로 한 상상실험 중 '구명보트에 탄 개'라는 실험이 있다. 한 구명보트에 세 사람과 한 마리의 개가 있는데, 다 탈 수 없어서 그 중 하나가 보트 밖으로 던져져야 하는 상황을 가정하는 것이다. 대개 많은 사람들이 이 상황에서 어쩔 수 없이 개를 던져야 한다는 데 동의한다. 왜냐하면 개보다는 사람이 느끼는 고통이 더 크며, 개는 잃을 것이 별로 없기 때문이라 한다. 또한 죽은 사람의 가족들이 그 사람을 그리워하는 만큼 개들의 가족들은 죽은 개를 그리워하지 않을 것이라는 주장도 있다.

　여러 가지 다른 주제들도 제기되어 활발한 논의가 전개된다. 예를 들어, 만약 이 중 두 사람이 튼튼한 젊은이고, 나머지 한 명이 장님에 귀머거리에 몸도 불편한 노인이라 일주일도 못 되어 죽을 것 같다면 어떨 것인가. 그 개는 튼튼하다고 가정하자. 이런 가정에 대해서 학생들은 매우 어려워하며 '아마도' 그 노인은 이미 충분히 삶을 살았고 앞으로 남은 날도 적으므로 그 노인이 희생될 수도 있다고 말한다. 이것은 매우 복잡한 사고의 결과이다. 학생들 모두 이런 결정이 그 노인이 쓸모 없는 존재이기 때문이 절대 아니라고 생각한다. 그러나 결국 학생들과 많은 사람들은 어쩔 수 없이 사람의 나이와 다른 특징에 관계없이 개가 희생되어야 한다는 결론에 도달한다.

　이러한 논의들은 생명의 가치와 질, 수명, 가족과 친구의 죽음에 대해서 생각하게 되는 계기가 된다. 그러나 가장 중요한 것은 다른 대안을 논의하기 전에 학생들은 아무도 희생하지 않는 방법은 없는지에 대해 생각해본다는 것이다. "왜 누군가가 던져져야 하는데요?"라고 학생들은 질문한다. 상상실험이 시작되어 누군가를 보트 밖으로 던져야 된다고 하면, "안 할래요"라고 말하기도 한다. 이들은 진정 우리의 미래를 편안히 믿고 맡길 수 있는 사람들이다.

모두를 구할 수 있는 방법으로 학생들이 내놓은 아이디어 중에는 먹이를 던져주어 개를 보트 옆에서 헤엄치게 한다, 사람과 개가 번갈아가면서 헤엄친다, 쓸데없는 신발이나 다른 물건들을 던져버려 무게를 줄인다, 보트를 잘라 두 개의 뗏목을 만든다 등이 있다. 학생들 모두 개가 보트 밖으로 던져진다고 하더라도 그 개가 살 확률은 물에 빠진 사람이 살아남을 확률보다는 높다고 생각한다. 정말 복잡한 추론이 아닐 수 없다.

"고맙습니다" 프로젝트

전 세계 루츠앤드슈츠 프로그램에서 어린이들이 수행하고 있는 활동 중에는 다음 문장의 빈칸을 채워 넣고 그림을 그리는 작업이 있다. '나에게는 이러이러한 꿈이 있습니다'와 '이러이러한 일로 고맙습니다'라는 문장이다. 콜로라도 볼더의 유치원 교사인 엘런 빌렉은 유치원 원아들을 대상으로 이 프로젝트를 시작했다.

아이들의 대답에는 동물과 사람, 그리고 환경에 대한 관심이 드러나 있다. "내 꿈은 동물들이 먹을 것을 충분히 얻는 것이에요", "내 꿈은 우리 언니가 다치지 않는 거예요", "내 꿈은 두 동생을 하늘나라로 떠나보낸 우리 할머니가 너무 슬퍼하시지 않는 거예요", "내 꿈은 모든 사람들이 집을 갖는 거예요", "내 꿈은 넬슨 만델라를 만나는 거예요", "나는 지구가 고마워요", "나는 숲과 동물들이 고마워요", "나는 우리 가족이 고마워요", "나는 새장이 고마워요", "나는 주는 것이 고마워요"……. 마지막 문장은 한 유치원 원아가 노숙자에게 샌드위치를 주는 그림 옆에 써 있던 문장이다.

많은 어린이들의 꿈과 그들이 고마움을 느끼는 것들은 우리가 어겨서는 안 될 믿음에 대한 것들이었다. 어린이들은 배고픈 사람들에게 먹을 것을 나누어주지 않고, 동물들을 학대하고, 쓰레기를 버려 환경을 오염시키는 것은 잘못이라고 생각한다.

어른들도 꿈꿔야만 한다

자연학자 브렌다 피터슨이 실시한 조사에서 80%의 어린이들이 동물에 대한 꿈을 갖고 있는 반면, 같은 생각을 가진 어른은 20%에 불과한 것으로 나타났다. 브렌다 피터슨은 어른도 동물에 대해 생각하도록 일깨워야 할 뿐 아니라 어른에게 인간의 생득권인 꿈꿀 수 있는 권리를 되찾아주어야 한다고 주장한다. 어린이의 생명력과 그들이 평생 간직하며 지켜나갈 동정과 사랑의 약속은 이 세상을 더 나은 곳으로 만들기에 충분할 것이다.

우리 어린이들이 자연을 존중하도록 가르치자.

5
다섯 번째 계명

현명한 생명지킴이가 되자

Be Wise Stewards of Life on Earth

다섯 번째 계명으로 사람들에게 생명지킴이가 되어 자연과 조화롭게 살아가며 요람에서 무덤까지 우리의 발자국이 너무 크게 남지 않는 방법을 제시하고자 한다. 인간의 활동이 지구상에서 함께 살아가고 있는 다른 동물들에게 영향을 미치고 있다는 것을 항상 잊어서는 안 된다.

인간의 큰 두뇌와 발달된 기술로 우리는 모든 생명체 위에 군림할 수 있게 되었다. 기독교리에서도 이것을 당연시하고 있다. 왜냐하면 하나님은 사람에게 '바다의 고기와 공중의 새와 육축과 온 땅과 땅에 기는 모든 것을 다스릴' 권리를 주었기 때문이다. 그러나 많은 히브리 학자들은 '다스린다'는 말이 히브리 원어 'v'yirdu'의 잘못된 번역이라고 지적한다. 이 말은 원래 현명한 왕이 그 백성들을 잘 '지킨다'는 의미의 '다스림'을 뜻한다. 우리는 이 지구와 생명들에게 끼칠 수 있는 온갖 나쁜 것들만 생각하였고, 결국 창세기 1장 26절에 쓰인 말씀을 거역하게 된 것이다. 우리는 현명한 지킴이가 되지 못했다. 필요할 때에는 힘을 동원하여 우리보다 약한 자연과 다른 생명체들에게 사람의 의지를 행사했던 것이다.

인간 과밀의 영향

서구 물질주의의 탐욕과 만용 때문에, 그리고 가난과 절망 때문에 우리는 지구와 지구를 삶의 터전으로 살아가는 동물들에게 좋은 지킴이가 되지 못했던 것이 사실이다. 그 대신 우리는 생각 없는 정복자들처럼 지구를 황폐화시켰다. 인간은 고산지대에서 드넓은 초원, 그리고 푹푹 찌는 정글에 이르기까지 지구의 거의 모든 환경에 적응하여 살고 있다. 수백만 년에 걸친 신체적 진화를 통해 얻어져야 할 적응이 문화적 진화와 과학기술로 인해 단 몇 년 사이에 이뤄졌다. 그 도중에 끼어드는 야생동물들은 무자비하게 도살되고 추방되거나 노예처럼 길들여졌다. 그래서 우리 인간의 숫자는 점점 늘어나게 된 것이다.

인구증가로 인한 지나친 사냥, 환경파괴, 그리고 오염 때문에 다른 동물들은 숫적으로 밀려나 결국 멸종에 이르게 된다. 물론 인간이 활동하기 전 선사시대에도 동물들은 멸종했다. 인간이 나타나기도 전인 지난 6,500만 년 전 지구 위에서 번성했다가 절멸해버린 공룡이나, 70%에 이르는 다른 동물의 멸종에 대해 우리가 죄책감을 느낄 필요는 없다. 그들의 멸종 이유는 소행성이나 화산활동으로 인한 급격한 기후변화였기 때문이다.

그러나 지난 몇백 년 동안 인간은 일일이 열거할 수 없을 만큼 많은 동물들을 절멸시켜왔다. 인간에 의한 멸종률은 지난 6,500만 년 동안의 멸종률보다 훨씬 높으며, 심지어 우리가 멸종을 눈치채지 못한 동물들도 수없이 많다. 자연 멸종률은 1년에 100만 종 중 한 종 꼴이다. 그러나 인간에 의한 멸종은 1년에 100만 종 중 100~1,000종에 이른다. 그리고 매년 100만 종 중 한 종이 신종으로 기록되고 있다. 아무리 계산해도 이는 전혀 바람직한 상황이 아니다. 인간 활동에 의해 멸종되는 종보다 훨씬 적은 수의 종이 태어나고 있기 때문이다.

과거의 5대 멸종 과정을 살펴보면 생물다양성이 회복되는 데 약 1,000만 년이 걸렸다. 지금의 생물다양성은 다시 회복되지 않을 것 같다. 멸종률이 너무 높기 때문이다. 명백히 인간은 생물학적 진화의 미래를 바꿔놓았다. 북미에서만 해도 235종이 환경오염, 인간의 접근, 지나친 수확 때문에 위협받고 있다. 워싱턴 주의 퓨젯사운드 근처에서는 지난 20년간 40%의 나무들이 벌목되었는데, 이것은 매년 1,600톤의 오염물질을 제거할 수 있었던 양이다. 지난 20년간 미국이 대기오염으로 인한 질환에 1,000억 달러 정도를 소모했다는 사실도 이것과 무관하지 않을 것이다.

도도새는 사람들이 먹어치워 절멸했다. 나그네비둘기는 예전에 한 시간 동안이나 하늘을 까맣게 메울 정도로 큰 무리를 지어 이동하곤 했는데 지나친 사냥 때문에 이제는 한 마리도 남지 않았다. 대평원을 이불처럼 뒤덮던 들소들도 몇 마리를 제외하고는 절멸했다. 잘 알려지지 않은 많은 동물들도 우리 손에서 영원히 사라졌다. 열대우림에서는 지나친 벌목으로 무수한 곤충들과 식물들이 멸종되었고, 이 중 많은 수는 미처 '종'이 판정되지 않은 상태였다. 얼마 전 서부 아프리카의 숲에서는 미스 월드론의 빨간콜로부스원숭이가 영원히 사라졌다. 10~12년 이내에 아프리카와 아시아의 영장류들은 보호구역 내의 적은 수를 제외하고는 몽땅 사라질 위험에 처해 있다. 우리는 현재 잘 알려지지 않은 생명체들의 멸종뿐 아니라 아주 잘 알려져 있는 포유동물과 새들의 멸종이 시작되는 것을 지켜보고 있는지도 모른다. 에드워드 윌슨 교수의 말에 우리는 전적으로 동감한다. 인간으로 인한 생물다양성의 파괴는 다음 세대로부터 용서받지 못할 범죄이다.

그래도 인간의 숫자는 계속 불어나고 있다. 1999년 10월 12일 공식적인 세계 인구가 60억에 도달했다. 이는 1960년 인구의 두 배에 달하는 숫자이다. 그리고 다음 50년 동안 세계 인구는 30억이나 더 늘어날 전망이다. 생물학자 마이클 맥키니에 따르면 인구증가는 대륙 국가들에서 새와 포유동물 수 감소와 관련되어 있으며, 포유동물은 새보다 인간의 영향을 더 많이 받는다. 이 자료는 포유동물의 수에 149개국, 새의 수에 154개국의 자료가 조사된 만큼 믿을 만한 것이다. 그러나 인간의 환경 남용 때문에 물고기들도 큰 영향을 받아, 북미의 물고기들은 포유동물과 새보다 여덟 배나 더 높은 위험에 처해 있다.

국립공원과 보호지역

야생에서 살아가는 동물들이 사라지고 있다는 사실을 점차 깨닫게 되면서 전 세계적으로 국립공원과 보호지역이 설립되고 있다. 이처럼 다음 세대들을 위해 넓은 땅을 비워둘 수 있는 선견지명을 가졌던 사람들에게 고마움을 느낀다. 인구증가와 개발로 인해 이러한 국립공원밖에는 야생지역이 거의 남아 있지 않은 곳도 있다. 그러나 야생보호지역의 동물들도 인간 개입에 노출되어 있다. 미국의 몇몇 국립공원에서는 사냥이 허용된다. 밀렵도 전 세계적으로 벌어지고 있다. 밀렵꾼 중에는 수백 년 동안 자기들이 소유하고 있던 땅에서 먹고살아야 하는 가난하고 배고픈 사람들도 있지만, 코끼리 상아, 가죽 등을 팔아서 이익을 챙기려는 파렴치한 사람들도 있다. 후원금이 없고 부패관료나 정치적인 불안상태 — 때때로 전쟁으로까지 확대되는 — 때문에 야생보호법을 강행하기가 어려운 경우들도 있다.

공원 내 어떤 종의 개체군 크기가 할당된 지역의 제한 능력을 초과할 때에도 문제가 생긴다. 이것은 자연번식 때문에, 혹은 아프리카 코끼리처럼 야생에서 '안전한' 지역으로 이주해왔기 때문에 생기는 문제이다. 그 결과 동물들은 점차적으로 환경을 파괴하게 된다.

그래서 사람들은 동물들을 '관리'하는 것 — 어떤 때에는 '선별 도축'도 여기에 포함된다 — 이 필요하다고 믿게 되었다. 선별 도축이라는 말만 들으면 완곡하게 들릴지 몰라도 실제로는 정말 잔인한 것이다. 동물원에

팔릴 새끼 몇 마리를 제외한 코끼리 무리 전체가 도살되는 것을 찍은 영화는 차마 눈 뜨고 볼 수 없는 비참한 장면의 연속이었다. 동료와 새끼들을 지키려고 총부리 앞을 막아선 코끼리들의 두려움과 용기, 죽은 엄마의 시체 옆에서 겁에 질려 날뛰는 어린 코끼리들의 절규……. 틀림없이 더 나은 방법이 있을 것이다.

사냥이 스포츠인가

야생 관리에 대한 문제는 비단 국립공원에만 국한되는 것이 아니다. 세계 곳곳의 사슴 개체군은 야생 지역이 감소하면서 문제가 불거져, 도시가 사슴 서식처 깊숙이 파고들면서 사람과 사슴이 정면으로 부딪히게 된 것이다. 사슴들은 밤에 운전하는 사람들에게 대표적인 위험요소가 될 뿐 아니라, 정원이나 밭에 심어둔 작물들을 먹어치우기 때문에 유해동물로 인식된다. 물론 사슴의 입장에서 보면 위험요소는 바로 자동차들이고 그들의 먹이를 파괴하는 사람들이 오히려 유해동물일 것이다. 그렇다 할지라도 미국을 포함한 세계 각국에서 오랫동안 선택해온 해결책은 사냥허가증을 발급하는 것이다. 이로써 사슴의 수는 줄어들고 허가증 발급에 따른 이득은 증가하게 된다.

사냥꾼들 스스로 내놓는 사냥 반대론은 더 힘을 갖게 마련이다. 이들은 소위 '스포츠'라고 불리는 사냥에 대해 반대하는데, 유명한 야생 사진작가 톰 맨젤슨은 사냥을 '가장 지지하는 사람 중 하나'였다. 몇 년간 그는 사냥의 장점, 즉 야생동물 관리에 사냥이 얼마나 도움이 되는지 역설하곤 했다. 지나치게 늘어난 숫자를 '잡아들임'으로써 다른 동물들을 보호하는

데 쓰일 돈을 마련할 수 있다고 그는 주장했다. "이제 이런 얘기들은 진저리가 납니다"라고 톰은 말한다. 실제로 사냥꾼들의 돈으로 국립공원 일부가 유지되고 있는 것은 사실이다. 역설적으로 이런 국립공원은 보호지역이 아니다. 대신 사냥꾼의 총을 맞고 떨어지는 백조들을 포함한 무수한 새와 포유동물들의 도살장일 뿐이다.

최근 내가 버몬트에 있을 때 활 사냥의 장점에 대한 열띤 토론장에 참석한 적이 있었다. 나는 부자들에게서 돈을 훔쳐 가난한 사람들에게 나누어주는 로빈후드의 이야기를 듣고 자랐다. 로빈후드의 활 솜씨는 가히 전설적이지 않은가. 오늘날 활 사냥은 총을 사용하는 것보다 더 스포츠에 가깝다고들 이야기한다. 그러나 실제로 그것은 동물들을 더 원시적이고 잔인하게 죽이는 방법 중의 하나다. 로빈후드에 비할 정도로 능숙하여 사냥감을 빠르고 깨끗하게 죽일 수 있는 사냥꾼은 거의 없다.《애니멀 피플》의 편집자인 메릿 클리프튼에 의하면 버몬트에서 매년 3,000마리의 사슴이 화살에 맞아 상처를 입지만 수거되지 않는다고 한다. 텍사스와 일리노이에서 활동하는 활 사냥꾼은 두 마리 중 한 마리만 죽여 수거한다고 한다. 그와는 반대로, 총으로 사냥하는 사람들은 열여덟 마리에 한 마리 꼴로 상처를 입힌다.《활 사냥의 대안The Bowhunting Alternative》의 저자인 에이드리언 벤케Adrian Benke에 의하면 활 사냥으로 인해 사냥감이 불구가 되는 비율은 50% 이상이라 한다. 활이건 총이건 간에 상처를 입은 사슴들은 내출혈과 감염으로 인해 죽기 전 며칠 동안 극심한 고통을 겪어야 한다.

사슴 사냥은 미국 국영방송에서도 방영된다. 최근에 한 지프차 회사에서는 사냥을 반대하는 광고를 제작해 많은 동물보호단체로부터 호응을 얻었다. 지프차 지붕 위에 두 마리의 사슴이 올려져 있는데, '사냥금지' 표지판이 있는 곳에 이르자 운전자는 죽은 척하고 있던 사슴을 내려놓는다. '이제 안전하다'고 말하자 그 사슴들이 도망치는 내용의 광고였다.

포식동물이 사라지다

사슴의 수가 늘어나는 이유 중 하나는 자연상태에서 포식자가 조직적으로 제거되었기 때문이다. 미국 농림성 산하 야생동물관리국이 그러한 역할을 담당해 수십만 마리의 소위 '유해동물'들을 죽였다. 1999년만 해도 코요테 8만 5,000마리, 여우 6,200마리, 퓨마 359마리, 늑대 173마리를 제거했다. 야생동물관리국에서는 덫, 올무, 폭약, 독, 그리고 총까지 동원하였는데, 이것은 모두 극심한 고통을 유발하는 것이다.

모두 9만 6,000마리가 넘는 포식동물들이 '관리와 조절'이라는 이름하에 무자비하게 학살되는 동안, 가축의 사인 중 1%만이 포식이었으며 나머지 99%는 질병, 나쁜 기후조건, 굶주림, 탈수, 그리고 사산 등이었다. 제거의 대상이 된 많은 포식동물뿐 아니라 집에서 기르는 개와 고양이 같은 동물들도 불가피하게 죽고 상처를 입었다. 그러나 미국 내 많은 주의 여러 야생관리국들은 포식동물 제거 작업을 계속하고 있다. 그 결과 사슴과 같은 동물들은 그 수가 지나치게 늘어났고, 야생관리국들은 그들을 '조절'하기 위해 사냥꾼들에게 많은 허가증을 팔아 더 많은 돈을 긁어모으고 있다.

수 년 동안 늑대를 제거하자는 캠페인에 의해 늑대들은 무참히 학살되었다. 그리고 원 서식처의 여러 곳에서 늑대들은 사라졌다. 사람들은 자동차와 헬리콥터를 타고 늑대에게 총구를 겨눴으며, 덫을 설치해 잡거나 독살시켰다. 늑대들은 가축을 죽인다고 비난의 대상이 되었고 인간의 생명을 위협하는 존재로서 공포의 대상이 되었다. 이와 비슷한 '범죄행위'가 퓨마에 대해서도 자행되었다. 실제로 미국에서 늑대가 사람을 죽인 예가 보고 된 바는 없다. 딱 하나의 예도 광견병에 걸린 늑대에 의한 것이었다. 그리고 퓨마가 사람을 공격하는 보고는 거의 없다. 1890년 이래로 열일곱 명이 사망했는데 인간이 퓨마의 영역에 더 깊이 파고들어간 지난 10년간 사망한 수는 그 중 일곱 명에 불과하다. 집에서 기르는 개에게 공격받은 경우가 훨씬 더 많다.

와이오밍 주에서는 30달러면 사냥꾼이 퓨마를 잡는 데 필요한 허가증을 살 수 있다. 와이오밍 수렵 관리직원들이 신뢰할 수 없다고 말한 보고에 의하면, 해마다 잡을 수 있는 퓨마의 수는 2001년에 두 마리에서 스무 마리로 늘어났다. 와이오밍에서 퓨마의 사냥 기간은 6개월 동안이며, 새끼와 함께 있는 어미와 한 살 이하의 새끼를 사냥하는 것은 법으로 금지되어 있다. 그러나 사냥 기간에는 75%의 암컷들이 새끼를 기르고 있으며 어미가 없는 새끼들은 넉 달을 넘기지 못한다. 따라서 사냥꾼이 암컷 퓨마를 사냥하는 것은 결국 새끼를 죽이는 것이 되므로 범법행위가 되는 것이다.

캘리포니아에서는 마거릿 오우잉즈의 노력 덕분에 유일하게 퓨마가 보호받고 있다. 텍사스에서는 아예 관련 법규마저 없어서 어린 새끼를 데리고 있는 퓨마들이 1년 내내 어떤 방법으로든 사냥할 수 있다. 개로 사냥하건, 차를 타고 총과 활로 사냥하건, 덫을 놓건, 독약을 놓건 말이다. 텍사스는 전체 면적의 70% 이상이 사유지이기 때문에 보다 인도주의적인 사냥 법규를 밀어붙이기에는 어려운 면이 있다. 콜로라도에서 퓨마는 개로 사냥할 수 있으나, 2001년 워싱턴 주에서는 격년으로만 사냥을 허용하도록 금지조항을 강화했다. 오리건 주 어류 및 야생동물관리국의 과학자들은 섭식행동의 연구와 오리건 주 엘크 개체군 감소현상이 포식과 영양부족 때문이었는지 판단하기 위하여 퓨마를 서른두 마리나 잡아들였다.

사람들이 이런 문제에 눈을 뜨게 되어 늑대, 곰, 퓨마와 코요테, 살쾡이 등이 생태계 내에서 수행하고 있는 역할을 존중해주고, 제거대상이나 사냥꾼들의 돈벌이 대상이 아니라 다음 세대를 위해 보존되어야 할 소중한 자산으로 인식되기를 바랄 뿐이다.

신체 일부를 얻기 위한 도살

코끼리의 상아와 코뿔소의 뿔, 그리고 무수한 동물들의 가죽을 얻기 위해 자행되는 사냥과 마찬가지로 비극적인 것은 티베트 영양에 대한 끊임없는 사냥이다. 불행하게도 티베트 영양의 털은 샤투쉬라고 불리는 숄을 만드는 데 쓰이는데, 샤투쉬는 아주 고운 털만으로 만들기 때문에 그 수요를 충족시키기 위해 티베트 영양 수만 마리가 도살된다. 영양 한 마리에서 털 150그램밖에 나오지 않기 때문에 많은 영양이 단지 숄 하나 만드는 것 때문에 죽어야 하는 것이다. 그 숄은 뉴욕, 런던, 파리 등지에서 수천 달러에 팔린다. 그렇기 때문에 티베트의 고산지대와 인도의 라다크 지역에만 서식하는 티베트 영양이 그 지역뿐 아니라 전 세계적으로 보호받고 있는데도 불구하고 끊임없이 밀렵되고 있다. 눈 위에 40~50개의 영양 가죽과 핏덩이 시체가 놓여져 있고, 그 옆에서 스무 마리 가량의 새끼들이 절박하게 엄마를 찾고 있는 가슴 저미는 광경도 목격되었다. 이 아름다운 영양들은 이제 거의 멸종상태에 놓여 있다.

샤투쉬의 불법거래는 호랑이의 멸종과도 관련되어 있다. 호랑이 뼈는 중국, 한국, 그리고 일본의 전통의약 시장에 공급된다. 이 중 많은 수가 티베트를 거쳐 중국으로 수입되는데, 티베트 상인들이 인도에 가서 샤투쉬를 팔기 위하여 호랑이 뼈와 샤투쉬를 물물교환하기 때문이다. 티베트를 거쳐 인도로 간 샤투쉬는 부유한 소비국가들로 불법 수출된다.

야생고기 거래

침팬지들의 먹이 중 육류가 차지하는 비율은 2% 정도밖에 안 되지만 그들은 매우 능숙한 사냥꾼이다. 먹기 위하여 야생동물을 사냥하여 죽이는 것은 고대인류의 생활방식이었다. 최근까지 이러한 사냥은 야생 개체군에 그리 큰 위험요인이 되지 않았으나, 인구가 증가하면서 사냥에 의해 죽는 동물의 숫자도 늘어나게 되었다. 그렇다고 하더라도 20세기 초반부터 전 세계 야생동물들을 위협하는 가장 큰 요인들은 방대한 '제거 프로젝트(북미와 유럽에서 늑대를 제거하기 위한 노력과 같은)', '스포츠' 사냥, 동물원, 서커스, 이국적 애완동물(새, 파충류, 산호초 어류는 운송 기간 동안에 80%정도가 죽는다) 수요에 의한 살아 있는 동물거래, 의학 연구 등이다. 그리고 상아, 코뿔소 뿔, 그리고 효험이 있다고 믿어지는 동물 신체 일부의 불법거래도 물론 야생동물을 위협하는 요인이다.

21세기에 들어선 오늘날 상황 역시 매우 비관적이다. 상업화된 야생동물 사냥 및 판매(야생고기 거래)와 아시아, 신대륙 열대우림, 아프리카 우림 등지의 서식처 파괴가 많은 야생동물들을 멸종으로 내몰고 있다. 아프리카 영장류의 마지막 보루인 중부 아프리카의 콩고 강 유역에서는 벌목회사(아프리카 계는 하나도 없음)와 채광회사들이 이전에는 들어가지도 못했던 우림의 한가운데까지 도로를 만들었다. 이 도로로 인해 숲에서 숯과 땔감이 될 나무가 베어지고 올무가 설치되는가 하면 사냥꾼들까지 몰려들게 되었다.

숲 깊숙한 곳까지 사냥꾼들이 트럭을 몰고 들어가서는 며칠 동안 야영하면서 코끼리, 고릴라, 침팬지에서 큰 새들, 설치류에 이르기까지 갖가지 동물들을 잡아들이고 이 시체들을 햇볕에 말리거나 훈제처리해서 시내로 갖고 나온다. 이 고기는 가난한 사람들에게 판매되는 것이 아니라, 야생고기를 맛보려는 도시인들의 문화적 심리를 충족시키기 위한 것이다. 시내에서는 침팬지나 야생 영양의 고기가 비슷한 크기의 소고기나 닭고기보다 훨씬 더 비싸게 팔린다. 게다가 2,000명 가량의 벌목공 가족들이 먹을 고기를 제공하기 위해 수백 년 동안 숲 속에서 자연과 조화롭게 살아가던 순진한 피그미 원주민들마저 사냥해주고 돈을 받는다. 이 중 어떠한 것도 지속될 수는 없다. 그 순진한 사람들은 벌목공들이 이동하고 나면 더 큰 고통을 받게 될 것이다.

야생고기 거래를 관리하는 데 각국이 협력하여 조처를 취하지 않으면, 향후 10~15년 사이에 아프리카 중서부 숲에서 모든 영장류와 많은 동물들이 멸종할 것이다. 나도 최근에서야 그 문제가 심각하게 복잡하다는 것을 깨달았다. 아프리카 국가들의 경제 중 얼마나 많은 부분들이 야생고기 판매에 의존하고 있는지, 야생고기 거래의 관리와 그에 관한 국가 법규의 강화가 얼마나 어려운지를 말이다. 특히 이들 국가들은 모두 정치적으로 매우 불안하여 종종 분쟁이 일어나기도 하며 관료들의 부패도 심각한 실정이다. 아시아와 남미에도 비슷한 문제들이 산재해 있다.

쉬운 답은 없다. 그러나 우리는 이 아름다운 숲과 동물들, 그리고 삶의 터전과 삶의 방식이 너무나도 많이 바뀌어버린 사람들의 미래를 보호하기 위하여 방법을 찾아야만 한다. 과감하고 창조적인 시도를 하루빨리 실행해야 한다. 야생동물보전협회와 제인구달연구소와 같은 몇몇 환경보전단체들은 이미 이 문제를 해결하기 위한 프로그램을 시작했다. 제인구달연구소의 콩고 강 유역 프로젝트는 벌목공들과 그 가족들에게 수렵동물농장과 같은 대안을 제시하는 방법을 연구 중이다. 사냥꾼들에게도 돈을 벌 수 있는 대안이 필요하다. 도시에 사는 사람들에게도 현재의 고기 소비방식이 오래 지속될 수 없음을 이해시키는 교육이 필요하다.

제인구달연구소의 콩고 강 유역 프로젝트는 지역 사냥꾼들과 시장에서 야생고기를 파는 사람들, 특히 규제되지 않은 사냥에 자신의 미래를 맡길 수 없다는 것을 인식하기 시작한 여성들을 대상으로 연구를 계속하고 있다. 벌목회사들을 설득하여, 현재는 우림 내 나무들의 지속 가능성에 대해서만 언급하고 있는 규정에 야생동물 보호에 관한 규정을 추가하도록 노력 중이다. 그리하여 콩고 강 유역뿐 아니라 서부 아프리카의 회사들이 벌목지역 내 불법적인 사냥과 도로에서 야생고기 운송을 금지하도록, 그리고 벌목공들과 가족에게 대안 단백질원을 제공하게 되기를 바란다.

현재 우리는 야생동물들과 사람의 미래가 걸려 있는 숲의 건강에 야생고기 사냥이 얼마나 큰 위협이 되고 있는지에 대해 정부와 지역 주민들에게 알리고 있으며, 이 위기에 대한 대중의 인식을 넓힐 뿐 아니라 다른 비정부기구들에게도 알리고 있다. 아프리카 정부가 그들의 야생동물 관련 법규를 개선하고 강화하도록 설득하는 것이 시급하며, 선진국들과 국제협력기구들도 아프리카 국가들이 안전한 보전 정책을 수립할 때 국제

협조와 투자를 보장하도록 방법을 강구해야 할 것이다. 제인구달연구소는 이러한 문제를 다루고 있는 국제연합 개발 프로그램에 참여하고 있다.

제인구달연구소의 크리스티나 엘리스는 북미와 유럽 사람들이 중부 아프리카의 야생동물 위기에 간접적으로나마 영향을 줄 수 있는 물품들을 구입하지 않도록 하는 소비자 안내 책자를 제작하고 있다. 이 문제를 직접 다루고 있는 회사 중에는 재활용 나무만 사용하는 콜로라도 포트 콜린즈의 재활용목기회사Rescued Wood Bowl Company가 있다. 열대우림보호협회에서 자원봉사활동을 하고 있는 존 로니와 그 동료들은 목재 사용을 줄이는 대신 재활용 플라스틱, 대나무 등을 사용하도록 권장하는 운동을 벌이고 있다.

콜탄과 휴대폰

자원 남용으로 인한 동물집단의 감소는 눈에 띄지 않을 때가 많다. 콜탄의 예를 들어보자. 콜탄은 휴대폰이나 컴퓨터 등 많은 전자기계의 코팅에 쓰이는 탄탈룸의 원료이며 탄광에서 삽으로 쉽게 채취된다. 그리고 이 탄광은 콩고 공화국의 카후지-비이가 국립공원에 있다. 이 탄광 때문에 지난 몇 년간 저지대 고릴라의 숫자가 50%나 감소했고, 코끼리는 거의 절멸했다. 휴대폰 코팅은 다른 원료로도 가능하다. 소비자들은 탄탈룸으로 코팅된 휴대폰을 사지 말아야 한다. 실제로 국제연합은 불법 채굴된 콜탄을 사용하는 회사 제품에 대한 불매운동을 지지했다. 우리가 사지 않으면 그들도 만들지 않을 것이다.

동물복원 프로그램

동물들이 원래 살았던 지역에 동물들을 복원하려는 노력이 세계 각국에서 진행 중이다. 가장 잘 알려진데다 성공적이었던 예는 옐로우스톤 국립공원의 늑대 복원 작업이다. 처음 이 계획이 공표되었을 때에는 상당한 반대에 부딪혔으나, 복원 과정이 신중하게 계획되어 농장주인, 목장주인, 관광객, 그리고 가장 중요한 늑대의 입장이 모두 반영되었다. 복원 과정은 시작 단계에서 화가 난 농장주들이 몇 마리 늑대를 쏴 죽인 것을 제외하고는 비교적 순탄하게 진행되었다. 현재 늑대들의 수는 늘어나고 있으며 이들은 옐로우스톤 국립공원의 생태계에서 오랫동안 누려왔던 포식자로서의 역할, 즉 피식동물의 개체군을 건강한 상태로 유지하는 역할을 충실히 해내고 있다. 연구원들은 스위스의 발레에 유럽 늑대를 복원하기 위해 서식지들을 조심스레 검토 중이다. 이러한 조심스런 연구 없이는 복원 프로젝트가 실패하기 쉽다.

루시의 이야기는 우리에게 무엇이 잘못인가를 시사한다. 루시는 캐나다 살쾡이 어른 암컷으로 북부 브리티시컬럼비아 지역에 살고 있었다. 어느 추운 겨울 아침 루시는 먹이 사냥에 나섰다가 자신의 영역을 침범한 사람들을 피하려다 그만 덫에 걸리고 말았다. 딸깍! 루시는 왼쪽 앞발이 덫에 걸려 쓰러졌다. 미친 듯이 발버둥쳤지만 덫은 더 깊숙이 루시의 발을 조였고 더 이상 걸을 수 없을 정도로 깊은 상처를 남겼다. 다행스럽게도 루시의 다리는 부러지지 않았다. 사람들이 다가와 마취총을 쐈고 발신 장치를 단 목걸이를 루시의 목에 달아 상자에 넣어 트럭에 실었다.

루시는 트럭에 실려 콜로라도 남서부까지 옮겨졌다. 여기서 루시는 다른 살쾡이들과 함께 몇 주 동안 우리 안에 가두어졌다가 야생으로 방사되었다. 콜로라도 남서부는 살쾡이들이 가장 즐겨 먹는 토끼가 매우 드문 불모지나 다름없는 지역이다. 루시는 방사된 지 닷새 만에 굶어 죽었다. 루시와 함께 방사된 다른 살쾡이 세 마리도 방사 직후에 죽어버렸다. 이들은 고향 브리티시컬럼비아에서 잘 살고 있다가 적절한 먹이도 없는 생태계로 이주시키려는 사람들의 쓸데없는 노력 때문에 죽게 된 것이다.

루시의 죽음은 복원 프로젝트가 시작되기 전에 알려졌지만, 그 이후에도 많은 살쾡이들이 콜로라도에서 죽음을 맞았다. 2002년 3월까지 복원된 아흔여섯 마리 중 마흔 마리 이상의 살쾡이가 죽었다. 이 중 아홉 마리는 굶어 죽었고, 다섯 마리는 총에 맞았으며, 또 다른 다섯 마리는 차에 치여 죽었다. 번식하는 살쾡이는 아직도 관찰되지 않았다. 이것은 콜로라도 살쾡이들의 어두운 미래를 암시하는 것이다.

무분별한 외래종의 유입

인간이 일으킨 걱정스런 문제 중 하나는 세계 각국의 동식물들을 이리저리 옮긴 일이다. 우리는 이로 인한 특정지역의 동물집단 파괴를 너무나 잘 알고 있다. 무역선박을 타고 온 고양이나 쥐가 남겨지는 경우, 가축 돼지가 도망쳐 야생에 살아남는 경우처럼 우발적으로 벌어지기도 하지만 대부분은 고의적이다. 사람들은 다른 곳으로 이민 갈 때 고향의 물건들을 가져가고 싶어하는데, 그런 이유로 북미에 유럽 제비가 옮겨져 살게 된 것이다. 또 문제를 해결하기 위하여 새로운 동물들을 도입하기도 한다. 버진 군도에서 뱀들을 죽이기 위하여 몽구스들을 도입한 것처럼 말이다. 이

몽구스들은 급속히 퍼져 땅바닥에 둥지를 트는 새들의 알을 먹어치워 그 지역을 황폐화시켜버렸다. 호주에서는 외투를 만들거나 말을 탄 채 개를 이용하여 사냥을 즐기기 위해 여우를 도입하였는데, 지금은 몸집이 작은 유대류를 위협하는 존재가 되고 말았다.

섬 생태계는 외래 동물들에 매우 취약하다. 캘리포니아 군도에서는 야생 돼지 도입으로 인해 돼지를 잡아먹는 황금독수리들이 늘어나게 되었다. 그러나 이 독수리들은 그 섬의 고유종인 여우도 잡아먹어 멸종위기에 처하도록 만들었고, 이로 인해 섬의 스컹크 개체군이 증가했다. 외래종인 야생 돼지 때문에 섬 전체의 먹이그물이 달라졌고 본래의 포식동물이 피식자가 되었다.

몸집이 큰 포식어류들이 몇몇 아프리카 호수에 도입되었는데, 그 목적은 지나친 낚시로 인해 감소된 어류 개체군에 영향을 줄 수 있는 몸집이 작은 포식어류의 수를 조절하려는 것이었다. 몸집이 큰 포식어류가 작은 포식어류는 물론, 다른 어류들까지 몽땅 잡아먹어버려 결국 굶주리게 되었다. 또 야외연회가 벌어진 후 음식쓰레기를 처리하기 위하여 잔지바 Zanzibar에 도입된 인도산 집까마귀들은 연회에서 음식을 먹고 있는 손님들에게 날아드는 골칫거리가 되었다. 당국에서는 이들을 제거하려고 했지만, 제거 자체가 불가능했을 뿐 아니라 이들 중 몇 마리는 7킬로미터를 날아 고향 탄자니아 대륙으로 돌아가버리기까지 했다. 1970년대에 나는 갈가마귀처럼 생긴 이 까마귀들을 처음 보고는 무슨 새일까 궁금했었는데, 갑자기 놀라운 속도로 이들의 수가 불어나더니 몇 년이 지나지 않아 원래 그 지역에 살던 새들의 숫자가 급격히 줄어들었다. 수백 년 동안 매일 아침 거친 목소리로 햇살을 반기던 갈가마귀들은 더 이상 이 작고 약삭빠른 침입자의 경쟁상대가 아니었다. 이제 갈가마귀는 다른 새들처럼 사라졌다. 새로 들어온 까마귀들이 알과 새끼를 끊임없이 먹어치웠기 때문이다. 결국 정부에서 이 인도산 까마귀의 목에 현상금을 걸었고 정원에는 까마귀 덫이 여기저기 설치되었으나 그들의 수는 여전히 불어나고 있다.

내가 뉴욕 주 버펄로에 있을 때 털부처꽃이 도로 옆 배수구와 하천, 그리고 습지를 점령했다는 이야기를 들었다. 꽃이 참 예쁘기 때문에 털부처꽃은 정원 화초로 팔리기도 하고 습도가 맞으면 온 정원을 가득 메우곤 했다. 화원에서는 인기가 좋은 이 털부처꽃을 계속 팔고 있다. 털부처꽃이 온 천지에 씨를 뿌리고 있는데도 말이다. 이런 비슷한 이야기는 전 세계에 수백 가지도 넘는다.

자연에 대한 개입인가 혹은 도움인가

1960년에 시작하여 곰비 계곡의 침팬지를 장기적으로 연구하는 동안 우리는 아픈 침팬지와 비비원숭이들을 치료해보려 했었다. 연구대상 중에서 염증이 심한 침팬지나 비비원숭이에게 항생제를 주사했고, 필요한 경우에는 구충제도 먹였다. 1966년에는 공원 내 침팬지들에게 소아마비가 퍼졌다. 우리는 즉시 먹는 백신을 준비해 바나나에 몇 방울 떨어뜨려 3주 동안 모든 침팬지에게 투여했다.

또 어른 암컷 질카가 이름 모를 곰팡이에 감염되어 코, 미간, 눈꺼풀이 이상하게 부풀어올랐을 때, 질카를 마취시키고 조직을 절개하여 약물을 투여했다. 고블린의 음낭에 종기가 생겼을 때에도 마취시켜 절개하고 항생제를 투여했다. 밀렵꾼의 올무에 한쪽 손이 걸린 로레타의 손은 너무 심하게 썩어버려 결국 절단해야 했다. 곰비의 비비원숭이들이 매독과 비슷한 성병으로 고생하고 있을 때, 우리는 페니실린을 다량 투여해야 상태를 호전시킬 수 있다는 수의사의 충고를 받아들였다. 장장 150마리에 달하는 세 무리의 비비원숭이들이 마취 후 치료를 받았고 아무도 죽지 않았다.

거의 모든 강의에서 나는 이러한 개입에 관한 질문을 받는다. '자연에 개입하면 안 된다'고 생각하는 사람들이 있다. 그러나 우리는 이미 너무 깊이 자연에 개입되어 있으며, 우리가 치료한 많은 질병들은 침팬지와 비비들이 인간과 가까이 지내지 않는다면 발생하지 않을 것들이다. 유전학적인 관점에서 모든 침팬지들은 소중하다. 곰비 계곡에는 120마리밖에 남지 않았고 이들은 다른 그룹과는 격리되어 있기 때문이다. 옛날에는 침팬지 암컷들이 곰비 집단에서 외부로 이주하곤 했지만, 오늘날 80평방킬로미터의 작은 곰비 국립공원 주위의 숲은 모두 사라져 농지가 되었으며, 그 곳에 살던 침팬지들도 모두 사라졌다.

곰비를 포함해서 침팬지 연구가 진행 중인 다른 지역에도 지역 수의사들이 동원되고 있다. 침팬지, 보노보, 고릴라들은 모두 인간의 감염성질병에 걸릴 수 있다. 모두 멸종위기에 처해 있고, 감소하고 있는 유전자군을 고려할 때 개체 한 마리 한 마리가 모두 소중하다. 그러나 내가 관찰을 시작한 1960년대 초만 해도 상황은 이렇지 않았다. 침팬지 서식지는 탕가니카 호숫가를 따라 내륙 동쪽 절벽지대까지 펼쳐져 있었다. 당시에도 나는 가능하면 침팬지들을 치료하려 했다. 순수하게 인도주의적인 목적에서 말이다. 나는 늘 고통받는 동물을 도우려고 했다. 인간은 너무 많이 자연에 개입하였고 수백만의 동물들에게 엄청난 고통을 안겨주었지만, 우리가 할 수 있는 최소한의 행동은 우리가 할 수 있을 때, 그리고 우리의 도움이 동물들에게 또 다른 종류의 문제를 일으키지 않는다는 확신이 있을 때 그들을 돕는 것이다. 야생 개들을 마취시켜 급성전염병 백신을 투여하였는데, 그것이 개들의 면역체계를 파괴하여 오히려 다른 질병에 걸리게 하는 결과를 낳았던 것과 같은 실수를 저지르지 않도록 말이다.

지구 헌장

지난 20년간 이 아름다운 행성 지구의 미래를 걱정하는 사람들이 많은 기구들을 설립하였다.

'지구 헌장'은 지구의 생명체와 환경의 현명한 지킴이가 되고자 하는 세계적인 노력을 위해 만든 국제기구 중의 하나이다. 지구 헌장은 지속가능한 개발을 위한 기초 원칙을 담고 있다. 그 웹 사이트는 다음과 같이 지구 헌장의 역사와 목적을 설명하고 있다. '지구 헌장의 기초는 1992년 리우 회담에서 마무리되지 않은 일 중의 하나였다. 1994년 리우 회담의 간사인 모리스 스트롱과 국제녹십자 회장인 미하일 고르바초프는 네덜란드 정부의 도움을 얻어 새로운 지구 헌장의 기초를 마련했다. 그리하여 1997년에 지구 헌장 위원회와 지구 헌장 사무국이 코스타리카에 설립되었다. ……지구 헌장은 2000년 6월 29일 헤이그의 평화궁전에서 공식적으로 시작되면서 새로운 국면을 맞게 된다. 앞으로의 임무는 생겨나고 있는 국제기구들을 대상으로 든든한 윤리적 기초를 마련하고, 자연 존중, 세계 인권, 경제적 정의, 그리고 평화의 문화가 전 세계에 뿌리내릴 수 있도록 돕는 것이다.'

우리가 지구상에서 어떻게 살아가고 자연자원들을 얼마나 필요로 하는가를 끊임없이 생각하는 자연지킴이가 됨으로써 모든 생명체가 공존할 수 있는 더 나은 세상을 만들 수 있다. 그렇다면 우리는 더 당당해진다. 각자 나름대로 할 수 있는 것은 매우 많다. 희망을 갖고 포기해서는 안 된다. 무엇보다 각자가 배운 것을 다른 사람과 나누고 서로 북돋으며 지구의 든든한 지킴이가 되어야 한다.

그러나 시간이 얼마 없다. 서둘러야 한다. 그렇지 않으면 너무 늦어버릴 테니까.

6

자연의 소리를
소중히 여기고 보존하자

Value and Help Preserve the Sounds of Nature

여섯 번째 계명은 지구에 사는 복잡한 생명체들의 그물에 우리 인간이 던져놓은 엄청난 위험요소들에 대한 것이다. 우리 인간 때문에 아름다운 동물들의 목소리가 지구상에서 사라지고 있다. 이미 멸종한 동물들을 다시 살려낼 수는 없다. 그러나 오염을 줄이고 환경파괴를 줄여 남아 있는 자연의 아름다움을 지키도록 더 열심히 노력할 수는 있다.

침묵의 봄

1962년에 레이철 카슨Rachel Carson은 《침묵의 봄Silent Spring》(이 책은 우리말로 번역되어 나와 있다 — 옮긴이)을 출간했다. 레이철은 살충제와 화학비료 때문에 점점 더 많은 야생동물들이 들판과 정원에서 사라질 것이라고 예측했다. 오늘날 DDT와 그로 인한 장기적인 환경파괴는 이미 잘 알려져 있으며, 사람들은 살충제와 다른 합성화학물질, 산업 및 농업 폐기물, 그리고 모든 의약품들이 어느 정도는 토양, 물, 그리고 대기를 오염시킬 것이라는 사실을 알고 있다. 그러나 1960년대 초반 당시 레이철은 혼자였다. 아무도 믿어주지 않았기 때문이다. 레이철은 끊임없이 실험을 계속했고, 그의 연구를 비과학적이고 너절한 것이라 비방했던 거대한 살충제산업에 맞서 꾸준히 싸워나갔다.

레이철이 옳다는 것이 여러 차례 증명되었음에도 불구하고, 우리는 여전히 합성화학물질들을 자연에 쏟아 붓고 있다. 장기적인 영향은 예측하지도 못한 채 말이다. 이로 인해 고통받는 것은 야생동물뿐만이 아니다. 산업화된 국가에서 살아가는 우리 인간들 역시 50년 전까지만 해도 우리 몸에 없던 화학물질을 지금은 50가지 이상이나 갖고 있다. 심하게 오염된 지역에 사는 사람들 중에는 암, 특히 소아암, 그리고 천식으로 고생하는 사람들이 늘어났다. 서부 유럽 일부와 다른 개발도상국가들의 사정은 더욱 좋지 않다.

레이첼 카슨은 이미 경보를 울렸고 다행스럽게도 소신을 갖고 있었다. 그러나 레이철은 자신의 메시지를 전달하기도 전에 힘든 전투에 지쳐버렸다. 정부와 공장들은 이 사태를 쉽게 무마하기 위해 레이철의 결과가 공개되지 못하도록 했다. 레이철의 책이 전 세계적으로 엄청난 반향을 불러일으키기는 했지만, 많은 사람들은 들으려 하지 않았다. 오늘날에도 마찬가지다. 우리는 자연을 지배하려 하고, 다른 꼬물거리는 짐승들과는 다르다고 생각하며, 정원의 화초와 야채에 기어다니는 애벌레들을 떼어내 아무 것도 자라지 못하는 삭막한 정원을 즐기고 싶어한다. 그래서 봄날은 조용하게 흘러가고 갈수록 더 조용해진다.

어린 시절을 보냈던 영국의 바닷가 마을에서 나는 새벽 네 시에 울려 퍼지는 새들의 합창 소리에 잠을 깨곤 했다. 그렇게 많은 새들이, 그것도 한꺼번에. 가장 절정에 이르렀을 때에는 어떤 종의 목소리인지 구별할 수 없을 정도였다. 그러나 지금은 과거의 영광만이 남아 있다. 점점 더 적은 종류의 새들이, 그리고 점점 더 적은 수의 새들이 남는다. 옛날에는 저녁 때가 되면 고슴도치가 나뭇잎을 스치고 지나가는 소리를 들을 수 있었는데 지금은 들리지 않는다. 어린 시절 우리집 마당에 우글거리던 곤충들은 사라지고 지금은 가장 강한 녀석들만 살아남아 돌아다니고 있다. 그나마 우리집은 바닷가 마을의 주택가였다. 전 세계 공장 지대에서는 요란한 기계 소리와 자동차 소리 때문에 동물들의 목소리가 사라진 지 오래다.

내가 사랑하는 아프리카에서는 인구가 증가하고 숲이 사라져 사막이 늘어나며, 동물들이 점점 사라지거나 아니면 조각난 구석으로 쫓겨나면서 자연의 소리는 엄청나게 빠른 속도로 사라져가고 있다. 콩고의 브라자빌을 여행할 때 숲 속을 달리다가 잠시 차를 멈췄다. 숲의 깊은 곳까지 혼자 걸어 들어가다가 나는 동료들의 소리가 들리지 않자 멈춰 섰다. 뭔가 이상했다. 뭐가 잘못된 걸까? 그제야 나는 깨달았다. 그것은 침묵이었다. 새소리도, 새들이 먹이를 찾으려고 나뭇잎을 뒤적이는 소리도, 나뭇가지들 사이로 날아드는 날갯짓 소리도, 아무 것도 들리지 않았다. 영양의 소리도, 원숭이들의 울음소리도 들리지 않았다. 잔잔한 날의 정적을 깨는 것은 벌레들의 윙윙거리는 날갯짓 소리뿐이었다. 모두 인간의 사냥으로 사라져버린 것이다.

나는 곰비 계곡에서 아침 일찍 나만의 봉우리에 올라 제가끔 목청을 돋우어 세상에 자신의 존재를 알리는 침팬지들의 팬트 후트를 듣는 것을 좋아한다. 이 소리는 침팬지가 내는 소리 중 가장 음악과 가까운데, 날개 아래쪽이 화려한 진홍색이고 눈 주위가 샛노란색이며 머리에 반달모양의 관처럼 생긴 깃털이 있는 새 투라코들의 합창으로 종종 이어지곤 한다. 비비들이 컹컹 짖고 꿀꿀거리는 소리도 들리고, 붉은꼬리원숭이나 붉은콜로부스원숭이들의 새의 노래와 거의 비슷한 울음소리도 들린다. 침팬지들은 하루를 마감하는 저녁에 부른 배를 안고 삶의 만족감에 젖어 각자 보금자리에 앉아 팬트 후트를 한다. 한 무리가 시작하면 남쪽 계곡 너머로 다른 무리의 답이 들려온다. 그러면 동쪽 산자락에서 또 다른 무리의 소리가 들려온다. 숲 속의 천국이 따로 없었다. 이 광경을 머릿속에 그리면서 나는 차로 돌아오는 길에 눈물을 흘리지 않을 수 없었다.

콩고의 곰비 근처에는 원래 코끼리들이 많았는데 사냥으로 인해 오래 전에 사라졌다. 생물학자 케이티 페인Katy Payne은 코끼리들이 사람이 들을 수 없는, 고래처럼 아주 먼 거리까지도 의사소통 할 수 있는 초음파 언어를 갖고 있다는 것을 처음으로 알아냈다. 코끼리들은 트럼펫 소리도 낸다. 아프리카 숲 속에서 장중하게 울려 퍼지다가 메아리쳐 침묵 속으로 사라지는 가장 멋진 소리 중 하나다. 또 점박이 하이에나들의 낮게 깔리는 우우 소리나 신경질적으로 껵꺽거리는 소리도 있다. 그러나 지금 아프리카 전역에서 이런 소리들은 하나둘씩 사라져가고 있다. (한반도에서 사라져가고 있는 아름다운 소리들을 묶은《한국의 아름다운 소리100 — 환경부가 선정한 한국의 소리》(한국방송출판, 2002)가 있다 — 옮긴이)

자연의 소리가 사라져가는 것은 땅 위에서만 벌어지는 일은 아니다. 남편 로저 페인Roger Payne과 고래를 연구한 케이티는 "세계는 깊은 목소리들을 잃어버리고 있다. 가장 값진 소리 중 하나인 고래의 노랫소리를 포함해서 말이다"라고 말한다. 곱등고래의 노랫소리는 내가 들어본 것 중 가장 아름답고 오랫동안 머릿속에 맴도는 소리 중 하나다. 비록 녹음된 소리만 들을 수 있지만 말이다. 곱등고래를 연구하는 사람들 덕분에, 이들의 소리는 질서정연하고 반복되는 부분이 있는, 명금류의 소리와도 유사한, 진정한 '노래'임이 밝혀졌다. 그리고 이들은 끊임없이 새로운 노래를 만들어낸다. 가장 놀라운 것은 하와이의 곱등고래들이 노래의 패턴을 바꿀 때 저 멀리 아조레스Azores(포르투갈 앞바다에 있는 군도-옮긴이) 지역의 고래들도 같은 식으로 노래의 패턴을 바꾼다는 것이다.

지구를 독살하다

1947년 쏘어 헤위에르달Thor Heyerdahl이 자신의 뗏목 '콘티키 호'를 타고 남미에서 폴리네시아로 건너갈 때, 그는 태평양 한가운데에서 인간에 의한 오염의 징후인 기름 몇 방울을 보고 놀랐다고 한다. 오늘날 칠대양은 모두 오염되고 말았다. 우리는 고래와 돌고래들이 먹는 플랑크톤과 물고기들을 오염시켰다. 세인트로렌스 해협의 오염도는 매우 심각하여 퀘벡 시 관계 당국에서는 모든 흰돌고래들이 "중독되었다"고 발표했다. 그래서 흰돌고래들이 죽어 해안으로 떠밀려오면 모두 폐기처분 해야 한다. 이것은 제너럴모터스, 레이놀즈 금속, 그리고 알코아의 공장들이 수십 년 동안 세인트로렌스 강으로 흘려보낸 PCB라는 중금속과 다른 오염물질들 때문이다. PCB는 흰돌고래에게 방광암, 피부염, 위암 등을 유발시키고, 새끼들의 50% 정도가 모유에 들어 있는 PCB 때문에 죽는다. 흰돌고래 어미들은 사랑하는 새끼들에게 결국 독약을 먹인 셈이다. 그리고 새끼들이 죽으면 슬픔에 잠겨 그 작은 시체가 썩을 때까지 곁에 머문다.

워싱턴 주와 브리티시컬럼비아 주의 먼바다에 사는 범고래들은 PCB로 더 심하게 중독되었다. 1970년대 이래로 캐나다와 미국에서 PCB 사용이 금지되어 왔으나, PCB는 여전히 다른 나라들이 토해내는 물을 타고 바다로 흘러 들어오고 있어 바다는 여전히 오염된 채로 남아 있다. 2002년 5월에 조사된 한 범고래 암컷은 다른 해양 포유류보다 4배나 많은 PCB를 체내에 갖고 있었다. 오염으로 고통받고 있는 것은 동물들뿐만이 아니다. 이누이트 족의 여성들은 모유가 오염되어 있기 때문에 아기들에게 모유 수유를 하지 않도록 교육받는다. 세인트로렌스 강의 물고기들은 모두 중독되어 있어서 임산부와 어린이들은 먹을 수 없다(틀림없이 어른 남자들에게도 좋지 않을 것이다). 전 세계 모든 공업지역의 상황이 다 비슷할 것이다.

1989년 알래스카의 프린스윌리엄 해협의 기름 유출은 아직도 완전히 복구되지 않았다. 이 사건으로 인해 영향받은 17종의 바닷새들 중에서 4종은 그나마 천천히 복원되고 있으나 9종은 전혀 복원되지 않고 있다. 연구자들의 의견도 분분해서 어떤 연구자들은 단 1종만이 복원되는 중이라고 말한다. 유출된 기름은 아직도 야생동물들을 위협하고 있다. 해달들은 간이 손상되었고, 흰줄박이오리의 위장에는 탄화수소가 가득 차 있다. 그러나 그 기름 유출 사건의 주체인 엑슨 정유회사는 "프린스윌리엄 해협의 환경은 건강하고 탄탄하며 잘 성장하고 있다"고 주장한다.

저주파 잠수함 탐지기 '소나'의 영향

해양 생태계를 위협하는 것이 한 가지 더 있다. 1998년 미국 해군은 하와이 먼바다에서 새끼를 기르는 곱등고래를 추적하는 일련의 저주파 소나 실험을 시작했다. 평생 고래를 연구해온 마샤 그린Marsha Green 박사는 이러한 말을 했다. "육상세계에는 냉전이 끝났지만 바다 속에서는 냉전이 시작되고 있다…… 해군이 전 세계 바다에서 사용하려는 235데시벨 이하의 소나는 시끄러운 모터보트 엔진보다 1,000억 배만큼 더 강력한 음파를 만들어낸다. 이 정도 압력은 고래뿐 아니라 다른 해양생물들의 귀를 멀게 하고 심지어는 동물들을 죽일 수도 있다."

인간과 고래는 소리의 큰 정도뿐 아니라 그 에너지, 압력, 그리고 진동에 아주 취약하다. 바다 속에서 저주파 소나는 고래와 인간의 조직을 파괴하고 내출혈을 일으키기도 한다. 린디 웨일가트 박사는 17년 동안 고래의 의사소통을 연구하고 있는데, 그녀는 이러한 해군 실험이 반경 24킬로미터 이내에 있는 고래와 해양동물들의 청력에 영향을 주고 심각한 행동장애를 일으킬 수 있다고 주장한다.

2000년 3월 바하마 군도 해안에 여러 종류의 고래 16마리가 떠밀려 왔다. 해군이 또 다른 소나 실험을 하는 시기였다. 부검 결과 눈과 뇌에 출혈이 있었고 내부파열 혹은 외부파열에 의한 폐의 손상이 발견되었다. 최초로 많은 언론이 이 소식을 전했고, 영향력 있는 동물보호협회들은 실험을 허용한 해양수산국에 '그 실험은 해상포유류 보호법과 위기 종에 관한 규정을 정면으로 위반하는 것'이라는 편지를 보냈다. 처음에 해군은 짧은 조사 후 이것은 단지 '우연'이었다고 발표함으로써 이러한 항의를 무마하려 했다. 국제적인 반대여론에도 불구하고 해군은 뉴저지 먼바다와 지중해에서 실험을 강행했다. 2001년 12월이 되어서야 해군은 그 고래들의 죽음이 소나 실험 때문이었음을 인정했다.

소나 실험을 차치하더라도, 바다 위를 떠다니는 수많은 배의 엔진 때문에 장대한 바다 속 음악은 점점 사라져가고 있다. 엔진의 불협화음 속에 남아 있는 고래들의 노랫소리는 마치 수백 개의 드릴 소음 속에 연주되는 현악 사중주의 음악처럼 느껴진다.

생명그물의 연약함

1999년 1월 《뉴욕타임스》에는 끔찍한 이야기가 실렸다. 제목은 다음과 같았다. '생명그물에 심상찮은 구멍이 뚫리다.' 그 이야기는 기후변화와 지나친 물고기 남획으로 인해 정어리와 대구 개체군이 급격히 감소함으로써 이를 먹는 바다사자와 물개들의 개체군이 감소했고, 더불어 바다사자와 물개를 먹는 범고래들이 더 얕은 곳에 사는 해달을 대체 먹이로 사냥하게 되어 해달의 수가 90%나 감소하게 되었다는 내용이었다.

해달의 서식처인 켈프(다시마 등의 대형 바닷말 ─ 옮긴이) 숲에서는 이로 인해 성게의 수가 갑자기 증가하였는데, 성게는 해달이 가장 좋아하는 먹이인 동시에 켈프 숲의 주요 포식자이다. 개체수가 이미 감소한 해달, 바다사자, 범고래는 말할 것도 없고, 켈프 숲의 파괴는 이곳을 근간으로 살아가는 많은 해양동물들, 즉 홍합, 물고기, 오리, 갈매기, 그리고 대머리독수리들에게 영향을 미치게 되었다. 해양동물들은 이뿐 아니라 산업오염과 군의 소나 실험에도 고통받고 있다.

케빈 크룩스Kevin Crooks와 마이클 술레Michael Soulé는 동물들의 복잡한 관계에 관해 연구하였다. 캘리포니아 샌디에고 근처에 사는 포식자들 ─ 코요테, 집고양이, 주머니쥐, 너구리 ─ 과 덤불에 사는 먹이 새들 ─ 캘리포니아 메추라기, 방울새, 비웍 굴뚝새, 캘리포니아 지빠귀, 로드러너, 선인장 굴뚝새 등 ─ 에 관한 연구다. 이들의 연구는 단기연구로는 잘 알아내기 어려워 장기적으로 자연의 복잡한 먹이그물을 연구한다. 크룩스와 술레는 덤불에 사는 새들의 다양성(종의 수)이 코요테가 많은 지역에서 더 높다는 것을 알아냈다. 코요테는 집고양이들을 죽이기 때문에 집고양이나 주머니쥐, 너구리들은 코요테가 왕성하게 활동하는 지역을 피하게 된다. 코요테와 고양이, 그리고 새들의 복잡한 상호작용은 덤불에서 번식하는 새들의 감소와 멸종에 큰 비중을 차지했을 것이 분명하다.

야생 포식자와는 달리 집고양이들은 심심풀이로 사냥을 한다. 다시 말해서 배고프지 않아도 사냥을 한다. 크룩스와 술레의 연구지였던 샌디에고 근처 거주자들의 32%가 고양이를 기르고 있었고, 이 중 84%의 고양이들이 동물들을 죽여 집으로 물고 들어왔다. 고양이 주인들에 따르면 고양이 한 마리가 사냥해온 동물들은 매년 평균 쥐 24마리, 새 15마리, 도마뱀 17마리로서 상당한 숫자다.

크룩스와 술레는 새에 대한 포식압은 지속가능하지 않으며, 그렇게 많은 수가 사냥된다면 여러 피식자 종들은 남아나지 못할 것이라고 지적했다. 포식압이 조금만 증가해도 피식자들, 특히 개체수가 얼마 남지 않은 피식자들은 쉽게 멸종에 이를 수 있다. 덤불에 사는 새들의 멸종은 빈번하고 빠른 속도로 일어나고 있다. 지난 100년 동안 최소한 75종이 이 지역에서 사라졌다.

그 중에서도 먹이그물의 가장 상위에 위치한 육식동물 코요테가 사라짐으로 인해 새를 잡아먹는 포식자들의 수와 활동이 늘어나게 되었다. 이 모든 동물들이 살아가는 생태계의 구조는 인간에 의한 개발에도 영향을 받게 되었는데, 개발로 인해 조각난 서식지들 사이를 이동하는 것이 불가능해졌기 때문이다.

비슷한 다른 경우도 많다. 미국에서 멸종위기에 처한 종의 반 이상이 습지에 살고 있는데, 습지는 현재 급격한 속도로 사라지고 있다. 1982년부터 1992년 사이에 365평방킬로미터의 습지가 사라졌다. 다행히 덴버대학의 최근 조사에서 64%의 응답자가 습지보호는 "중요하다"고, 그리고 27%가 "다소 중요하다"고 응답했다.

지금까지 복잡 미묘한 생명그물의 한쪽에 문제가 생길 때 야기될 수 있는 끔찍한 결과 몇 가지를 살펴보았다. 현재 우리는 전 세계의 생명그물 여기저기에 문제를 일으키고 있다. 한 자연보호단체의 대변인인 브라이언 빈센트는 자연에 대한 인간의 영향과 그로 인해 얼마나 급속히 동물들이 멸종되는지에 대해 다음과 같이 말했다. "아주 장대한 협주곡을 듣는다고 생각해보자. 밝게 울려 퍼지는 트럼펫, 떨리는 첼로의 노래, 생생하고 부드러운 바이올린, 듣기 좋은 오보에와 클라리넷, 그리고 인정사정없이 내리치는 팀파니까지…… 갑자기 제1바이올린의 소리가 사라진다고 생각해보자. 그리고 비올라도 사라진다. 프렌치 호른, 플루트도 하나씩…… 결국 쿵쿵거리는 팀파니만 남게 된다면 어떻겠는가? 인간이 자연에 미치는 영향도 이와 같다. 인간은 자연의 노랫소리를 하나씩하나씩 사라지게 하고 있고, 결국은 한때 웅장하게 울려 퍼졌던 생명의 음악이 메아리로만 남게 될 것이다."

우리가 해야 할 일은 무엇인가? 자연은 놀라우리만치 관대하며 엄청난 복원력을 갖고 있다. 우리가 자연에게 복원할 시간을 주고 조금만 도와준다면, 우리가 황폐화시킨 땅들은 다시 한 번 깨끗하고 아름다워질 것이며 우리가 오염시켰던 강과 호수들은 깨끗한 상태로 돌아올 것이다. 값비싼 노력을 들여야 할 테지만 틀림없이 그렇게 될 수 있고, 또 그렇게 되어야만 한다. 미국의 이리 호는 한동안 너무도 심각하게 기름에 오염되어 있어서 불조심 지역으로 불렸다.

쿠야호가 강은 실제로 며칠 동안 불이 붙은 적도 있었다. 강에 불이 붙다니! 그러나 이 강은 수도 워싱턴의 포토맥 강이나 영국의 템스 강처럼 정화작업을 거쳤고, 이제는 강에서 잡은 물고기도 안심하고 먹을 수 있다. 벌목으로 인해 토양이 침식되어 사막이 되어버린 지역도 복원될 수 있다. 적절히 양분을 주면 나무들도 자라날 것이며, 작렬하는 태양 아래

쉴 수 있는 그늘도 생겨날 것이다. 핵폐기물로 오염된 땅도 안전한 땅이 될 수 있다. 그 기술은 이미 개발되어 있지만, 정부가 그 방면에 예산을 쓰기 꺼려하기 때문에 이용되지 않는 것이다.

많은 과학자들은 현재 지구상에서 가장 위태로운 생태계는 산호초라고 생각한다. 수많은 환경요인들(수온과 화학성분의 변화)뿐 아니라, 바다의 바닥을 훑는 트롤그물, 물고기들을 기절시키는 수중폭탄, 독극물을 이용한 어류 남획도 산호초 파괴의 주범이다. 대서양 북동부에 있는 4,500년 된 산호초에는 심해낚시로 인해 800미터 직경의 구멍이 뚫렸다. 그러나 산호초들은 적절히 보호하기만 하면 생각보다 훨씬 빨리 원래의 아름다운 모습으로 돌아올 것이다.

포획 번식 프로그램

멸종위기에 놓인 동물들은 야생보호와 동시에 우리에 가둔 포획 상태에서 번식시켜 복원할 수도 있다. 몇 년 전까지만 해도 송골매는 북미에서 멸종 직전의 상태였다. 그러나 포획 번식에 성공하여 이제는 한때 사라졌던 지역에서도 하늘을 가르는 송골매를 볼 수 있다.

2000년에 나는 1987년부터 실시된 캘리포니아 콘도르의 포획 번식 프로그램을 둘러본 적이 있다. 1987년 당시에는 야생에 남아 있는 콘도르의 숫자가 17마리에 불과했고, 단지 몇 명의 생물학자들이 모여 포획 번식 프로그램을 시작했다고 한다. 많은 사람들이 실패할 것이라며 엄청난 낭비라고 비난했지만, 이들은 남아 있는 콘도르를 모두 포획하고 두 개의 번식그룹으로 나누어 프로그램을 진행하였다. 캘리포니아의 로스앤젤레스 동물원과 샌디에고 동물원으로 나뉜 두 번식그룹에는 방문할 수 있도록 허락된 사람이 거의 없었기 때문에, 나는 넓은 우리에 앉은 암컷을 보면서 특권을 부여받은 듯 기분이 뿌듯했다. 그 암컷이 2.5미터나 되는 날개를 쫙 폈을 때에는 경외감마저 생겼다. 정말 놀라운 광경이자 놀라운 성공이었다.

현재까지 46마리의 콘도르가 캘리포니아와 애리조나의 네 곳에서 방사되었다. 적지만 뜻이 확고했던 지킴이들 덕분에 2.5미터에 이르는 콘도르의 날개는 다시 한번 고향 땅에 그림자를 드리울 수 있게 된 것이다. 그리고 포획 번식된 첫 17마리 중 2마리도 그들의 새끼들과 함께 고향 하늘을 날 수 있도록 방사되었다. 2001년 2월 1일 현재 총 161마리의 콘도르가 있으며 115마리는 포획되어 사육상태에 있다. 2002년 2월에는 캘리포니아 남부에서 콘도르의 알이 발견되었는데, 이것은 야생으로 방사된 콘도르가 산란했다는 세 번째 증거이다. 그리고 2002년 4월에 야생에서 태어난 첫 번째 콘도르 새끼가 관찰되었다. 이 첫 단계를 거쳐 앞으로는 야생번식을 통해 콘도르의 수가 증가하게 될 것이다.

또 다른 감동적인 성공 이야기를 몇 가지 소개하고자 한다. 말라리아를 뿌리뽑고 농업용 제초제로도 사용되었던 DDT는 모리셔스황조롱이 Mauritius Kestrel를 멸종위기에 처하게 한 요인 중의 하나였다. 사냥과 서식지 감소로 인해 모리셔스황조롱이의 수는 급격히 감소하여 1973년에는 단 두 쌍만이 남게 되었다. 야생 둥지에서 알을 가져와 인공부화 시키고 포획 상태에서 새끼를 길러 2주 정도 되었을 때 야생으로 돌려보냈다. 야생번식 쌍이 입양하도록 하려는 복원 노력이 제럴드 더렐 토종야생동물 보호지역의 과학자들에 의해 수행되었다. 그리하여 현재 800마리의 모리셔스황조롱이가 살아 있다.

25년 전 타이완 세이카 사슴은 13마리밖에 남지 않았는데, 그나마 이것도 동남 아시아의 여러 동물원에 흩어져 있는 숫자였다. 그리하여 포획 번식이 시도되었고, 이제는 타이완의 큰 국립공원 두 곳에 30마리가 넘는 두 개의 무리가 있다. 다른 많은 동물들에 대해서도 복원 작업이 진행되고 있다. 이것이 내가 희망을 갖는 이유이다. 더 많은 사람들이 아름다운 자연에 미친 영향과 피해에 대해 알게 될수록 남아 있는 것을 보존하는 데에 관심을 가지고 걱정하는 사람들이 늘어날 것이기 때문이다.

브렌다 피터슨이 그의 저서 《나에게 방주를 만들어주세요Build Me an Ark》에서 소개한 감동적인 이야기가 또 하나 있다. 미국 북서부에 늑대를 재방사하려는 계획에 지역 농장주들의 지지를 호소하는 회의에서 벌어진 일이다. 복원 프로그램에서 늑대 두 마리를 친선대사 격으로 데려온 것이었다. 이 두 늑대는 포획상태에서 태어났지만 길들여지지는 않았다. 특히 농장주 중 한 사람이 늑대 복원에 난색을 표시하며 늑대가 죽인 가축에 대해서는 보상해주겠다는 말도 믿으려 하지 않았다. 이 사람은 늑대 복원에 완전히 반대하는 사람이었던 것이다.

큰 몸집에 검은 털을 가진 수컷 멀린이 먼저 바닥에 앉은 사람들에게 다가갔다. 멀린은 몇 명의 사람들 앞에 멈춰 서서 냄새를 맡았다. 갑자기 멀린은 좀전에 반대하던 그 농장주에게 다가가서는 눈을 빤히 쳐다보는 것이었다. 그러더니 그 농장주 옆에 털썩 앉았다. 그 농장주는 멀린이 쳐다볼 때 꼼짝 않고 앉아 있더니 "정말 특별하네요…… 마음에 직접 호소하는 방법을 알고 있군요"라고 말했다. 몇 분 동안 앉아 있던 멀린은 일어나서 킁킁거리며 냄새를 맡더니 그 농장주에게 이마를 짧게 비볐다.

흔히 두려워하거나 알지 못하는 것에 대해서는 사랑할 수 없으며, 우리가 사랑하지 않는 것에 대해서는 도우려 하지 않는다. 우리 중 충분한 수가 도움을 줄 때에만 미래에도 늑대의 울음소리가 울려 퍼져 자손들이 달빛 아래 서서 그 울음소리를 들을 수 있게 되리라. 아름다운 여러 동물들이 내는 자연의 소리도 마찬가지다. 긴팔원숭이의 노래, 멀리 울려 퍼지는 오랑우탄 수컷의 울음소리, 짖는 원숭이의 등골 오싹한 울음소리, 코요테, 자칼의 가슴 저미는 울음소리와 하이에나의 떠들썩한 우우 소리, 새들의 합창소리, 그리고 돌고래와 고래들의 수중 협주곡…… 그 외에도 꿀꿀, 꽥꽥, 짹짹, 컹컹, 야옹야옹 소리와 셀 수도 없을 만큼 많은 곤충들의 소리…… 그리고 숲 속 바람에 나뭇잎들이 부딪치는 소리까지……. 모두 자연의 소리이자 노래다. 만약 이 모든 소리들을 테이프에만 담아둔 채 잠재운다면 우리 자손들이 우리를 용서해줄 것인가?

7

자연을 해치지 말고
자연으로부터 배우자

Refrain from Harming Life in Order to Learn about It

일곱 번째 계명에서는 동물들의 삶의 방식과 서식지에 대해 배울 수 있는 방법들에 관하여 이야기하고자 한다. 엄청난 호기심 덕분에 동물들로부터 많은 정보를 얻어내기도 하지만 그와 동시에 우리는 동물들을 해치고 자연을 파괴하기도 한다. 그러므로 연구하는 동물과 그들의 서식지를 보호하는 것에 대하여 신중하게 고려할 필요가 있다.

동물들을 사랑하며 배운다

우리가 동물에 대해 배울 수 있는 방법은 여러 가지가 있다. 일단 책을 읽고 질문을 만들며, 조용히 관찰하여 본 것을 기록하고 자료를 분석할 수도 있다. 대개 이러한 분석으로는 질문이 더 많이 생기게 마련인데, 그 해답을 얻기 위해서는 다시 처음의 관찰로 돌아가야 한다. 다음과 같은 좀더 적극적인 방법들도 있다.

노벨상을 수상한 니코 틴버겐Niko Tinbergen은 갈매기의 산란과 포란 행동을 연구했다. 그는 갈매기 둥지에 크기가 다른 여러 개의 알을 가져다 놓고 갈매기의 행동을 관찰했다. 틴버겐, 카를 폰 프리슈Karl von Frisch(꿀벌의 춤 언어 연구로 유명하다)와 함께 노벨상을 받은 콘라트 로렌츠Konrad Lorenz는 야생의 새들을 새장 안에 가둬놓고 그 행동을 연구하였다. 찰스 카펜터Charles Carpenter는 야생에서 긴팔원숭이 한 가족을 관찰한 뒤, 각 개체의 나이와 성별을 알아내기 위하여 원숭이들을 마취총으로 쏘았다. 많은 생물학자들이 연구동물을 포획하기 위해 마취총을 사용하는데, 이렇게 마취시킨 후 목에 전파발신장치를 달아 이동경로를 추적하거나 심박수 등의 생리학적 자료를 얻는다. 생물학을 배우는 학생들은 죽은 동물들을 해부하여 동물의 신체구조를 배우고, 과학자들은 다양한 질문들에 대한 해답을 찾으려 노력한다. 이 중에는 인간의 건강을 증진시키는 것에 관한 질문들(혹은 생물학적, 화학적 무기 연구에서는 인간의 건강을 해치는 것에 관한 질문들)이나 혹은 지식 그 자체를 얻기 위한 질문들도 있다. 거의 모든 동물들이 이런 연구에 동원되며, 이 중 상당수는 매우 잔인하게 진행된다.

생명을 배우는 아이들

앞에서 살펴본 바와 같이 어린이들이 동물을 대하는 태도는 아주 어릴 적 경험과 몇몇 주요인물들의 영향으로 형성된다. 어린이들은 학교에서 책과 영화, 그리고 인터넷을 통해 주로 배우지만 운이 좋은 아이들은 야외로 나가 자연상태의 동물들을 관찰할 기회를 갖는다. 가끔 학교에서는 동물들을 직접 데려와 어린이들에게 보여주기도 하며, 아이들이 동물을 돌보는 내용의 수업을 진행하기도 한다. 이러한 학습활동을 통해 어린이들은 동물에 대해 경이로움을 느끼게 된다.

그러나 생물학 시간에 어린이들은 죽은 동물을 다룸으로써 생명체에 대해 배우게 되는데, 예민한 아이들은 처음에는 해부에 거부감을 갖지만 여러 번 접하면서 점차 익숙해진다. 예전에는 학생들에게 해부한 개구리를 죽여서 척추를 뽑아내도록 시켰는데, 미국뿐만 아니라 다른 여러 나라에서도 이러한 실습은 여전히 진행되고 있다. 지렁이와 같은 단순한 생명체를 죽여본 아이들은 더 복잡한 생명체도 쉽게 죽인다. 이러한 악습 때문에 한때 예민했던 아이들이 냉담해져 정서가 메말라버리게 된다.

요즘 아이들은 교육을 위해서는 동물들을 착취해도 좋다는, 즉 강자가 약자를 착취해도 좋다는 암묵적 동의를 점점 더 빨리 받아들이는 것 같다. 해부를 통해 생명체의 오묘함에 놀라는 아이들도 있는 반면, 생명에 대한 경외심을 잃어버리는 아이들도 있다. 그리고 해부가 동물을 대하는 아이들의 태도에 악영향을 미치는 것을 떠나서, 오늘날 교육용 동물사육은 큰 산업이 되어 이에 종사하는 사람들이 많은 돈을 벌게 되었다. 미국에서만도 1,000만 마리가 넘는 170여 종의 동물들이 매년 교육적인 목적으로 살해되며, 해부에 쓰이는 동물(개구리, 거북이, 물고기 등)의 90%는 야생에서 포획된 것이다.

우리가 할 수 있는 일은 무엇인가? 미국에서는 동물보호운동이 자리를 잡게 되면서부터 점점 더 많은 어린이들이 해부에 거부감을 느끼게 되었다. 제니퍼 그레이엄이라는 이름의 한 어린이는 해부를 거부했는데, 그 때문에 학교로부터 생물학 과목의 시험을 치를 수 없다는 통보를 받았다. 제니퍼가 생물학에 대해 또래 친구들만큼은 알고 있다는 것을 입증했는데도 말이다. 지역신문에 이에 관한 글이 실리자 미국의 동물애호협회는 앞장서서 제니퍼가 법정에서 이길 수 있도록 도와주었다. 이 사건을 계기로 다른 사람들도 살아 있는 동물을 죽인 뒤 해부하는 것에 거부권을 행사할 수 있게 되었다.

자연사박물관에 가는 것은 교육적이면서도 재미있다. 특히 박제된 동물들이 동물원에서 죽은 것이거나 차에 치여 죽은 것을 회수해온 것으로, 전시를 위해 포획된 것이 아니라는 것을 안다면 더욱 그러할 것이다. 나는 케냐의 나이로비 자연사박물관의 내막을 처음 알게 되었을 때를 아직도 잊을 수 없다. 새에 관한 질문을 하기 위해 어떤 조류학자의 연구실을 방문하자 그는 나를 표본전시관으로 안내했다. 나는 내 눈을 의심했다. 서랍마다 죽어 박제된 새들이 일렬로 가득 차 있었다. 부리와 다리를 가지런히 한 채로 말이다. 한 서랍에는 어떤 명금류의 표본이 20개도 넘게 들어 있었는데, 서랍을 열자 퀴퀴한 방부제 냄새가 코를 찔렀다. 다리에는 작은 꼬리표도 붙어 있었다. 몸집이 작은 새들의 서랍들도 모두 마찬가지였다.

나는 눈을 감았다. 숲 속에 사는 새를 잡으려고 숲길을 가로질러 설치된 '미스트 넷mist-net(흔히 새를 잡을 때 사용하는 안개처럼 고운 그물 — 옮긴이)'에 걸린 새의 고통이 느껴지는 듯했다. 빠져나가려는 절박한 몸부림, 인간의 무서운 그림자가 다가올 때의 터질 듯한 심장박동, 그리고 이내 비틀려지는 목⋯⋯. 과학의 제단에 또 하나의 생명이 바쳐진 것이다. 어쩐 일인지 나는 내 질문에 대한 답을 얻는 것에 흥미가 없어졌다.

동물이 아닌 대안을 사용하자

동물학을 연구할 때 실제 동물이 아닌 대안을 쓰는 것은 덜 파괴적일 뿐 아니라 교육적으로도 도움이 되며 비용도 줄일 수 있다.《고등교육의 실험동물 사용The Use of Animals in Higher Education》의 저자 조나단 볼콤Jonathan Balcombe은 해부용 동물과 대안으로 쓰일 비동물의 비용을 비교해보았다. 고양이의 경우, 재사용이 가능한 해부모델이나 비디오와 재생장치는 1,865달러의 비용이 드는 반면, 고양이 표본을 쓰는 경우에는 5,000~8,300달러가 소요되는 것으로 나타났다. 어미 뱃속에 있는 돼지새끼의 해부 장면을 담은 CD는 20달러 정도인 데 반해, 돼지새끼 한 마리를 사려면 24달러의 비용이 소요된다고 한다.

볼콤은 컴퓨터 소프트웨어나 해부모델의 교육적인 효율도 비교하였는데, 그 효율이 실제 동물을 해부하는 것과 비슷하거나 심지어는 더 좋기까지 했다. 수의대생이나 의대생들이 효과적인 수술 훈련을 받을 수 있는 충분한 대안이 된다는 것이다.

생물학과 신입생 2,913명을 대상으로 한 조사에서 쥐모델로 공부한 308명과 실제 쥐를 해부한 2,605명의 시험성적은 비슷했다. 연조직 기관의 모델로 실습한 수의대 3학년생 36명의 수술기술도 실제 개와 고양이를 가지고 실습한 학생들의 기술과 거의 같았다. 110명의 의대생을 대상으로 한 조사에서는 학생들이 심혈관 생리학을 배우는 데 개보다 컴퓨터 시뮬레이션이 더 유익하다고 응답했다. 시카고 대학의 리처드 샘슬 등의 조사에 따르면 의학과 1학년생들은 심혈관 생리학을 배우는 데 실제 동물과 시뮬레이션이 모두 유익하지만 그 중 컴퓨터를 이용한 수업이 더 효과가 높았다고 응답했다. 가상수술이 효과적인 대안이 될 수 있음이 입증된 것이다. 캐나다의 캘거리 대학교에서는 가상현실 이미지 덕택에 동물이나 사람의 시체를 실습에 사용하는 일이 점차 줄어들고 있다.

수업에서 '실제' 생체를 다루는 것이 더 이상 중요하지 않다는 것을 알게 된 의과대학의 수가 점점 늘어나고 있다. 현재 미국 내 의대 126개 중 하버드, 예일, 콜롬비아, 듀크, 스탠퍼드 등 이름 있는 대학을 포함한 90개 대학(71%)이 의대 실습에 살아 있는 동물을 쓰지 않는다. 의대생들은 동물이 아닌 대안 중에서 선택하거나, 그러한 대안을 준비하지 못한 125개의 의대에서도 실제 동물을 사용하는 실험에는 참여하지 않아도 되는 선택권을 갖게 되었다. 수의대들도 비슷한 추세여서 끔찍한 외과수술 과목이 교과과정에서 점차 제외되고 있다. 2001년 85개의 주요 수의대 중 40%가 참여한 한 조사에서 절반 정도의 학교가 교과과정에서 끔찍한 실습을 제외시킨 것으로 나타났다.

우리가 동물에 대해 배우는 동안 우리도 모르는 사이에 동물에게 해를 주게 되는 경우도 많다. 야생 생물학자들은 연구 도중 그 존재만으로도 동물의 이동 양상, 섭식습관, 그리고 무리의 구성에 영향을 줄 수 있다.

마이클 웰스와 나, 그리고 여러 학생들이 함께 와이오밍 주 잭슨 시 외곽의 그랜드티턴 국립공원에서 수행한 코요테에 대한 장기연구에서 관찰대상인 코요테의 행동과 생활에 우리의 존재가 영향을 주지 않을까 조심스러워했다. 우리는 반짝이는 카메라와 눈에 띄는 망원경이 코요테들을 불편하게 만든다는 것을 알아내고는 카메라 본체와 망원경이 반짝거리지 않도록 검은색으로 칠했다.

또 보금자리를 관찰하러 갈 때에는 모두 같은 옷을 입어 비슷한 냄새를 풍김으로써 코요테들에게 같은 사람처럼 보이게 하였다. 코요테들은 결국 우리의 존재에 익숙해졌고 연구 초기에 보였던 것과 같은 예민한 반응은 보이지 않게 되었다. 결국 우리 존재의 흔적은 점차 사라지고 교활한 코요테의 자연스러운 모습에 관한 자료가 축적되기 시작했다.

동물을 해치지 않으면서 배울 수 있는 방법은 여러 가지가 있다. 예를 들어, 부계(父系, paternity)에 관한 자료가 필요할 때는 털과 배설물에서 DNA를 추출할 수 있다. 직접 잡아 피를 뽑을 이유가 없다. 이 방법은 야생침팬지 등의 동물들에게도 성공적으로 사용되고 있다.

동물을 괴롭히는 자료수집 방법도 많다. 흰배지빠귀가 알을 버리는 빈도를 조사하는 연구에서 사람들은 몇 개의 둥지를 매일 방문했는데, 이것이 새에게 나쁜 영향을 미치는 것으로 나타났다. 산란 기간 막바지에 매일 방문한 둥지는 한 번 방문한 둥지에 비해 포식되는 알은 더 많고 부화율은 더 낮았다. 특정 지역에 사는 암수의 숫자, 이동 양상, 개체군 크기에 대한 자료를 수집하는 개체군 조사 역시 동물들을 괴롭히는 것일 수 있다. 한 아델리펭귄의 개체군 조사에서 사람들은 펭귄 집단에 접근하기 위해서 비행기를 타고 펭귄의 머리 위로 날아다녔다. 이로 인해 펭귄들의 행동은 현저하게 달라졌다. 둥지로 돌아갈 때 최단경로를 이용하지 않을 뿐더러 둥지를 많이 버렸으며 전체적으로 그 수가 15%나 감소했다.

동물들을 더 괴롭히는 것 중 하나는 목에 전파발신 장치를 다는 것이다. 차나 헬리콥터를 타고 접근해서 동물들을 총으로 마취하여 포획한 뒤, 멀리서도 추적할 수 있도록 고유한 신호를 내는 목걸이를 단다. 이러한 방법으로 매우 유용한 정보를 수집할 수 있다. 특히 재규어, 퓨마, 호랑이와 같이 숨기 좋아하고 야행성인 동물들의 활동범위와 이동경로를 파악하는 데 도움이 된다. 이 방법을 쓰는 사람들은 대부분 동물의 안전에 늘 신경 쓰지만 가끔 사고가 생기기도 하는데, 2001년 봄에는 알래스카의 데 날리 국립공원에서 늑대 세 마리가 마취총을 맞고 죽었다. 헬리콥터에서 늑대, 곰 등의 동물들에게 마취총을 쏘는 것은 그들에게 엄청난 스트레스를 줄 수 있다.

탄자니아의 은고롱고로 분화구에서 하이에나를 연구했던 한 과학자는 야외관찰을 마치면서 하이에나에게 달아주었던 전파발신 장치를 제거하지 않았다. 몇 년 후 휴고와 내가 그곳에서 하이에나를 관찰하기 시작하면서 어렸을 때 발신 장치 목걸이를 단 어른 수컷 한 마리를 보았는데, 그 목걸이가 너무 조여져 먹이를 삼키는 것도 어려울 정도였다. 우리는 그를 마취시켜 목걸이를 풀어주었다. 이것은 동물들의 안전을 무시하는 용납될 수 없는 행동이다. 어떤 과학자는 그가 연구하던 사자의 귀에 색

색의 인식표를 붙였는데, 나는 그것을 보고 놀라지 않을 수 없었다. (그 과학자가 개체를 쉽게 식별할 수 있도록) 아주 크게 눈에 띄는 그 인식표 때문에 사자는 사냥에 성공하지 못했을 것이 분명했다. 피식동물들은 시야 내에서 눈에 띄는, 평소에는 없던 것들을 귀신같이 알아차리기 때문이다.

많은 과학자들이 여러 가지 이유 때문에 일반인들이 용납할 수 없는 방법으로 동물을 다룬다는 것은 역설적인 현실이다. 박사학위나 책, 논문의 자료를 제공하는 것은 동물의 관심사가 전혀 아닌데도 과학자들은 연구를 계속한다. 그러나 오늘날 동물도 감정을 갖고 있다는 것을 받아들이고 동물과 공감하려는 과학자들이 늘어나고 있다. 이 시점에서 과학자들 스스로가 파괴적이고 스트레스를 주는 실험방법이 정말로 필요한지, 더 좋은 방법은 없는지 끊임없이 고민하기를 바랄 뿐이다.

생태관광

동물을 직접 보고 싶어하는 많은 사람들은 야생보호구역을 방문하여 보고, 관찰하고, 사진을 찍어온다. 그런 동안 사람들은 무심코 동물의 생활에 영향을 주게 된다. 물 위를 달리는 모터보트에서 나오는 오염물질은 바다, 호수, 강의 물고기와 다른 동물들에게 나쁜 영향을 미치며, 그로 인한 소음 또한 고요했던 수중세계를 어지럽힌다. 느림보 신사인 매너티(manatee, 바다소)는 모터보트에 부딪혀 심한 상처를 입곤 한다. 나는 실제로 플로리다의 매너티 보호구역에서 이것을 목격한 적이 있다.

많은 사람들이 휴가 동안에 세계 각지의 야생보호구역을 들르거나 사람에게 매우 익숙해져 있는 동물들에게 차를 타고 가까이 접근할 수 있는 곳으로 여행가고 싶어한다. 아프리카 동부와 남부 여러 곳의 국립공원과 보호구역에서 방문객들은 하루 종일 차를 타고 들판을 누비며 사자와 들개의 사냥을 지켜보고 코끼리가 물을 마시고 노는 물웅덩이 위로 반사되는 저녁노을을 즐길 수도 있다. 수 년 동안 이러한 관광산업은 돈이 몹시 궁했던 아프리카 국가들이 외화를 긁어모을 수 있는 기회가 되었다.

반면, 생태관광이 땅과 동물들에게 미치는 영향에 대한 연구도 많이 진행되었는데, 그 결과에 따르면 사람과 차가 지나치게 많이 오가는 지역은 심각한 영향을 받는 것으로 나타났다. 특히 비포장도로를 달리는 것은 매우 민감한 서식처에 치명적인 영향을 미친다. 또한 침팬지, 고릴라, 오랑우탄 등 인간의 질병에 쉽게 감염될 수 있는 영장류들이 서식하는 숲의 생태관광은 매우 위협적일 수 있다. 다른 나라에서 온 관광객들이 이 영장류들에게 자연면역을 갖고 있지 않은 세균이나 바이러스를 옮길 수 있기 때문이다.

생태관광이 양날을 가진 칼과 같이 위태롭기는 하지만, 방문객들의 수와 행동이 엄격하게 통제된다면 잃는 것보다 얻는 것이 더 많을 것임은 분명하다. 실제로 르완다의 대량학살 전에는 고릴라 생태관광이 르완다에서 두 번째로 큰 외화획득원이었고 많은 사람들은 이로 인해 고릴라 보호정책이 시행되었을 것이라고 믿는다. 그리하여 다이앤 포시Dian Fossey(고릴라 생태와 장기연구 결과에 대해 상세하게 기록한 《안개 속의 고릴라Gorillas in the mist》의 저자) 덕분에 유명해진 비룽가 국립공원에서 후투Hutu 족과 투치Tutsi 족이 서로 대치하고 있을 때에도 다른 동물들은 잡아먹혔지만 고릴라들은 무사했다. 두 부족은 미래를 위하여 고릴라를 보호하는 것이 좋겠다고 생각한 모양이다.

물론, 야생의 자연과 동물들에게 금전적인 가치를 부여하는 것은 슬픈 현실이다. 그러나 부유한 국가들이 이 광대한 땅에 대한 '임대료'를 내는 것에 동의하기 전까지는 아마 아프리카 정부들은 원유, 목재, 혹은 탄광에 대한 채취권을 남발함으로써 자연자원을 있는 대로 써버릴 것이다. 자연을 보호하기 위해 국립공원이 잘 지정되어 있는 미국에서도 비슷한 일이 벌어지고 있다. 순수한 목적의 관광객 유치가 자원 채취권 남발보다 훨씬 더 낫지 않을까.

평생 처음으로 야생동물을 실제로 대면한 경험이 자신의 인생을 바꿔놓았다는 사람들의 이야기를 나는 많이 듣는다. 이들은 우리에 갇혀 있는 동물도 예전과는 다르게 보인다며, 자연세계가 파괴되고 있다는 소식을 들으면 그 속에서 고통받을 동물들이 떠올라 마음 한구석이 아려온다고 말한다.

나는 톰 맨젤슨의 안내로 옐로스톤 국립공원을 처음 방문했다. 거기서 난생처음으로 야생 곰을 보았다. 우리가 지나갈 때 갑자기 길로 뛰어든 회색곰(너무도 가까워서 만질 수도 있을 것 같았다) 한 마리와 새끼 두 마리를 데리고 있는 흑곰 한 마리…… 멋진 경험이었다. 또한 인상 깊었던 것 중 하나는 미국 각지에서 휴가를 보내러 그곳을 방문한 사람들의 모습이었다. 추운 저녁이었지만 사람들은 털코트를 몸에 걸치고 쌍안경을 맨 채 회색곰들과 재도입된(서식지에 인위적으로 다시 도입시켰다는 뜻 — 옮긴이) 늑대들을 관찰하고 있었다. 사람들은 곰과 늑대를 볼 확률이 높은 이른 아침과 늦은 저녁, 그곳에서 시간을 보낸다고 했다. 그들의 휴가 내내 말이다. 그들은 생물학자도 아니었다. 단지 동물을 사랑하고 동물에 대해 알고 싶어하는 사람들이다. 이들이야말로 일곱 번째 계명을 실천함으로

써 자연에 남겨진 인간의 흔적을 줄이려 노력하고 어린이들에게 모든 생명을 존중하도록 가르칠 사람들이다.

　우리의 흔적을 줄여 자손들이 우리가 즐겼던 활동들을 그대로 즐길 수 있을 뿐 아니라 동물들도 우리 존재로 인해 왜곡되지 않고 그들 본래의 모습대로 살아가게 되리라고 나는 확신한다. 다른 동물들의 생활방식이 어떠한지를 이해하고 받아들이며, 동물친척들이 자기 세계에서 그들이 원하는 삶의 방식을 우리에게 말할 수 있도록 하는 것은 대단히 흥미롭고 즐거운 일이다. 동물들의 순수한 삶의 방식을 알아낼수록 그들에 대한 경외심과 수수께끼는 더 커져갈 것이다. 생명을 알기 위해서 생명을 해칠 필요는 없다.

8

우리 믿음에 자신을 갖자

Have the Courage of Our Convictions

여덟 번째 계명에서는 우리가 우려의 목소리를 내면서 각자의 믿음을 뒷받침할 수 있는 적절한 조처를 취한다면 이 세상에 변화를 가져올 수 있다는 것을 말하고자 한다. 충분히 많은 사람들이 행동을 개시한다면 우리는 지구와 그 위에 살고 있는 모든 동물들에게 도움을 주는 존재가 될 수 있다.

말한 대로 행하기

매일매일은 시험의 연속이다. 우리는 삶 속에서 말한 대로 행하고 있는가? 가르친 대로 실행하고 있는가? 살아가면서 우리의 발자국을 덜 남기는 방법을 생각하고 있는가? 그리고 무엇보다도 다른 이들이 비웃거나 위협할지라도 우리가 믿는 것을 떳떳이 지켜낼 용기가 있는가? 진정으로 자연세계와 동물들의 복지를 걱정한다면, 우리 앞에 놓여 있는 크고 작은 어려움들과 맞설 각오를 단단히 해야 할 것이다. 우리의 믿음을 지켜내고, 더더욱 중요한 것이지만 그 믿음을 실행에 옮겨야 한다. 절망하면 안 되고 미래에 대한 희망으로 어려움을 이겨내야 한다.

전 세계에 만연한 파괴와 오염은 이해의 부족과 무관심 때문이다. "우리는 이해하기만 하면 서로 아끼고 사랑할 수 있다." 그러나 신중하게 생각해보아야 할 사항이 많다. 기업이나 개인의 경제적 이익을 위해 혹은 정치적 권력을 얻기 위해 기업과 정부가 어떤 조치를 취할 때, 그로부터 어떠한 결과가 초래될 수 있을지를 미리 판단하여 적절한 조치를 취해야 하며 또 그 조치를 뒷받침해야 한다. 일반대중이 기업과 정부의 방침을 이해하게 되면 사람들은 희망을 갖게 될 것이고, 그 희망은 거대기업과

상업 활동, 그리고 변화에 대한 정치적 의지에까지 영향을 미치게 된다.

우리가 자연에 대해 걱정하고 있다는 것을 말과 행동으로 보여줄 수 있는 방법에는 세 가지가 있다. 첫째, 정보를 널리 알리고 평화적 시위에 참여하고 편지를 씀으로써 우리의 의지를 보여줄 수 있다. 둘째, 환경을 파괴하거나 노동력 착취를 일삼는 회사의 상품을 사지 않거나, 어떠한 형태라도 동물들이 잔인한 취급을 받는 동물쇼를 보지 않음으로써 우리의 의사를 표현할 수 있다. 그리고 마지막으로 가장 중요한 방법은 일상생활에서 가능한 한 우리의 흔적을 가볍게 남길 수 있도록 노력하는 것이다. 물이나 에너지를 아끼고 재활용에 신경 쓰고 환경을 더럽히지 않도록 노력하는 모든 사소한 일들 말이다.

일반대중이 문제점을 인식하기 전에 이미 소수의 사람들이 어떤 상황이 벌어지고 있는지 알고 있는데도 아무런 조치를 취하지 않는 경우가 더러 있다. 반면, 역경을 딛고 자기 목소리를 내며 죽음의 위협 앞에서도 침묵하기를 거부하는 사람들이 있다. 앞에서 언급한 것처럼 레이철 카슨은 몇몇 거대 석유화학회사들로부터 《침묵의 봄》을 출간하면 소송을 걸겠다는 위협을 받았다. 그러나 자신이 옳음을 확신한 레이철은 결국 그 책을 출간하였고, 그 여파로 우리의 음식과 지하수, 그리고 전 세계 야생생물에 미치는 제초제의 영향에 대한 새로운 연구가 시작될 수 있었다. 레이철 카슨이 그 길을 이끈 것이다.

현재 정부와 기업이 공동으로 수행하고 있는 프로젝트들은 하나둘씩 대중의 관심을 불러 모으고 있다. 당신과 나, 여러 사람들의 관심 말이다. 당당히 일어나 우리의 목소리를 낼 수 있을 것인가? 환경파괴와 동물학대에 관한 문제에 항의할 것인가? 몇 푼 더 주고라도 양심 있는 회사의 제품을 구입할 것인가? 동물들의 복지를 전혀 혹은 거의 고려하지 않는 회사의 제품을 사지 않고, 동물들을 해치고 이미지를 더럽힐 수 있는 동물쇼를 거부할 것인가? 우리는 진정으로 우리의 믿음에 용기를 갖고 있는가?

알래스카의 시추 작업

우리가 이 책을 쓰는 동안 미국에서 가장 더럽혀지지 않은 땅 중 하나의 미래가 위태로워졌다. 국립북극야생동물보호지역Arctic National Wildlife Refuge(이하 ANWR)은 7만 7,000평방킬로미터의 땅으로 알래스카 동북부에 위치하고 있다. 부시 정부는 그곳에서 석유시추를 하고 싶었던 모양이다. '보호지역'이 동물들의 안전한 은신처를 의미한다고 생각하는 사람들은 다시 생각해보아야 한다. 야생동물의 은신처라고 하면 적어도 부룬디의 후투 족 군대가 교회 안에 은신해 있던 투치 족 여자들과 아이들을 무참히 학살한 경우와 같은 종류의 은신처가 되어서는 안 된다. 최근 미국 내의 300개도 넘는 야생동물보호지역은 결국 사냥터로 전락해버렸다.

2002년 3월 지역주민들에게 코요테의 습성을 알리고 어떻게 '성가신' 코요테와 공존할 수 있는지 대화를 하러 매사추세츠 주의 케이프코드Cape Cod 지역을 여행할 때, 나는 모노모이 국립야생동물보호지역을 방문했다. 보호지역의 입구에는 '이 지역의 동물들은 인간으로 인한 교란으로부터 보호받고 있다'고 씌어 있었지만 실상은 그렇지 않았다. 2002년 4월 중순 그 보호지역의 청탁을 받은 사냥꾼이 보호지역 내에서 코요테 새끼 9마리를 사살했고 한 마리를 보호지역 밖으로 몰아냈는데, 이 한 마리는 결국 우리에 감금된 채 죽었다. 현재까지 34마리의 코요테가 이 보호지역에서 사살되었다. 동물을 사살하는 것도 '인간으로 인한 교란' 중 하나인데도 말이다.

북극보호지역은 북극곰, 회색곰, 양, 늑대, 울버린, 살쾡이, 고슴도치, 순록, 황금독수리와 물떼새 30여 종의 보금자리다. 최근까지도 6,000평방킬로미터에 해당하는 보호지역 내 해안가에서 현재의 소비생활 방식을 유지하기 위해 석유시추를 시도할 것인가에 대하여 상당한 논란이 있었다. 세계적인 환경보전 생물학자 조얼 버거Joel Berger는 ANWR의 상황을 분석한 뒤, 전 세계를 통틀어 가장 더럽혀지지 않은 채로 남아 있는 생태계 중 하나인 이 청정지역을 개발하는 것은 말도 안 된다고 결론지었다. 조얼 버거와 다른 전문가들은 그 개발이 어떤 영향을 미치게 될지 현재로서는 전혀 알 수 없지만, 그곳에 사는 많은 동물들에게 부정적인 영향을 미칠 것은 확실하다고 말했다.

세계에서 가장 놀라운 자연보고 중 하나가 복구될 수 없는 상처를 입게 될 것이며, 이것은 모든 인류에게 심각한 손실이 될 것이다. 버거와 그 동료들은 우리가 계속해서 자연생태계를 파괴한다면, 미래에는 인간의 침입에 따른 영향을 판단하기 위한 연구, 즉 자연생태계와 인간이 침입한 환경을 비교하는 연구를 더 이상 수행할 수 없을 것이라고 덧붙였다. '진짜' 자연은 영원히 사라져버린다는 것이다.

손상되지 않은 자연 그대로의 ANWR 생태계에 대해 알려진 바는 거의 없으며, 전문가들은 생태계 속 다양한 동물들 간, 그리고 동식물 군집 간의 상호관계에 관한 기본지식 없이 생태계에 인간이 손을 대는 것은 위험하다고 경고한다. ANWR과 다른 생태계의 생물학적 일체성을 유지하는 것이 보전생물학자들의 일차적인 목표다. 이를 달성하기 위하여 우리 중 몇몇이 생활방식을 바꾸고 에너지를 아껴 써야 하더라도 말이다. 미국 공화당원 중 한 사람은 하등 관계도 없는 철도공사 인부들의 퇴직수당 증대와 ANWR에서의 석유시추를 연관시키려 했으나 이 의안은 2001년 12월 3일 부결되었다. 2002년 4월 ANWR의 석유시추 계획은 미국 상원에서 다시 한 번 부결되었다. 미국 환경보전협회는 적어도 당분간은 이 잘못된 에너지 계획이 시행되지 않을 것이라는 데 안심해도 좋을 것이다. 우리가 그런 청정지역을 망치려 했다는 사실이 나는 아직도 믿기 어렵다.

우리는 화석연료가 무한하지 않다는 것을 깨닫고 현재 석유를 대체할 수 있는 많은 신기술들이 개발되고 있다는 것을 알아야 한다. 내 주위에도 전기자동차나 하이브리드 자동차, 건전지나 다른 대체 엔진으로 작동하는 차량을 타고 다니는 사람들이 있다. 이러한 자동차들은 구입할 때는 조금 더 비싸지만 유지비는 훨씬 적게 든다. 그리고 사려는 사람들이 많아질수록 가격도 더 빨리 내려갈 것이다. 그러나 가격을 신경 쓰지 않는 사람들 중 몇이나 이러한 자동차를 사려고 할 것인가? 안타깝게도 지금까지는 아주 극소수다. 이러한 자동차들 말고도 우리 각 개인이 화석연료나 다른 종류의 에너지 사용을 줄일 수 있는 방법은 아주 많다.

미 국방부와 국제무역센터에 가해진 테러사건 이후 '테러와의 전쟁'이 시작되었다. 이것은 알래스카의 북극보호지역과 같은 장소를 개발하고 싶어하는 사람들에게 좋은 구실이 되었다. 전쟁을 치르기 위해서는 연료가 필요하므로 불모지에서 석유를 시추하는 계획에 이의를 제기하는 것은 애국적이지 못한 행동으로 보일 것이다. 실제로 많은 미국인들이 현재 인류가 겪고 있는 고통 앞에서 환경보전이나 동물보호에 대한 논제를 꺼내기를 꺼려한다. 그러나 내 생각에 이것은 전적으로 잘못된 것이다. 지금은 이러한 논제들을 위하여 더욱더 이전보다 더 열심히 노력해야 할 시점이다. 연약한 지구를 더 파괴하도록 내버려둔다면, 결국 우리는 테러리스트들에게 또 다른 승리를 안겨주는 격이다. 그로 인해 우리 자손들의 삶이 어쩌면 영원히 황폐화될 것이기 때문이다.

또 다른 관점에서 보자. 사람들이 기계를 가지고 북극과 같은 불모지로 이주해 들어가면, 많은 동물들이 죽게 되며 그들의 보금자리가 파괴되어 수십만의 동물들이 테러를 당한 셈이 된다. 동물의 입장에서 볼 때 이것이 테러가 아니고 무엇이겠는가? 이러한 인간의 활동이 야생에 심각한 교란을 초래한다고 생각한다. 벌목, 채굴, 개발, 도로 건설, 댐 건설 등 이루 다 열거할 수조차 없는 모든 인간의 활동이 마찬가지다. 마하트마 간디도 왜 사람들이 건물이나 예술작품과 같은 인간의 창조물을 파괴하면 '야만행위'라고 하면서 신의 창조물을 파괴하면 '진보'라고 치부해버리는지 궁금해했다고 한다.

유전자 조작 식품과 약품

최근 싹트고 있는 유전자 조작 식품산업 혹은 '프랑켄푸드Frankenfood' 산업도 자연의 흐름을 위협하는 요인 중 하나다. 일본 과학자들은 돼지와 시금치 유전자를 조합해서 더 건강한 돼지를 만들어냈다고 주장한다. 우리는 이러한 먹거리가 인간의 건강을 어떻게 위협할지, 유전공학이 자연적 작용에 어떠한 영향을 미칠지 거의 알지 못한다. 유전자 조작 식물을 만들 때 새로 삽입되는 유전자는 전혀 다른 종에서 추출되기도 하므로 어떨 때는 동물이나 세균의 유전자가 식물에 삽입되기도 한다. 많은 경우에 이런 식물들은 특정 제초제(잡초를 죽이는 약)에 내성을 갖거나 혹은 자체적으로 살충물질을 만들어낸다.

유전자 조작 식물산업을 장려하고 있는 미국 농무부는 늘어나는 인구를 먹이기 위해 더 많은 양을 수확할 수 있게 되었다고 주장한다. 또한 유전자 조작 식물들은 살충제도 덜 필요하고 제초제에도 더 잘 견디기 때문에 생태계에 뿌려야 하는 화학물질의 양이 줄어든다고 말한다. 그러나 일부 학자들은 이 기술에 대한 장기적인 검증 과정이 없다는 점을 지적하면서, 이 식물들이 만들어낸 살충물질에 곤충들도 내성을 갖게 될 것이며, 유전자 조작은 인간에게 악영향을 미치는 독성물질이나 알레르겐 allergen(알레르기를 일으키는 물질)을 만들어내는 돌연변이를 유발할 수 있다고 말한다. 이러한 물질이 일단 환경에 유입되면 걷잡을 수도 되돌릴 수도 없을 것이라는 주장이다.

유전자 조작 식품의 안전성에 관한 논란이 과학자, 정부, 소비자들에 의해 끊임없이 벌어지고 있는데도 생산자들 사이에서는 유전자 조작 식품이 점점 더 만연하고 있다. 1996년에는 미국 내 콩과 옥수수의 10% 미만이 유전자 조작 품종이었으나 1998년에는 33%의 옥수수와 40%의 콩이 유전자 조작 품종이었다. 전 세계적으로 목화와 콩을 포함한 다양한 유전자 조작 식물이 재배되고 있는 면적은 40만 평방킬로미터에 이른다. 유전자 조작 식품의 종류도 다양해져 옥수수, 캐놀라, 아마, 파파야, 감자, 토마토, 후추, 호박, 양상추 등 식물뿐 아니라 효소, 유제품, 애완동물 사료 등도 있다.

유전자 조작 콩은 콩가루, 식용유, 레시틴, 콩 단백질 추출물, 콩 농축액의 원료가 되며, 콩과 그 추출물은 가공식품의 60% 가까이 사용된다.

빵, 사탕, 시리얼, 감자칩, 초콜릿, 쿠키, 크래커, 영양강화 밀가루와 국수, 튀김, 냉동 요구르트, 아이스크림, 이유식, 마가린, 단백질 가루, 소스, 콩으로 만든 치즈, 간장, 두부, 베지버거(채식주의자나 고기를 못 먹는 사람들을 위한 대안 햄버거. 고기 대신 콩으로 만든 패티를 사용한다 — 옮긴이), 소시지, 샴푸, 거품목욕제, 화장품, 그리고 비타민E에 이르기까지 콩이 들어가는 가공제품의 종류는 매우 다양하다. 유전자 조작 방법으로 제조된 약물에는 안티트롬빈Ⅲ, 안지오텐진, 인슐린과 프롤락틴이 있다.

내 생각에 유전자 조작 식품은 우리가 21세기에 개발해낸 가장 위험한 기술 중 하나다. 하지만 그보다 앞서 틀림없이 불길한 무언가가 있을 것 같다. 유전자 조작 식품에 대한 뉴스는 몬산토Monsanto 같은 거대 다국적 기업의 이름과 함께 너무도 자주 방송에 오르내린다. 예를 들면, 최근 영국에서는 정부에 고용된 한 폴란드인 과학자의 몬산토 사 유전자 조작 감자에 대한 조사결과를 발표했다. 그는 유전자 조작 감자를 실험용 쥐들에게 먹였고, 그 쥐들은 두뇌 조직이 축소되고 다른 내장기관에 장애를 입었다고 보고했다. 며칠 후 이 과학자는 TV에 나와서 그 실험에 오류가 있고 실험결과는 잘못된 것이라 시인했으며 결국 사임했다.

1년쯤 지났을 때 나는 우연히 BBC 국제방송에 그 과학자가 출연하여 유럽 내 다른 과학자들이 그가 했던 유전자 조작 감자와 쥐에 대한 실험을 재연했다는 것에 관한 뉴스를 듣게 되었다. 그러나 이후 아무 소식이 없었고, 뉴스가 나온 지 얼마 지나지 않아 영국의《데일리 텔레그래프》에 짧은 기사가 실렸다. 프랑스 남부에서 유전자 조작된 평지 씨를 재배했다는 기사였다. 이 식물들이 꽃을 피웠을 때 수백 마리의 벌들이 몰려왔지만 그 벌들은 모두 죽었다는 것이다. (이것이 양봉산업에 타격을 입힌 이후에) 사인을 조사한 생물학자들은 '아마도' 꽃가루가 벌의 중추신경계에 영향을 주어 집으로 가는 길을 알아내지 못하게 한 것이 아닌가 추정하였다.

더 끔찍한 것은 이 벌들은 먹이를 구하려고 집에서부터 장장 3킬로미터를 날아오기도 한다는 것이다. 유전자 조작 식물의 꽃가루를 묻힌 벌들은 '정상적인' 식물들에게 이 꽃가루를 뿌리게 할 수도 있으며 시험적으로 운영되고 있는 유기농장에 악영향을 미칠 수도 있다. 제왕나비의 애벌레들이 유전자 조작 옥수수의 꽃가루가 묻은 나뭇잎을 먹고 죽었다는 증거도 나왔다. 2001년에는 동물사료로 개발된 유전자 조작 옥수수를 먹고 알레르기를 일으킨 사람도 여러 명 생겼다. 이러한 먹이를 동물에게 오랫동안 먹였을 때 과연 그 동물뿐 아니라 그 동물을 먹는 인간에게 어떠한 결과가 초래될 것인가?

휴물린Humulin(인간의 인슐린)과 같은 유전자 조작 약품에도 문제가 있다. 아직 임상실험이 끝나지도 않았는데 휴물린은 1995년 미국 내 가장 부작용이 심한 약물 중 8위를 차지했다. 캐나다에서는 여러 회사의 rDNA 인슐린이 450가지 이상의 약물 부작용을 일으키는 것으로 나타났다. 합성 인슐린을 사용한 8명이 사망한 경우도 포함해서 말이다.

어떤 연구자들은 유전자 복제 기술로 '슈퍼' 동물을 만들 수 있다고 한다. 수백 마리의 동물들이 보호소에서 입양되기를 기다리고 있는데도 '대안 애완동물'까지 만들 수 있다고 떠들어댄다. 그러나 유전자 조작을 수반한 동물 복제 실험의 결과는 매우 상반되고 논란의 여지가 많다. 과학자들은 동물 복제가 성공적이었는지 혹은 앞으로 성공적으로 이루어질 수 있을지에 대해 일관된 견해를 제시하지 못하고 있을 뿐 아니라, 복제 기술 오용에 대한 위험 또한 늘 도사리고 있다. 세계 최초의 복제양 돌리는 늙은 양에서 세포를 추출했기 때문인지 조기 노화현상을 보였으나, 복제소 여섯 마리는 실제 나이보다 젊은 징후를 보였다. 과연 조만간 '불로장생의 샘'이 발견될 것인가? 이것이 정말 좋은 일일까?

복제된 쥐들이 간 손상과 폐렴으로 일찍 죽는다는 것이 일본에서 밝혀졌다. 멸종위기에 놓인 야생 들소를 복제하려는 노력은 아기 들소 '노아'가 태어난 지 48시간 만에 세균성 장염에 감염되어 수포로 돌아갔다. 중국의 팬더를 복제하려는 노력은 인간을 복제하려는 계획과 함께 아직도 진행 중이다. 그러나 어느 선까지 계속될 것인가? 유전자 복제가 우리가 기다려온 만병통치약이나 불로장생의 약이 될 것인가? 그래서 세상이 더 좋아질 것인가, 아니면 고삐 풀린 과학의 지옥이 될 것인가? 우리는 이 것저것을 마구 복제하려는 연구가 과연 장기적으로 어떤 영향을 미칠지 전혀 알지 못하고 있다.

이런 모든 것에 대하여 우리가 할 수 있는 것이 있다. 우리는 소비자이므로 무책임한 방법으로 제조되었다고 생각하는 제품들을 구매하지 않을 권리가 있다. 많은 유럽국가의 소비자들은 유전자 조작 식품과의 전쟁에서 승리하고 있다. 영국에서도 식품의 겉포장에 모든 유전자 조작 성분을 명기하도록 되어 있다(거의 불가능할 때도 있기는 하다). 농부들은 더 이상 유전자 조작 식물들을 재배하지 않는다. 식물을 재배한 뒤 그 씨를 수거하여 이 중 유전자 조작 식물의 씨가 섞여 있으면 그 농부는 재배 식물을 폐기하여야 하고 정부로부터 그에 대한 보상을 받는다. 제한된 실험실 밖에서 하는 과학 실험도 금지되었다.

이런 모든 조처는 영국뿐 아니라 프랑스와 독일 사람들이 나라 전역에 걸쳐 벌인 유전자 조작 식물 재배 반대로 얻어진 것이다. 이들은 유전자 조작 식품이 위험하다는 강한 신념으로 감옥에 갈 각오까지 되어 있던 사람들이다. 인도에서도 사람들의 항의 때문에 '터미네이터 씨(스스로는 생식력이 있는 씨를 만들어내지 못하기 때문에 이렇게 이름 붙여졌다)'로 재배한 유전자 조작 쌀은 재배가 불가능해졌다. 일본은 유전자 조작 식품을 받아들이지 않겠다고 단언했다. 여론이 힘을 발휘한 것이다.

　미국 사람들도 유전자 조작 식품의 위험성을 점차 인식하고 있다. 허쉬와 M&M 사는 생산자들에게 유전자 조작된 사탕수수를 재배하지 않도록 권유하고 있는데, 이것은 이들이 그 기술을 신뢰하지 못해서가 아니라 많은 소비자들이 유전자 조작된 설탕이 들어간 식품을 거부하고 있기 때문이다. 실제로 미국 농무부는 대중적인 관심에 부응하여 유전자 변형 옥수수가 먹이사슬에 유입되는 것을 막기 위해 씨를 사들이는 데 수백만 달러를 지출했다.

동물의 고통과 그 대안

　'프리머린Premarin'이라는 약품을 여성들이 사지 않으면 그만큼 고통받는 암말의 수를 줄일 수 있다고 한다. 프리머린은 임신한 암말의 소변에 들어 있는 성분으로, 전 세계적으로 에스트로겐 대용으로 쓰이며, 폐경으로 인한 증상을 완화시켜주고 심장병 확률을 경감시킬 뿐 아니라 자궁적출 수술을 받은 여성들의 골다공증 위험을 줄여준다. 그러나 이러한 에스트로겐 요법은 사용 후 9년이 지나면 유방암의 위험이 70%까지 증가하며, 7년이 지나면 자궁내막암의 위험도 5.6배 정도 증가하는 것으로 보고되었다.

　사람들은 프리머린이 어떻게 생산되고 있는지에 대해서는 잘 모른다. 암말들은 임신 6~17주 동안 좁은 마구간에 갇혀 옴짝달싹 못한다. 오랫동안 움직이지 않고 서 있어야 하기 때문에 관절이 뻣뻣해지고 하지에 이상이 생긴다. 암말들은 고무로 된 소변주머니 때문에 편히 앉지도 못하며, 소변이 진할수록 좋기 때문에 물도 충분히 먹지 못한다. 고름이 질질 흘러도 소변이 오염될 수 있으므로 항생제를 맞지도 못한다. 프리머린 농장에서는 약 7,000마리의 망아지가 매년 태어나는데, 이 중 3,000마리가 프리머린 생산에 투입되며 나머지 4,000마리는 식품공장에 팔려 육용으로 도살된다. 야생에서는 여섯 달 동안 엄마 곁에서 보살핌을 받지만, 프리머린 농장의 새끼들은 서너 달 동안만 엄마 곁에 붙어 있을 수 있다. 어느 농장 조사관의 일지에는 다음과 같은 한 농장주의 말이 적혀 있다. "몇 달 동안 서 있는 것에 지친 암말들은 종종 신경질적으로 사람을 발로 차거나 물려고 한다…… 이러한 일이 있을 때에는 암말의 코를 힘껏 후려쳐라. 그러면 제자리로 돌아간다."

프리머린을 생산하는 데 암말들이 더 이상 학대받지 않도록 하려면 프리머린 대신 합성 약물인 에스트라도일, 에스트로피페이트, 에스트론 등을 사용하면 된다. 캘리포니아 말 협회의 일원이자 '말을 구합시다' 캠페인의 캐슬린 도일이 애쓴 덕택에 캘리포니아 주에서는 말 도살을 금지하는 법령인 '제안 제6호'가 통과되었다. 프리머린 농장은 더 이상 캘리포니아에서는 허가받지 못한다. 캐나다의 피치랜드에서는 내과의사이면서 외과의사이기도 한 레이 켈로살미와 그 아내 노린 노로키가 프리머린 산업 때문에 버려진 망아지들의 보호소를 운영하고 있다. 이들 부부는 매년 1만 달러 정도를 지출하고 있지만, 수의사들이나 사료 공급자들로부터 무료 서비스를 받지 못해 말에게 먹일 여물과 사과를 직접 재배하고 있는 형편이다.

개, 고양이, 실험용 쥐, 기니피그와 토끼 등 수백만 마리의 동물들이 약물뿐 아니라 향수, 샴푸, 비누, 눈 화장품 등 꼭 필요하지 않은 화장품 테스트에 동원되고 있다. 제품의 독성이나 위험도를 측정하기 위하여 살아 있는 동물들에게 치명적인 양을 실험하는 경우도 있다. 동물들에게 약을 주입하는 방법도 여러 가지여서 입으로 먹이거나, 혈관으로 주사하거나, 위까지 연결된 튜브에 넣거나, 증기를 흡입하게 하거나 아니면 피부에 바르기도 한다. 50%의 실험동물이 죽을 정도의 양을 50치사량(Lethal Dose, LD50)이라 하고, 100%가 죽는 양을 100치사량(LD100)이라 한다. 이런 테스트에서는 상당수의 동물들이 경기와 발작, 근육경련, 복통, 마비, 그리고 귀, 눈, 코와 직장출혈 등으로 엄청난 고통을 받게 된다. 또 지나치게 많이 혹은 너무 적은 수가 죽으면 그 테스트는 반복된다.

이런 테스트들은 비인도적일 뿐 아니라 테스트의 결과가 실험 조건에 따라 달라지기 때문에 그 실험 종에 대해서, 심지어는 같은 종의 암컷과 수컷에 대해서도 그 결과를 일반화시킬 수 없는 문제가 있다. LD50은 인간에게 안전한 약물의 양을 추정하는 데 사용된다. 예를 들어, 파라콰트 paraquat는 1960년대에 제초제로 처음 쓰이게 되었는데, 실험용 쥐의 LD50이 몸무게 1킬로그램 당 120밀리그램이기 때문에 연구자들은 사람이 그보다 적은 양에 노출되는 것은 안전할 것이라고 추측했다. 그러나 12년 만에 400명 이상의 사람들이 파라콰트 때문에 사망했고, 연구자들은 그 원인에 대하여 실제 LD50이 몸무게 1킬로그램 당 4밀리그램 정도로 예전에 생각했던 것보다 훨씬 더 낮기 때문일 것이라 추정했다.

뿐만 아니라, 미국에서는 매년 동물로 임상실험한 약물의 부작용 때문에 100명 이상이 사망하고 있는 실정이다. 14초마다 한 명이 병원에 입원하며, 입원한 환자 일곱 명 중 한 명이 동물로 임상실험했던 약물의 부작용 때문에 입원한 것이라고 한다. 동물실험의 정당성이 떨어진다면 많은 제품들이 시장에서 사라지겠지만 동물들은 여전히 고통받을 것이다.

토끼에게 행하는 눈 자극 실험

토끼를 싫어하는 사람은 없다. 보드라운 털을 자랑하는 토끼와 함께 지내본 사람들은 이리저리 돌아다니는 토끼를 지켜보는 것이 얼마나 즐거우며 토끼가 얼마나 사랑스러운 동물인지 잘 알 것이다. 그러나 안타깝게도 토끼는 오랫동안 화장품 시험에 사용되어 왔다.

어떤 제품이 눈에 자극을 주는지 시험하는 '드레이즈 테스트Draize test'는 미국 식품의약국Federal Drug Administration(FDA) 소속의 과학자 존 드레이즈 John Draize의 이름을 딴 것이다. 존 드레이즈는 1944년 기존에 있었던 안구 자극 테스트의 채점 기준을 마련했다. 드레이즈 테스트는 토끼의 한쪽 눈에 액체 혹은 고체 물질을 넣거나 바른 뒤 각막, 결막, 그리고 홍채가 어떻게 달라졌는지를 관찰하여 점수를 매기는 테스트다. 토끼의 눈을 24시간, 48시간, 72시간, 4일, 7일이 지난 뒤 관찰하여 얼마나 손상되었는지 또 얼마나 회복되었는지를 판정한다. 드레이즈 테스트로 인해 토끼들이 겪는 고통은 상당할 것이다.

현재 보편화된 드레이즈 테스트의 사용에 반대하는 소비자들의 노력 덕분에 약물 테스트에서 다양한 대안이 개발되고 있다. 드레이즈 테스트를 반대하는 동물애호가 헨리 스파이라Henry Spira의 캠페인을 기점으로 동물들을 괴롭히는 행위에 대한 반대운동이 활발해졌다. 결국 화장품 기업들은 존스홉킨스 공중보건대학에 1981년까지 총 100만 달러를 지원해주었고, 그로 인해 '동물실험 대안 연구센터Center for Alternatives to Animal Testing(CAAT)'가 설립될 수 있었다.

환경오염물질 테스트

수많은 동물들이 환경오염물질, 암이나 선천성 기형 등을 유발하는 독성물질의 영향을 측정하는 시험에 쓰이고 있다. 독성물질 중에는 향신료, 일반적인 마취제와 디카페인 커피를 만드는 데 사용되는 트리클로로에틸렌(TCE), 살충제인 린덴Lindane과 DDT, 가축의 성장촉진제로 사용되는 디에틸스틸베스트롤(DES) 등이 있다. DDT가 야생동물과 자연환경에 미치는 엄청난 악영향은 이미 앞에서 설명한 레이철 카슨의 유명한 책 《침묵의 봄》에서 주로 다루고 있고 있다.

환경오염물질의 영향을 연구하는 데 동물을 사용하는 것은 그 결과에도 상당한 문제가 있다. 동물로부터 얻은 많은 결과를 인간에게 직접 적용할 수 없는데다가 오염물질이 인간에 미치는 영향에 대해 의미 있는 결과를 얻기에는 실험 방법이 부적절한 경우도 많다. 동물에게서 얻은 결과를 가지고 인간에게 미치는 영향을 예측하는 과정에서 발생하는 기술적이고 과학적인 문제가 수도 없이 제기되었으며, 인간이 환경 독성물질의 나쁜 영향에 어떻게 대처해야 하는가 하는 문제에는 전혀 진보가 없었다는 사실이 지적되었다. 독성물질이 인간에게 미칠 수 있는 영향을 실험하는 동물 테스트에 대한 반박으로 독성물질을 너무 많이 주입한다거나 인

간이 약물을 접하게 되는 방법과는 전혀 다른 방법으로 동물들에게 주어
진다는 점 등이 있다. 심지어 동물에게 머리 염색약을 먹이는 연구도 있
다고 한다. 실험 중에 화학물질이 동물에게 나쁜 영향을 미칠 수 있음이
분명하게 드러나더라도 이러한 결과들은 무시되었고 화학산업은 끊임없
이 성장해왔다.

환경오염물질을 동물에게 실험하는 것에는 분명히 대안이 있다. 배
양된 인간세포나 조직을 사용하거나 컴퓨터 모델과 자원한 사람을 이용
하는 방법 등이 그것이다. 몇몇 권위 있는 과학자들은 오늘날 우리가 동
물 테스트를 하는 것은 극히 제한적인 동물 모델 사용에 대한 주의 깊은
평가가 있었다기보다는 과거로부터 내려온 연구 전통 때문이라고 생각한
다. 미국의 유명한 과학자이며 권위 있는 과학 학술지《사이언스》의 편집
장을 지낸 필립 에이벌슨Philip Abelson은 "설치류를 이용한 발암물질 연구는
무지했던 과거의 퇴색한 잔재일 뿐이다"라고 말했다. 이러한 연구는 즉시
중지해야 한다.

소를 먹이는 데 드는 곡식

인간이 먹기 위해서 기르는 동물에게도 먹이와 물은 필요하며, 그 동
물들을 기르고 먹일 곡식을 재배할 넓은 땅도 필요하다. 예를 들어, 육식
가 한 명은 1년에 8~9마리의 소를 먹는다. 소 한 마리가 1년에 먹는 여물
과 옥수수, 콩을 충당하려면 약 4,000평방미터의 땅이 필요하다. 따라서
육식가 한 사람을 위해서 3만 6,000평방미터의 땅에서 자란 콩이 필요한
셈이다. 채식가 한 명에게 땅 2,000평방미터가 필요한 것과 비교하면 엄

청난 양이다. 육식가 한 명이 먹을 고기에 들어가는 곡식의 양이면 채식가 20명이 1년 동안 먹을 수 있다. 미국에서는 사람 10억 명이 먹을 수 있는 양의 곡식을 가축들이 먹어치운다. 소고기 1킬로그램을 만들기 위해서는 약 16킬로그램의 곡식이 필요하며, 고기 소비를 10%만 줄여도 인간이 먹을 수 있는 곡식 1,200만 톤이 절약된다. 이 정도의 양이면 해마다 굶어 죽는 약 6,000만 명의 사람들을 구할 수 있다. 게다가 밀 1킬로그램을 재배하는 데는 약 4리터의 물이면 충분한 반면, 소고기 1킬로그램을 만들려면 약 10만 리터의 물이 필요하다.

채식, 동물 도살의 대안

고기를 먹지 않고도 단백질을 얻을 수 있는 방법은 여러 가지가 있다. 채식 식단은 고기가 들어 있는 식단보다 훨씬 더 건강에 좋다. 특히 호르몬이나 항생제가 투여된 고기나 죽기 직전에 스트레스를 심하게 받은 고기는 건강에 좋지 않은 영향을 주며, 가축의 분뇨는 살모넬라와 대장균 오염의 주원인이 되기도 한다. 미국 질병관리센터의 보고에 따르면 매년 미국에서 육류 소비와 관련된 질병이 7,600만 건이나 발생한다고 한다. 영양사 콜린 캠벨은 중국 내륙의 식습관을 오래 연구한 끝에 저지방(지방량이 총 칼로리의 10~20%)의 채식 식단이 서양의 암과 심장병 등 만성 퇴행성 질환의 발생을 상당 부분 줄여준다는 것을 알아냈다. 그러나 '책임 있는 의약품을 위한 내과의사협회'에 따르면 미국 내에서 학교 식단에 고기 대신 지방도 적고 콜레스테롤도 없는 식물성 단백질을 사용하고 있는 곳은 12개 초등학교 중 한 곳에 불과하다고 한다.

육식을 하려면 동물들을 죽여야 하기 때문에 고기 소비를 줄이거나 아예 고기를 먹지 않기로 결심한 사람들이 많다. 햄버거나 다른 고기가 포함된 음식을 먹는 횟수를 한 달에 5번에서 2번으로 줄이고, 2번에서 1번으로, 그리고 다시 두 달에 1번 꼴로 줄이다가 결국에는 고기를 식단에서 제외시킬 수 있게 된다. 이런 식습관 변화는 굶어죽을 수도 있는 많은 사람들을 돕는 방법이기도 하다.

앞에서 마크가 말한 대로 채식가가 되거나 고기 소비를 줄이는 것은 동물들의 고통을 줄이고 굶주린 사람들을 먹일 수 있을 뿐 아니라 우리의 건강에도 도움을 준다. 어빈 래즐로우Ervin Laszlow는 그의 근저《대격변 Macroshift》에서 육식과 관련된 무시무시한 통계수치들을 적고 있다. 세계 고기 소비는 1950년에 4,400만 톤이던 것이 1999년에는 2억 1,700만 톤으로 늘어났다.

앞에서 설명한 바와 같이 가축에게 곡식을 먹이는 것은 심한 낭비가 아닐 수 없다. 고기를 먹고 낼 수 있는 에너지는 가축을 먹일 곡식을 재배하는 데 드는 에너지의 7분의 1에 불과하다. 따라서 곡식에서 고기로 에너지가 전환되는 과정에서 지구의 총 1차 생산량의 7분의 6에 해당하는 에너지가 손실되는 것이다. 래즐로우는 이러한 사실로부터 "육식에 의존하는 식습관은 건강을 해칠 뿐 아니라 도덕적으로도 옳지 않다. 육식은 인간 집단 전체를 먹이는 데 꼭 필요한 자원들을 낭비하려는 사람들의 소비심리에서 나온 식습관이기 때문이다"라고 주장한다.

육식을 줄이는 것은 지구의 건강에도 도움이 된다. 전 세계의 소비자들이 더 많은 고기를 필요로 함에 따라 야생의 세계는 점점 더 파괴되고 있다. 가축들에게 풀을 뜯길 땅과 사육장 안에 갇힌 엄청난 규모의 가축들을 먹일 곡식을 재배할 땅이 필요하기 때문이다. 세계 인구의 일부에 불과한 육식가들 때문에 브라질과 중남미의 우림이 끔찍하게 파괴되었다. 그러나 지구의 우림을 파괴하는 것을 반대하는 사람들 중에 패스트푸드를 사 먹지 않을 사람이 과연 얼마나 될까?

사람들의 태도는 빨리 바뀌지 않는다. 좋든 싫든 많은 사람들이 고기를 먹는 세계에서 우리는 살고 있다. 나도 피터 싱어Peter Singer의 책《동물해방Animal Liberation》(이 책은 우리말로 번역되어 나와 있다 — 옮긴이)을 읽고 공장식 사육과 닭장 등에 대해서 알기 전까지는 고기를 먹었다. 20여 년 전 육식을 삼가기로 결심했는데, 그 결정이 나의 건강과 힘을 지켜주었다고 확신한다. 순전히 윤리적인 근거로 내려진 결정이지만 말이다. 그러나 고기를 먹으면서도 동물들의 고통을 줄여줄 수 있는 방법이 있다. 유기농의 방목된 고기를 먹는 것이 그 방법이다. 이러한 고기는 찾기 어려울 뿐 아니라 비싸다. 그러나 당신의 입으로 들어가고 있는 고기를 제공한 동물들이 나름대로의 삶을 즐겼다는 것을 아는 것만으로도 만족감을 느낄 수 있다(항생제나 호르몬으로 오염된 고기가 아니라는 사실에서 안심할 수도 있다). 풀어서 기른 닭이 낳은 유기농 달걀은 훨씬 쉽게 구할 수 있다.

래즐로우는 수출용 담배재배가 비옥한 땅에 사는 가난한 사람들의 돈을 빼앗아가고 있다고 지적한다. 담배가 아니라면 곡류작물이나 야채를 재배할 수 있기 때문이다. 그러나 담배 시장이 존재하는 한, 많은 농장주들은 담배를 심을 것이다. 담배재배는 환경에도 나쁜 영향을 준다. 탄자니아에서는 담배재배로 인해 삼림이 많이 훼손되었다. 육식을 줄이고 담배를 덜 피우면 수백만의 사람들이 야생을 파괴하지도, 위험한 유전자 조작 식물을 재배하지도 않게 될 것이다. 그리고 인간의 건강증진에도 많은 도움이 될 것이다.

21세기를 시작하는 우리 앞에 놓여 있는 끔찍한 환경 문제와 인도주의적 문제들을 생각하면 자칫 침울해지기 쉽다. 거대한 다국적 기업들의 횡포, 사람들의 지나친 소비생활 습관, 부주의한 자연파괴, 동물과 인간에 대한 잔인한 행위들……. 그러나 희망을 버려서는 안 된다. 우리가 걱정하는 목소리를 내고 믿음을 지켜내기 위해 적절한 조치를 취한다면 세상은 틀림없이 달라질 것이다. 일단 충분한 수의 사람들이 위기를 인식하고 그들의 힘을 믿는다면 사람들은 놀라운 결과를 이뤄낼 수 있다.

윤리적인 근거에서 어떤 것은 사고 어떤 것은 사지 않을 것인가 선택할 수 있다. 이러한 개인의 선택은 소비사회의 법률보다도 훨씬 더 빨리 기업들을 변화시킬 것이다. 어린이나 어른들의 노동력을 착취하여 만들어낸 상품은 사지 말아야 하듯이, 동물실험을 거친 화장품이나 주방용품은 사지 말아야 한다. 건강에 좋고, 살충제와 화학비료로부터 곤충, 새 그리고 다른 야생동물들을 지켜주는 유기농 식품을 고집할 필요가 있다.

주위를 둘러보면 한 사람의 행동이 얼마나 세상을 변화시킬 수 있는지 보여주는 역할모델들이 많이 있다. 아홉 번째 계명은 바로 이 역할모델들에 대한 것이다.

동물과 자연을 위해
일하는 사람들을 돕자

Praise and Help Those Who
Work for Animals and the Natural World

여기에서는 동물과 자연에 대한 사랑 하나로 힘든 노동도 마다 않고 몸 바쳐 일하며 세상을 변화시킨 사람들에 대한 이야기를 하고자 한다. 우리는 그들의 노력에 감사해야 한다. 눈에 띄지는 않지만 그들 곁에서 묵묵히 도와준 많은 사람들에게도 칭찬을 아끼지 말아야 한다.

나는 줄곧 사람들에게 각 개인의 중요성에 대해 말해왔다. 한 사람 한 사람이 다 세상에서 중요한 역할을 담당하고 있으며, 이것은 인간뿐 아니라 동물도 마찬가지라고 생각한다. 그 동안 내가 전 세계를 돌아다니며 강연하고 책으로 썼던 내용의 주제도 바로 이것이다. 더 많이 여행하고, 더 많은 책을 읽고, 더 많은 사람들과 이야기를 나눌수록 나는 한 사람의 위대한 잠재력에 놀라게 된다. 불가능해 보이는 일에 도전하고 실패하거나 비난받더라도 무언가를 성취하기 전에는 절대로 포기하지 않는 사람들, 그리고 다른 사람들에게 동기를 부여하고 힘을 불어넣어주는 삶을 사는 사람들의 이야기는 늘 나에게 감동을 준다.

닮은꼴 영혼, 지킴이, 그리고 의사

심리학자 로저 파우츠Roger Fouts는 그의 부인 데비와 함께 침팬지와 인간 사이의 의사소통을 연구해왔다. 파우츠는 최근 《가장 가까운 친척Next of Kin》이라는 책에서 동물의 복지를 위하여 일하는 사람은 '애호가'보다는 '의사'에 더 가깝다고 주장했다. 이것은 매우 중요한 지적이다. 동물을 위해 일하는 것은 단지 동물에게만 좋은 것이 아니라 우리 인간의 정신건강에도 좋고 우리 스스로 자부심을 갖도록 만들어준다. 우리 자신의 상처뿐 아니라 다른 존재들의 상처까지도 치료하고 있다는 생각은 수많은 사들에게 힘든 상황에서도 꿋꿋이 일어설 수 있는 힘이 된다.

동물과 환경보호 분야에 삶을 바친 혹은 생명을 건 사람은 전 세계적으로 수천 명에 이른다. 동물에 대한 잔인한 행위를 처벌하는 법규나 환경보전에 관한 조항을 새로 만들기 위해서 쉬지 않고 로비활동을 하는 사람들, 시위를 조직하고 시위에 참여하는 사람들, 같은 관심을 가진 사람들을 모아 그룹을 조직하는 사람들, 집에서 기르는 닭에서부터 학대받은 코끼리에 이르기까지 여러 동물의 구조센터를 설립하기 위해 일하는 사람들 등 수많은 사람들이 아주 다양한 일을 하고 있다. 동물의 고통을 덜어주기 위해 노력하는 사람들이 많아지면서 구조센터와 재활센터는 그 수가 점점 늘고 있다. 동물과 환경에 관한 법규를 강화하기 위해 조직된 기구들도 전 세계 어디에서나 찾아볼 수 있을 정도다.

동물 한 마리 — 날개를 다쳐 길에 누워 있는 새 한 마리나 길을 잃고 헤매는 개 한 마리 — 로부터 시작하여 걷잡을 수 없을 만큼 규모가 커진 프로젝트들도 많다. 처음 한 마리의 동물이 얼마나 큰 변화를 일으키는가! 처음에는 예산도 아주 보잘것없지만 프로젝트의 규모가 점점 커지면서 필요로 하는 후원금의 크기도 점점 커지게 된다. 그러나 동물보호에 앞장서는 자원자들도 있는 반면 후원금 조달과 사무를 돕겠다는 자원자들도 항상 있으며, 버려지고 학대받은 동물들을 집에 데려가 기꺼이 그들의 노예가 되는 사람들도 무수히 많다. 한 푼 두 푼 아껴 모은 재산을 수십 마리의 버려진 개나 고양이를 보살피는 데 쓰는 나이든 사람들의 이야기들은 또 얼마나 많은가.

미국에서는 헨리 버그Henry Bergh라는 단 한 사람의 노력으로 '미국동물학대방지협회American Society for the Prevention of Cruelty to Animals(ASPCA)'가 1866년

에 설립되었다. 이 기구는 현재 세계에서 가장 큰 인도주의적 단체이다. 버그는 당시 뉴욕 사람들이 아무렇지도 않게 말을 학대하는 것에 충격을 받았다. 버그가 최초로 고소한 사건은 지쳐 쓰러져 있는 말을 마차 바큇 살로 때린 마부를 고소한 것이었는데 그는 이 재판에서 승소했다. 버그는 또한 농장과 서커스 등 동물이 학대받는 곳의 상황을 개선시키려고 노력하였다. 놀라운 것은 버그가 어린이 학대에 대해서도 걱정하였으며, 그가 한 어린이 학대사건을 법정으로 끌고 갈 수 있었던 것도 동물학대를 반대하는 법률이 있었기 때문이었다. 이 싸움에서도 버그는 이겼고, 이로 인해 어린이 보호법이 처음 생겨나게 되었다.

헨리 스파이라는 1976년에 동물 변호를 하기 시작했다. 스파이라가 처음 이 일을 시작하게 된 것은 미국 자연사박물관에서 실시한 고양이의 성적性的 행동에 대한 실험 때문이었는데, 스파이라의 노력으로 이 실험은 1977년에 중단되었다. 그 후 1980년 4월 15일《뉴욕타임스》에 실린 전면광고를 보고 스파이라는 화장품 회사들이 일상적으로 립스틱, 면도 로션, 아이새도 등에 들어갈 성분을 실험하면서 동물들을 눈멀게 하고 중독시킨다는 것을 알게 되었다. "아름다움을 위해 레블론(유명한 다국적 화장품 회사-옮긴이)이 장님으로 만드는 토끼가 몇 마리나 되는 줄 아십니까?"라고 스파이라는 묻는다. 스파이라는 우리가 여덟 번째 계명에서 다뤘던 드레이즈 테스트와 LD50 테스트 반대에 주력하고 있다.

스파이라와 그 동료들의 지칠 줄 모르는 노력에 힘입어 현재 병원, 대학, 정부 연구실에서 비동물 대안을 사용하도록, 그리고 동물실험이 꼭 필요한 곳에서는 동물을 필요 이상으로 학대하지 않도록 감시하는 조사기관을 만들 것을 종용하는 캠페인이 벌어지고 있다.

크리스틴 스티븐스Christine Stevens는 1951년 동물복지협회를 설립하였다. 크리스틴은 그 동안 모든 종류의 동물학대 방지와 동물보전에 관련된 문제점들을 해결하기 위하여 노력해왔다. 미국의회에서 성공적으로 법안이 통과될 수 있었던 것도 크리스틴 덕분이었다. 크리스틴과 나는 지난 몇 년간 여러 주의 입법기관을 직접 방문하여 많은 성과를 거두었다. 또 하나의 예사롭지 않은 인물은 셜리 맥그릴Shirley McGreal 박사이다. 셜리는 국제영장류보호연맹The International Primate Protection League(IPPL)의 설립자이자 회장으로 영장류 동물을 학대하거나 영장류 포획과 운송에 관련된 국제법을 위반하는 사람은 누구라도 붙잡아 들인다는 각오로 일하고 있다. 셜리는 영장류들을 끔찍한 상태로 방치한 오스트리아의 거대 제약회사 이뮤노와 맞서 싸웠다. 이뮤노를 비난한 다른 사람들과 마찬가지로 셜리도 고소를 당했고 모든 것을 잃었으나 그는 개의치 않고 전처럼 꾸준히 일하고 있다. 수천 마리의 영장류들이 셜리의 노력을 고마워할 것이다.

어떤 활동이라도 소중하다

의약학 연구실 안에서 몰래 그리고 너무도 자주 벌어지고 있는 동물학대에 대한 증거를 찾는 것은 쉬운 일이 아니다. 앨릭스 파치코Alex Pacheco는 메릴랜드 실버스프링의 한 의약 연구센터가 행한 영장류에 대한 학대 증거를 잡기 위해 직원으로 취직하였고, 2년 후 그 증거를 비디오카메라에 담을 수 있었다. 언젠가 내 강연 후 상영된 이 비디오를 본 적이 있는데, 당시 이런 분야에 대해서 잘 모르고 있었던 나는 엄청난 충격을 받았다. 이 비디오는 나뿐만 아니라 여러 사람들에게도 큰 충격이었으며, 앨릭스는 사람들에게 그 연구실을 문닫게 하는 데 도와달라고 설득했다. 앨릭스는 그것을 시작으로 잉그리드 뉴커크Ingrid Newkik와 함께 '동물에 대한 윤리적인 대우를 위하여 모인 사람들People for the Ethical Treatment of Animals(PETA)'을 설립하였다. PETA는 오늘날 미국에서 가장 큰 동물보호 단체가 되었다.

최근에는 매트 로셀Matt Rossell도 앨릭스 파치코와 같은 목적으로 오리건 영장류연구센터에 취직하였다. 이 연구센터에는 약 1,000마리의 원숭이가 있지만 대부분 좁고(높이와 너비가 2미터도 채 안 된다) 더러운 상자 안에 갇혀 있다. 여러 잔인한 실험 중에서도 매트는 '전기 사정'에 관한 자료를 입수할 수 있었다. 전기 사정은 독일 게슈타포들이 포로들을 고문할 때 쓰던 방법과 비슷한데, 어른 수컷 원숭이를 의자에 묶어놓고 성기 주위로 2개의 금속 밴드를 감은 다음 전기충격을 주어 사정하게 만드는 것이다. 이러한 실험의 목적은 간단하다. 정자 표본을 얻는 것이다. 몰래 촬영된 원숭이(14609번 원숭이, 쇠창살을 물어 '조스'라고 불렸다)는 1991년부터 2000년 3월 중순까지 241번이나 같은 실험에 쓰였는데, 이 중에는 한 번 이상 사정한 경우도 있으므로 실제 횟수는 그보다 훨씬 많을 것이다. 그 원숭이가 끔찍한 고문을 피하려고 발버둥쳤을 것은 의심할 여지도 없다. 매트의 용감한 잠복근무 결과 이 실험은 금지되었으며, 그 연구센터의 수의사 한 명이 사임했고 몇몇 과학자들도 연구센터를 공개적으로 비난하게 되었다.

고문에 가까울 정도로 끔찍한 갖가지 실험에 사용되고 있는 원숭이나 다른 의식을 지닌 동물들의 숫자는 수백만에 이른다. 그리고 수백 명의 사람들이 그들을 돕기 위해서 열심히 일하고 있다. 마크도 다른 지역 활동가들과 함께 이 분야에서 일하고 있는데, 이들이 의과대학생들의 실습에 쓸데없이 개가 사용되고 있다는 사실을 공개적으로 비난한 덕분에 많은 의과대학생들이 개가 '희생'되고 있는 생리학 실습을 거부하였다. 콜로라도 대학교 의과대학에서는(마크는 현재 콜로라도 대학 볼더 분교의 교수로 재직하고 있다), 과학적으로도 결코 질이 떨어지지 않고 교육적으로도 더 온당한 동물 대안을 선택하는 학생의 수가 지난 4년간 2명에서 40명 가까이로 늘어났다. 마크가 자신을 고용한 조직에 맞서는 데에는 상당한 용기가 필요했을 텐데, 그 용기로 얻어낸 결과는 자랑스러운 것이다. 다행히 동물학대를 고발하는 데에 자신의 직장, 심지어 목숨까지도 내놓을 각오가 되어 있는 사람들은 전 세계 어느 곳에나 있다.

새로 조직된 '실험에 쓰이는 영장류 보호단체Laboratory Primate Advocacy Group(LPAG)'은 잔인하고 어떤 때에는 쓸데없기까지 한 영장류에 대한 실험을 반대할 목적으로 결성되었다. 이 조직은 실제로 실험실에서 일했던 경험이 있는 사람들로 구성되어 있기 때문에 앞으로 많은 성과를 올릴 것으로 기대된다. 이 사람들은 일상적으로 자행되고 있는 영장류에 대한 학대에 대해 너무도 잘 알고 있으므로 직접 경험에서 오는 좋은 의견을 도출해 낼 수 있다.

직업을 이용하여 상황을 변화시키려 하는 사람들도 점점 늘어나고 있다. 내과의사 닐 바너드Neal Barnard는 '신뢰할 수 있는 약품을 위한 의사협회Physicians Committee for Responsible Medicine(PCRM)'를, 수의사 네딤 부유크미시Nedim Buyukmihci는 '동물보호를 위한 수의사협회Association of Veterinarians for Animal Rights(AVAR)'를, 심리학자 케네스 샤피로Kenneth Shapiro는 '동물들에 대한 윤리적 대우를 위한 심리학자들의 모임Psychologists for the Ethical Treatment of

Animals(PsyETA)'을 각각 조직했다. 이 조직들은 동물에게 고통을 줄 뿐 아니라 사람들에게 불필요하고 잘못된 정보를 줄 수 있는 의약 연구와 교육 과정에서 어떻게 동물들이 쓰이고 있는지를 대중에게 알리는 역할을 담당해왔다.

내과의사 레이 그릭Ray Greek과 수의사인 부인 진 스윈들 그릭Jean Swindle Greek은 《신성한 소와 황금거위Sacred Cows and Gold Greese》라는 책을 썼는데, 이 책에서는 인간 질병 연구에 사용되는 동물 모델에 대한 사람들의 잘못된 생각들을 기술하고 있다. 케네스 샤피로도 《인간 심리에 대한 동물 모델 Animal Models of Human Psychology》이라는 책에서 동물 모델을 사용한 심리학 연구, 특히 식습관 장애에 대한 연구가 전혀 성공적이지 못했다는 것을 밝히고 있다. 호주의 수의사 앤드류 나이트Andrew Knight는 수의과 대학의 교과과정에 인도주의 교육에 대한 강의를 개설하려고 끊임없이 노력하고 있다.

철학자들도 동물을 보호하자는 목소리를 내기 시작했다. 피터 싱어는 《동물 해방》에서 의약연구에 쓰이는 동물과 공장식으로 사육되고 있는 동물에 대한 학대를 고발하고 모든 의식을 지닌 생명체들을 인간 '동정의 범주'에 넣을 것을 주장했다. 1975년에 처음 출간된 이 책은 나를 포함한 수백 명의 사람들에게 채식주의자로 전환하는 계기를 마련해주었다. 최근에 피터는 파올라 카발리에리Paola Cavalieri와 함께 두 번째 계명에서 설명했던 '영장류 프로젝트'를 시작했다. 미국의 철학자 버나드 롤린 Bernard Rollin은 수의대에 입학한 많은 젊은이들이 처음에는 동물을 불쌍히 여기다가 점차 무감각해진다는 것을 알고 나서, 수의대에서 윤리학 강의를 하도록 종용했다. 더 나아가 의약학 연구실과 식품산업에서 동물이 어떻게 취급되고 있는지도 조사했다. 매리 미즐리Mary Midgley도 철학적인 관점에서 동물들을 인도주의적으로 대우하는 것에 관한 책을 여러 권 썼다. 그리고 미국 철학자 톰 리건Tom Regan(《동물의 권리에 대하여The Case for Animal Rights》의 저자), 그리고 마크와 함께 일하는 데일 제이미슨Dale Jamieson도 동물의 윤리적 지위에 대한 사람들의 태도를 바꾸기 위하여 여러 권의 책을 저술했다.

최근 동물보호 활동에 뛰어든 사람들 중에는 변호사들도 있다. 이들은 여러 사건에 상당한 시간을 들여 일하고도 돈을 받지 않는다. 러트거스 대학 동물보호법센터를 설립한 개리 프랜시오니Gary Francione, 《우리를 흔들며》의 저자인 스티븐 와이즈를 비롯한 이들 변호사들은 고통받는 동물들을 구하기 위해 상당한 시간과 노력을 투자할 뿐 아니라 동물 대우에 관련된 복잡한 문제들을 법의 관점에서 조명하는 책들을 써왔다. 몇몇 법대에서도 동물법 강좌를 개설했고 그 숫자는 매년 늘어나는 추세다.

일단 동물보호 활동을 시작한 사람들은 평생 동안 그 일을 하게 된다. 캐롤 존슨은 동물보호에 대한 주 1회 토론 모임을 노인요양소에서 시작했는데 휠체어를 타고 다녀야 하는 지금도 그 활동을 계속하고 있다. 호프 소여 부유크미시는 남부 뉴저지에 약 2.2평방킬로미터에 달하는 야생동물보호구역을 설립했다. 이곳에서는 여러 동물 중에서도 특히 비버를 보호하려는 노력을 하고 있는데, 이러한 노력은 그녀가 88세로 사망할 때까지 계속되었다. 콜로라도 주 볼더의 평범한 할머니 리타 앤더슨은 취미 삼아 동물들의 법적 지위를 강화하는 여러 캠페인에 참가하고 있으며 그 손자들도 이에 동참하고 있다.

전직 배우이자 1966년 이래 동물애호가로 활동 중인 그레첸 와일러는 동물을 학대하는 동물쇼를 금지시키고 주요 언론들로 하여금 동물에 관한 이슈를 다루도록 종용할 목적으로 '아크 트러스트Arc Trust'를 설립했다. 이 기구는 동물복지 개선을 위해 노력하는 주요 국제단체 중 하나가 되었다. 아크 트러스트에서 수여하는 '제네시스 상'은 언론 및 예술분야에서 유일하게 동물복지에 관련된 상으로 이 분야에서 동물권리와 복지에 노력한 사람들에게 수여된다. 아크 트러스트의 슬로건은 '인간의 잔인한 행동은 언론에 용납될 수 없다'이다.

뉴질랜드 타우랑가의 엘리 메이너드는 자택에서, 사람들이 먹기 위해 세인트버나드와 다른 개들을 잔인하게 도살하는 것을 막는 국제적인 운동을 시작했다. 엘리는 이에 관한 글을 읽은 뒤 타우랑가의 거리 이곳저곳에 탄원서를 붙이고 여러 동물보호기구들에게 편지를 보냈다. 첫 일주일 동안 엘리가 받은 답장은 500통이 넘었다고 한다. 나도 엘리와 함께 일할 기회를 가졌었는데 엘리의 열성은 주위 사람들에게도 전염될 정도로 대단했다. "아니" 혹은 "그건 안 될 것 같은데"란 말은 엘리의 사전에 없다. 엘리와 동료들의 활동은 전 세계의 주목을 받았고, 남반구의 작은 한 도시에서 시작된 운동이 현재는 45개국으로 확산되었다. 4,500만 명의 사람들이 엘리의 탄원서에 서명했고, 스위스 제네바의 국제동물보호법정에서는 개를 먹기 위해 수입하고 사육하는 중국의 처사에 대한 엘리의 반대를 받아들였다. 엘리와 다른 사람들의 노력 덕분에 개들이 더 나은 삶을 누릴 수 있게 된 것이다. 엘리는 현재 피닉스 동물자선단체의 회장이다. 동물을 위해 우리가 할 수 있는 일은 어디에나, 어떤 방법으로든 있다.

한 번에 한 마리씩

우리는 자신의 말과 행동이 다른 이들에게 어떤 영향을 미칠지 항상 알고 있지는 못하다. 몇 년 전 나는 미시간의 캘러마주에서 강연할 기회가 있었다. 강연 도중 나는 탄자니아의 키고마에서 보았던 사건을 설명했다. 몇 명의 아이들이 강아지를 괴롭히고 있는 것을 보고 나는 주의를 주려고 다가갔는데, 그런 나에게 한 유럽인 친구가 "탄자니아 전역에서 늘 벌어지는 일이야"라며 시간낭비 하지 말라고 충고했다. 그러나 '그 사건'은 바로 '여기'서 벌어지고 있는 것이었다. 나는 아이들에게 "너희가 강아지에게 하는 것처럼 누군가 너희에게 똑같이 한다면 좋겠니?"라고 물었다. 아이들은 "아니요"라고 대답했다. 강아지가 그걸 좋아할 것 같으냐는 물음에도 아이들은 아니라 했고, 그렇다면 왜 강아지를 괴롭히고 있냐는 물음에 아이들은 "우리도 몰라요"라고 답했다. "예쁜 강아지잖아. 강아지가 좋지?"라고 묻자 아이들은 "예!"라고 대답했다. 나는 그 아이들에게 루츠앤드슈츠 프로그램을 알려주고 같이 하겠느냐고 물었고, 아이들은 매우 좋아하며 강아지를 데리고 우리를 따라 나섰다.

2년 후 상하이에서 열린 한 학회에서 어떤 참가자가 나에게 다가왔다. 그녀는 봄베이의 한 학교에 부임한 뒤 두 학기가 지난 지금 왜 학교를 그만두려고 하는지 설명했다. "떠돌이 개들이 당하는 고통을 참고 지켜볼 수가 없어요"라고 말이다. "떠돌이 개들은 어디에나 있는데다가 더럽고, 병들어 있고, 또 굶주려 있어요." 마침 그녀의 집은 캘러마주에 있었는데, 수의사인 한 친구에게 이런 이유로 학교를 그만둘 것이라는 계획을 털어놓았다고 한다. 그 수의사는 캘러마주에서 내 강의를 들어 아이들과 강아지에 대한 이야기를 알고 있었고, 그녀에게 돌아가서 개들을 한 번에 한 마리씩 도와주지 그러냐고 조언했다. 그녀는 그대로 했다. 개를 한 마리씩 구조해서 목욕시키고 불임수술까지 받게 한 뒤 입양시켰다. 이 일이 반복되자 그녀의 친구 한 명이 함께 하고 싶어 했고, 또 다른 친구가 동참했다. 처음에는 달라지는 것 같지 않았지만 점차 변화가 느껴졌다. 떠돌이 개들이 점차 거리에서 사라지게 된 것이다. 한 번에 단 한 마리씩이었는데도 말이다.

나는 베이징에 있는 개와 고양이 보호소를 방문한 적이 있다. 그 보호소는 중국 여성인 장 루핑에 의해 설립되어 많은 자원봉사자들의 도움으로 운영되고 있다. 자원봉사자들은 동물들이 외롭지 않도록 교대로 잠을 잘 정도로 열성적이다. 이 보호소에는 '죽이지 않는다'는 원칙이 있으며, 전통적인 의미의 '개집'은 없고 숲과 들판에서 개와 고양이들이 (각자의 울타리 안에서) 마음껏 뛰어놀 수 있도록 되어 있다. 내가 그 보호소를 방문한 것은 중국의 JGI 도움 덕분이었고, 방문기간 동안 이제 막 개를 사랑하는 법을 배우기 시작한 어린이들을 많이 만났다. 개와 어린이가 서로 사랑하는 광경은 얼마나 아름다운가. 그것도 개를 먹는다고 알려져 있는 나라에서 말이다. 학생들의 도움에 힘입어 숲과 들판이 있는 비슷한 보호소가 타이완의 한 대학 캠퍼스 안에도 설립되었다고 한다.

마크와 나는 자신이 처한 지역에서 상황을 변화시키려고 고군분투하는 사람들로부터 도움 요청을 많이 받는다. 르네 앤드라코는 아이다호에서 절박한 목소리로 나에게 전화를 걸어왔다. 르네는 이웃에서 학대받고 있는 개들을 돕기 위해 할 수 있는 모든 것을 다하고 있지만, 동물학대에 관한 법규는 아직 미약하고 거의 강화되지 않았다고 말했다. 르네와 동료들은 구조된 개들을 보살필 뿐 아니라 동물보호 활동을 계속하기 위해 하루 종일 일하고 있다. 나는 르네에게 마크의 이메일 주소를 알려주었고 마크는 르네에게 몇 가지 도움과 용기를 주었다. 우리가 뭔가를 더 해줄 수 있기를 바랄 뿐이다.

동물보호소

우리는 동물의 삶을 개선시키는 데 일생을 바치는 사람들에게서 감동받을 때가 많다. 세계 곳곳에서 도움을 필요로 하는 가축동물들을 위한 많은 보호소들이 운영되고 있다. 1996년 디애나 크란츠는 인도 남부에 당나귀, 개, 고양이, 말, 물소, 소, 양, 염소, 토끼 등 그 지역 동물들과 고아가 된 야생동물들을 보호하려는 목적으로 '인도의 동물과 자연을 위한 프로젝트Indian Project for Animal and Nature(IPAN)'를 설립했다. 이 프로젝트에서는 '힐뷰 가축보호소Hill View Farm Animal'를 운영하고 있는데, 이 보호소에는 버림받고 학대받아 다친 동물들 200마리가 보호받고 있었다. 미국인도주의협회 생명윤리학자 마이클 W. 폭스가 IPAN의 수의사이자 고문 역할을 담당하고 있다.

크란츠와 폭스는 지금까지 수없이 많은 좌절과 위기를 겪어왔다. 인도에서 운영되고 있는 또 하나의 보호 프로그램으로 1998년에 설립된 '야생동물 트러스트'가 있는데, 여기에서는 노동에 사용되는 코끼리를 풀어주고 지역 수의사들과 코끼리 사육사들에게 코끼리 건강관리법을 가르치고 있다. 캐롤 버클리와 그 동료들은 테네시 주의 호헨월드에서 '코끼리 보호지역'을 운영하고 있으며, 이들의 목적은 코끼리들을 원래의 서식지로 돌려보내는 것이다.

글로리아 그로우와 리처드 앨런은 캐나다 몬트리올 근처에 있는 자신의 집에 가축동물보호소를 만들었다. 그 후 이들은 의약연구에 사용되는 침팬지들의 고통을 알게 되었고, 영장류 실험의학연구실Laboratory for Experimental Medicine and Surgery in Primates(LEMSIP)에서 '은퇴'한 300마리의 침팬지들 중 15마리를 수용할 수 있는 보호소를 만들었다. 보호소를 설립하는 것은 매우 덩치가 큰 일이지만, 이들은 성공적으로 설립했고 동물을 도우려는 사람들에게 용기를 불어넣어 주었다. 몇 년이 지난 후에는 캐롤 눈이 플로리다에 '우리에 갇힌 침팬지 보호센터'를 설립하였다. 이 보호소는 미국 공군의 우주연구에 쓰이고 있는 여러 마리의 '공군' 침팬지들 중 21마리를 수용하고 있는데, 당시 공군은 동물학대로 여러 번 기소된 적이 있는 뉴멕시코의 쿨스톤Coulston 재단의 연구실 등에 이 침팬지들을 빌려주고 있었다. 패티 리건도 애완용 혹은 동물쇼에 쓰였던 침팬지와 오랑우탄들을 위하여 보호소를 설립했다.

영국에서는 짐 크로닌이 '멍키월드 원숭이 구조센터'를 설립하여 현재 부인 앨리슨과 함께 운영하고 있다. 원래 이 보호센터는 서부 아프리카에서 스페인으로 밀수되어 관광 리조트 등지에서 사진사들의 소품이 되어버린 어린 침팬지들을 보호하기 위하여 설립되었다. 짐은 스페인에 사는 영국인 템플러 부부의 도움과 불법매매를 근절하려는 경찰의 도움, 침팬지들에 대한 사진을 찍지 않도록 관광객들을 설득하는 관광 대행사들의 도움을 받아 보호센터를 운영하고 있다. 사진사들은 침팬지뿐 아니라 사자 새끼나 다른 동물들을 소품으로 이용하기도 하는데, 동물들은 아주 잔인한 대우를 받는다. '멍키월드'는 세계 각지에서 여러 마리의 침팬지와 오랑우탄을 구조해냈다. 비루테 골디카스도 벌목과 채굴로 인한 서식처 파괴와 불법 밀매로 수가 줄어들고 있는 오랑우탄 보호활동을 몇십 년간 계속해오고 있으며, 인도네시아의 와나리셋 삼림공원의 윌리 스미츠도 고아가 된 오랑우탄 새끼를 보호하여 야생에서 살아갈 수 있도록 돕고 있다.

아프리카에는 고아가 된 침팬지, 고릴라, 보노보 등 여러 동물들이 수십 마리나 있다. 이 절박한 상황은 대부분 야생고기 거래 때문에 발생한다. 어미들은 총에 맞아 고기로 팔리지만, 새끼는 고기가 별로 없으므로 시장에서 산 채로 거래된다. 이러한 거래는 불법이므로 우리는 야생관리 당국이 새끼들을 압수하도록 설득할 수 있다. 이 새끼들은 압수된 후에도 보호되어야 한다. 대부분의 새끼들이 영양결핍에 상처를 입고 쇼크를 받는 등 그 상태가 매우 좋지 않아 다시 건강을 회복한다 하더라도 야생으로 돌아갈 수 없기 때문이다. 아프리카에는 점점 영장류 보호소가 늘어나고 있으며 몇 명의 아주 헌신적인 사람들에 의해 운영되고 있다. 최초의 보호소는 데이브 시들과 그의 부인 쉴라가 사재를 털어 잠비아의 소목장에 설립한 것으로 자이레에서 국경을 넘어온 사냥꾼에게 압수한, 몸집도 작고 심하게 다친 침팬지 새끼 한 마리 때문에 시작된 것이었다. 2001년까지 시들 부부는 모두 85마리의 침팬지들을 돌보았다.

아프리카에서 일하는 데 있어서 기반시설이나 예산이 부족하다는 것, 혹은 정치적으로 부패해 있다는 것보다 더 심각한 애로사항은 바로 위험하다는 것이다. JGI의 가장 큰 보호구역이 있는 침파웅가Tchimpounga는 콩고-브라자빌(콩고 인민공화국)에 위치해 있는데, 이 나라에서는 9년 동안이나 내란이 끊이지 않았다. 프로젝트 매니저인 그라지엘라는 무장 군인들과 마주친 경우를 포함하여 여러 번이나 죽을 고비를 넘겼다고 한다.

군인들은 그라지엘라에게 소리를 지르고 위협하며, 한번은 집에서 끌어내기까지 했다. 그러나 그녀는 100마리의 고아 침팬지들을 보호하며 여전히 그곳에 남아 있다.

벨라 아마라세카란과 그의 부인은 시에라리온의 끔찍한 내전 중에 몇 번이나 죽을 뻔했지만, 내전이 시작되기 전에 보호소에 도착한 새끼 침팬지들을 돌보기 위해 여전히 프리타운에 머무르고 있다. 뉴욕 혈액센터에 속한 침팬지 집단을 돌보는 베치 브로드만은 그 남편과 함께 전쟁으로 분열된 라이베리아에 남아 위험한 와중에도 침팬지들의 먹이를 찾으려 애썼다. 살려달라며 반란군 앞에 무릎 꿇던 남편이 사살되는 것을 본 베치는 결국 라이베리아를 떠났다. 그러나 곧 침팬지들을 돌보기 위해 베치는 다시 돌아왔다.

앨릭스 필도 라이베리아의 내전 중에 목숨을 잃을 뻔했다. 앨릭스는 내전이 시작될 당시 국립공원의 국장이었는데, 가족들을 다른 나라로 피신시킨 뒤 자신은 라이베리아로 돌아와 일을 계속했다. 반란군에 붙잡혔을 때에는 국제환경보전협회의 요청에 힘입어 석방되기도 한 앨릭스는 미국으로 가 다양한 환경보전 문제를 해결하기 위해 일하다가 다시 라이베리아로 돌아갔다.

아프리카에서 여러 번 죽을 위기를 경험한 사람 중에는 스위스 사진작가 칼 암만도 있다. 세계인들이 야생고기 거래에 주목하게 된 것도 바로 칼의 노력 덕분이다. 칼은 가장 위험한 여러 지역을 돌아다니며 불법 야생고기 거래에 연루되어 있는 벌목회사 직원들과 정부관리, 사냥꾼들의 사진을 찍어 타협에 이르게 할 만한 증거들을 모았다. 다행히 칼은 카메라 한 대를 뺏기고 감옥에서 며칠 밤을 지낸 것 말고는 별로 고생하지 않았다. 마이클 페이도 에덴동산처럼 아름다운 엔도케Endoke 숲을 보전하기 위해 일하던 중 목숨이 위태로웠던 적이 있었다. 최근에 마이클은 숲과 그 속에 사는 야생동물의 상태를 알아내기 위하여 중부 아프리카 3,400킬로미터를 걸어서 종단했다. 내 지도교수였던 루이스 리키 박사의 아들 리처드 리키 박사 역시 케냐의 야생동물을 보호하려다 위험한 일들을 겪었는데, 케냐 야생동물관리국의 국장인 리키 박사는 부패한 정부관리들과 맞섰고 자신보다 지위가 높은 정부조직의 불법 활동을 고발했다. 케냐의 코끼리 집단이 밀렵꾼들에 의해 멸종될 위기에서 회복될 수 있었던 것도 리키 박사의 용기 덕분이다.

　　내란이나 전쟁 같은 위험한 상황에서도 동물들을 돕기 위해 노력하는 사람들이 아프리카에만 있는 것은 아니다. 아프가니스탄 카불 동물원에서는 관리국장 쉐라가 오마르와 몇 명의 사육사들이 탈레반 정권하에서도 동물들을 살리기 위해 노력했다. 왜 그랬냐는 질문에 오마르는 "동물들을 죽게 내버려둘 수 없지 않은가"라고 대답했다. 카불 동물원에서 오랫동안 사랑받은 동물은 '마르잔'이라는 이름의 사자인데, 23년 동안 동물원에서 살다가 2002년 1월에 죽었다. 마르잔은 수류탄 공격으로 한쪽 눈과 턱 일부가 떨어져 나갔지만 살아남았던 동물이다.

　　현재 이곳의 다른 동물들도 군대의 공격목표물이 되었고 사람에게도 안전한 상황은 아니다. 스물다섯 살의 암컷 코끼리는 로켓 수류탄에 맞아 죽었다. 이런 끔찍한 상황에서도 오마르는 "우리에게는 아직 희망이 있습니다. 우리는 신념을 갖고 일하고 있습니다"라고 말했다.

거대 조직 운영하기

심각한 공장식 사육이 보편화된 오늘날 고통받고 있는 가축동물들을 돕기 위하여 노력하는 사람들이 점차 늘어나고 있다. 1980년대에는 헨리 스파이라가 이 문제에 관심을 가져 육류 생산자들에게 동물들의 고통을 줄여주도록 설득하는 노력을 했다. 스파이라는 맥도널드 같은 다국적 기업들에게 적절한 기준을 마련하도록 종용하기도 했다. 스파이라의 노력은 성과를 거두기도 했지만, 우리에게는 아직도 해야 할 일들이 많다. 에딘버러대학의 데이비드 우드러프 교수와 그의 학생이자 취리히 대학에서 일하고 있는 앨릭스 스톨바가 돼지들에게 좀더 인도주의적인 조건을 만들어주기 위해 노력하고 있고, 호주에서는 패티 마크가 '동물 해방 빅토리아Animal Liberation Victoria'를 설립하여 닭장의 사용을 금지하기 위해 노력 중이다. 이들처럼 동물의 복지를 걱정할 뿐 아니라 변화를 위하여 노력하는 사람들은 수없이 많다.

현재 상태를 변화시키려는 사람들에게 가장 겁나는 것은 거대 기업과 맞서는 것이다. 여섯 번째 계명에서 살펴본 바와 같이 레이첼 카슨은 확고한 의지로 석유화학회사와 맞붙어 싸웠다. 영국의 정원사인 헬렌 스틸과 우편배달인 데이브 모리스도 맥도널드를 고소했다. 이 '맥라이벌McLibel 사건'은 역사상 가장 긴 재판 중 하나였다. 1997년 6월 19일 헬렌과 데이브는 맥도널드가 우림을 파괴하고 심장병과 암, 식중독을 증가시킬 뿐 아니라, 제3세계를 가난하게 만들고 근로환경이 열악하다고 고소했으나 증거가 불충분하다는 판결을 받았다. 그러나 맥도널드가 '햄버거는 영양이 풍부하다'고 허위광고를 하여 '어린이들을 착취'하고 햄버거를 오랫동안 자주 먹는 사람들의 건강을 위협하며 동물들을 잔인하게 취급하는 것에 '과실책임이 있다'고 인정하였다. 맥도널드도 1999년 1월 5일 판사의 판결이 '옳다'고 인정했다.

유기농 식물을 재배하는 오리건 경작기술 교육국장 하팔라 역시 미국 농무부를 상대로 승리를 거두었다. 농무부가 모든 유기농 농장에서 유전자조작 식물과 살충제 그리고 하수 찌꺼기로 만든 비료를 쓸 수 있도록 방침을 바꾸려 했을 때 하팔라는 캠페인을 시작했다. 나도 미국 농무부의 새로운 방침을 알고 기겁하여 편지를 보냈던 기억이 난다. 그 캠페인은 성공적이었다. 현재 유기농 농장으로 인정받으려는 농장들은 다른 무엇보다 생물공학기술과 방사능 사용을 금지하는 새 법률조항을 따라야 한다.

각종 환경 문제들을 해결하기 위해 아주 오랫동안 힘겹게 싸워온 사람들도 여럿 있다. 고인이 된 마거릿 오우잉즈도 그런 경우 중 하나다. 1970년에 나는 태평양에 접해 있는 한 절벽 위에 위치한 그녀의 집에 머무른 적이 있다. 그 집 거실 의자에 앉아 창문 밖으로 울퉁불퉁한 자연 그대로의 해안선을 바라보며, 그 해안이 말리부 해안처럼 되지 않은 것은 순전히 마거릿과 당시 이미 고인이었던 남편 냇의 노력이었다는 것을 깨달았다. 이들 부부는 주류 환경운동이 시작되기 훨씬 전에 이 해안을 보전하기 위한 노력을 시작했다. 오래된 삼나무 숲에 포장도로가 생기지 않은 것도 마거릿의 목소리와 고집 덕분이었다. 마거릿은 구불구불한 태평양 해안 고속도로가 일자로 뚫린 4차선 도로로 변하는 것을 막기 위해 노력했다.

그러나 아마도 마거릿의 활동 중 가장 잘 알려진 것은 캘리포니아 해달 보호운동일 것이다. 그녀의 집에서 마거릿은 나에게 해달이 헤엄치는 장소를 보여주기도 했다. 자신들이 지나치게 잡아 올리는 것은 생각지도 않고 해달이 전복을 먹어치운다고 불평하는 전복 어부들을 상대로 마거릿은 해달을 보호하는 캠페인을 벌이고 있었다. 그녀는 예술가이자 작가이지, 생물학자는 아니다. 1966년 그녀는 '해달의 친구'라는 모임을 만들었고, 소수의 자원봉사자들과 언론의 지지에 힘입어 해달의 이미지를 제고시키는 데 성공했다. 수면 위에 불쑥 나타나서는 드러누워 배 위에 전복을 올려놓고 돌을 망치 삼아 전복을 깨먹는 아름다운 동물의 모습으로 말이다. 갑자기 해달은 사람들의 사랑을 독차지했고 해달의 모습을 보기 위해 먼 거리를 달려오기도 했다. 마거릿의 노력 덕분에 해달 사냥을 금지하는 규정이 제정되었고 해달은 멸종위기에서 점차 회복되고 있다.

1962년에 마거릿은 관심 대상을 퓨마로 바꿨다. 어디선가 마거릿이 총소리를 듣고 달려갔을 때 한 젊은이가 죽은 퓨마의 머리를 밟고 승리의 사진을 찍는 광경을 목격한 것이 그 계기가 되었다. 그리하여 1989년 마거릿의 캠페인 덕분에 캘리포니아 사람들은 퓨마 사냥을 영구히 금지하며 퓨마 서식지를 보호하는 세금을 내는 것에 대해 투표를 실시하는 전례 없는 일을 하게 되었다. 아직도 캘리포니아는 미국 내에서 퓨마를 보호하는 유일한 지역이다.

마거릿 오우잉즈는 '한 사람의 힘'을 보여주었다. 상원의원을 지냈던 프레드 파는 "마거릿이 없었다면 캘리포니아가 그렇게 일찍 눈을 뜰 수 없었을 것이다"라고 말했다. 마거릿이 죽기 직전 누군가 그녀에게 '사람들에게 어떻게 기억되고 싶은지' 물었다. 오래 생각한 끝에 마거릿은 이렇게 대답했다. "남을 사랑할 줄 알았던 사람으로 기억되고 싶다."

삼나무 숲을 사랑했던 마거릿 오우잉즈가 만약 살아 있다면 1997년

12월 10일 '루나'라고 이름 붙인 50미터 높이의 삼나무에 올라간 줄리아 버터플라이 힐을 만나고 싶어했을 것이다. 줄리아는 1999년 12월 19일에 루나에서 내려왔다. 루나 위에서 생활한 2년 동안 줄리아는 숲을 보호하려는 비폭력 시위로 전 세계의 주목을 받았고 수천 명의 사람들에게 강한 인상을 남겼다. 그로 인해 줄리아는 '생태학 명예의 전당'에 오른 사람 중에 가장 나이 어린 사람이 되었다. 줄리아는 더 나아가 지구를 보호하고 복원시키고자 '생명의 순환 재단Circle of Life Foundation'을 설립했다.

리안 콩지에는 자연을 사랑하는, 지금은 은퇴한 베이징의 역사학 교수이다. 그는 '자연의 친구들'이라는 조직을 만들어 황사와 홍수 등 최근의 환경문제가 중국 언론에 오르내리기 오래 전부터 일반대중에게 환경문제를 인식시키고자 노력해왔다. '자연의 친구들'은 자연사에 대한 다양한 책자와 비디오를 만들며, 현재 중국에서 환경운동을 주도하고 있다. 티베트 영양이 고통받고 있다는 것을 세계에 널리 알린 것 역시 리안 씨의 활약이었다. 티베트 영양의 도살을 막으려는 그의 노력 때문에 그의 가장 친한 친구 한 명이 밀렵꾼에 의해 살해되기도 했다. '자연의 친구들'과 같은 환경운동 조직들이 중국에는 매우 드물고 서로 멀리 떨어져 있기 때문에 매우 헌신적이고 참을성이 많은 사람이 아니면 그러한 조직을 만들고 이끌어가기 힘들다. 이러한 문제들을 정부에게 인식시키기 위해서는 엄청난 용기도 필요하다.

존 헤어는 전형적인 영국인이다. 외교 공관에서 재직하는 동안 그는 탐험에 취미를 붙이게 되었고, 기회가 되자 세계에서 가장 삭막한 사막 중의 하나인 중국의 로프 누르Lop Nur 사막으로 탐험을 떠났다. 그 탐험에서 그는 모든 위기를 극복해냈으며 야생 쌍봉낙타들의 고통을 뼈저리게 느끼게 되었다. 중국에 남아 있는 야생 낙타의 수는 260마리 정도이며 인접한 몽고의 사막에 있는 수는 그보다 조금 더 많다. 이들은 가축화된 낙타와는 유전적으로 상당히 다르다. 존은 끈질긴 노력으로 몇 번의 탐험에 필요한 후원금을 얻어냈는데, 이 중에는 그와 그의 탐험대가 가축화된 낙타를 타고 야생 낙타의 이동경로를 조사하는 탐험도 있었다. 놀랍게도 존은 중앙정부와 지방정부 모두를 설득하여 로프 누르 낙타보호지역을 설립한다는 약속을 받아냈다. 더욱 놀라운 것은 그 약속이 중국 정부와 몽고 정부 모두 환경문제에 대해 첫 번째로 동의한 것이라는 점이다. 이제 낙타들은 두 나라 모두에서 보호받을 수 있게 되었다.

보호운동가들의 감동 스토리

변화를 일으키려고 캠페인을 벌이거나 국립공원을 만들고 정부를 종용해야만 하는 것은 아니다. 우리 어머니가 70대 후반이셨을 때 영국의 본머스에서 가장 큰 슈퍼마켓으로 달걀을 사러 가신 적이 있다. 어머니는 유기농 달걀을 찾으셨는데, 이것이 눈에 띄지 않자 점원에게 다가가 그런 달걀이 있는지 물어보았다. "그게 뭔데요?"라며 그 점원이 되묻자, 어머니는 이리저리 자유롭게 돌아다니는 암탉이 낳은 달걀이라고 설명해주었다. 그 점원은 어리둥절해서는 "암탉은 모두들 그렇지 않나요?"라고 물었다. 어머니는 비좁은 닭장이며, 부리 자르기며, 어떻게 잘린 부리 끝에서 피가 스며 나오는지 설명해주었다. 발톱이 길어서 철사에 걸리지 않도록 발톱이나 심지어는 발가락 마지막 마디를 자른다는 것도 설명해주었다. 그 점원은 겁에 질린 표정을 지었고, 어머니의 이야기를 들으려고 주위에는 사람들이 몰려들었다. 무슨 일이 생겼나 싶어 나와본 매니저가 어머니를 마켓 뒤쪽 사무실로 모셔갔고, 거기서 어머니는 했던 이야기를 되풀이했다. 그 다음주부터 마켓에서는 풀어놓고 키운 닭의 달걀을 판매하기 시작했다. 어머니는 같은 일을 세인즈베리(영국의 체인 마켓 중 하나 ― 옮긴이)에서도 하셨다.

존 스토킹은 세계를 둘러보고 싶어 참치잡이 배에 몸을 실었다. 그 당시는 돌고래들이 고기잡이 그물에 걸려 죽는다는 것을 사람들이 알기 훨씬 전이었다. 어느 날 밤 그물을 바다에 던지던 중, 존은 한 새끼 돌고래가 배의 옆쪽 그물에 걸리는 것을 보았다. 그 새끼 옆에는 엄마처럼 보이는 어른 돌고래가 있었고, 엄마는 도와달라는 듯 존을 바라보았다. 존은 물로 뛰어들었다. 혼비백산한 참치들과 돌고래와 상어들이 있는 바다 속으로 말이다. 결국 새끼 돌고래를 그물에서 꺼내 자유롭게 풀어준 뒤 엄마 돌고래도 가까스로 그물에서 꺼내주었다. 엄마와 새끼가 석양 속으로 헤엄쳐 가는 것을 보고 있던 존은 갑자기 그물에 걸린 돌고래가 일곱 마리 정도 더 있다는 것을 알게 되었고, 주머니칼을 꺼내 그물을 잘라 돌고래뿐만 아니라 잡아놓은 참치까지도 풀어주었다. 결국 존은 그 배에서 쫓겨났다!

이 사건은 존의 기억 속에서 계속 맴돌았다. 얼마나 많은 아름다운 동물들이 곤경에 처해 있는지 깨닫게 된 것이다. 그 후 그는 자기 혼자 할 수 있는 일을 찾아냈다. 벨기에로 가서 배를 타게 되었는데, 그 일을 하면서 벨기에에서 최고의 초콜릿을 만드는 법을 배워 '멸종위기동물 초콜릿 회사'라는 자신의 회사를 설립했다. 그리하여 회사 이익의 최소한 10%를 초콜릿 포장지에 그려진 동물들을 구하는 조직에 기부하고 있다.

전 세계적으로 규모가 작은 환경보전 프로그램은 수천 가지도 넘는다. 이렇게 규모가 작은 프로그램들은 대체로 환경을 걱정하는 결단력 있는 사람들에 의해 시작된다. 영국에서는 산란기 동안 알 낳는 장소로 이동하려고 찻길을 건너는 두꺼비가 수백 마리도 넘게 죽는다. 이를 안 어떤 사람이 길 아래로 터널을 만드는 아이디어를 냈고, 현재는 매년 산란기에 열 명 남짓한 자원봉사자들이 나서서 두꺼비들을 터널로 유인하고, 두꺼비들이 산란을 한 후에도 안전히 터널을 통과하여 돌아갈 수 있도록 애쓰고 있다. 뉴 포레스트를 가로지르는 주요 도로 아래에도 야생 말과 사슴들이 통과할 수 있는 터널이 만들어졌다. 터널의 양쪽에는 울타리를 쳐 말들이 길 위로 올라와 죽는 일이 없게 했다. 소수의 사람들이 대중의 인식을 일깨우고, 편지를 쓰고, 후원금을 냈기 때문에 가능해진 일이었다.

케냐에서는 한 생물학자가 자신이 연구하던 붉은콜로부스원숭이들이 나무에서 내려와 새로 포장된 길을 건널 때 여러 마리가 죽는다는 것을 알아냈다. 그래서 그 생물학자는 후원금을 모아 머리 위로 지나가는 높은 밧줄 구름다리를 만들었다. 이것은 매우 성공적이었고 다른 종류의 원숭이들도 그 밧줄 다리를 이용하였다. 캐나다의 밴프 국립공원에서는 관광객들을 위해 뚫어놓은 주요도로 아래 터널로 많은 동물들이 지나다녔는데, 큰뿔영양은 짧은 거리임에도 땅 밑으로 가는 것을 몹시 두려워했다. 그래서 도로 위 높은 곳에 보기에도 아찔한 다리를 만들어주었고, 큰뿔영양은 당당하게 이 다리를 건너다니게 되었다.

최근에는 영국 곳곳에 멸종위기에 처한 다람쥐를 위하여 도로 위를 가로지르는 구름다리가 많이 설치되었다. 더 많은 사람들이 이러한 터널과 구름다리를 만들기 위해 노력한다면, 원래의 생활공간이 도로 때문에 나뉘게 된 야생동물들에게 많은 도움이 될 것이다. 어떤 지역에서는 대다

수의 동물들이 희생되고 나서야 차에 치어 죽는 숫자가 감소하게 된다. 단지 몇 종의 동물들만이 길을 찾는다.

터널이나 구름다리를 만드는 것은 일종의 타협이다. 우리에게는 도로가 필요하므로 그리 좋지는 않지만 아무 것도 안 하는 것보다는 나은 해결책을 택하게 되는 것이다. 타이완 타이페이에 있는 한 선로 건설회사의 관리감독 잉 부인이 내놓은 아이디어는 매우 창조적인 것이다. 타이완 섬의 북쪽과 남쪽을 연결하는 선로 건설에 대한 계획이 다 세워진 뒤에야 그 선로가 꿩꼬리자카나라는 새의 번식지 두 곳을 완전히 망가뜨리게 된다는 것을 알게 되었다. 이 새는 타이완 사람들이 국조國鳥로 생각하고 있을 정도로 중요한 새로 습지에서 번식한다. 예전에는 습지가 많았지만 오늘날 다른 지역에서와 마찬가지로 타이완에서도 사라져가고 있고, 그로 인해 지난 15년 동안 자카나의 수는 심각하게 줄어들었다. 이 새로운 선로 건설에 미칠 엄청난 영향을 우려한 타이완의 조류학자들은 전 세계 과학자들에게 도움을 요청했다. 이에 그 건설회사에서는 대안을 찾기 시작했으나 결국 실패하고 말았다. 잉 부인은 선로를 옮기지 못한다면 새의 번식지를 옮기면 될 것이라는 아이디어를 냈다! 건설회사는 예전에 습지였던 넓은 땅을 사들여서 물을 다시 대어 습지를 재조성하고 얕은 물에는 물밤나무를 심었다. 그리고 모두들 숨을 죽이고 새들을 지켜보았다.

나는 첫 번째 번식기가 지난 뒤 그곳을 방문했다. 모두들 탄성을 지르고 있었다. 예전 번식지보다 더 많은 쌍의 새들이 새로운 보호지역에서 번식을 시작했고 새끼도 더 많이 태어났다. 내가 방문한 동안 새로 당선된 대통령도 그곳에 들르게 되었다. 연설을 한 후 대통령과 나는 쌍안경으로 긴 다리의 새들이 새로운 습지에서 먹이를 먹고 있는 아름다운 광경을 지켜보았다. 참 얄궂은 것은 선로건설 계획이 아니었다면 새들의 번식 지역이 점점 줄어들게 되었을 것이라는 점이다. 사람들이 새들을 보호해야 한다는 것을 깨닫게 되었을 때에는 이미 너무 늦었을 테니까.

앞으로 더 나아가자

지금까지 다른 사람들에게 감동을 주고 헌신적으로 일하는, 그리하여 모든 생명체들에게 좀더 나은 세계를 만들려고 노력하는 사람들의 이야기를 살펴보았다. 많은 사람들이 자신이 사는 지역의 문제에 초점을 맞추고 있지만, 그 영향은 그 지역에 국한된 것만은 아니었다. 사람들은 더 많은 성공 사례를 알게 될수록 더 많은 도움을 주려고 할 것이기 때문이다. 모든 사람의 목소리, 한 사람 한 사람의 목소리가 중요하다. 그리고 행동하는 것이 중요하다.

9·11테러 이후 동물과 환경문제는 우리의 손길을 더욱 필요로 한다. 도움이 필요한 사람이 많은 만큼 동물과 환경문제도 중요하다는 것을 알아야 한다. 이런 면에서 볼 때, 영화나 TV에 나오는 유명인사들이 환경보전운동에 참여하는 것은 매우 의미가 깊다. 보노, 폴 매카트니 경, 스팅과 같은 가수들, 데이비드 애튼보로와 같은 제작자, 그리고 알렉 볼드윈, 킴 베이싱어, 캔디스 버겐, 피어스 브로스넌, 존 클리즈, 제임스 크롬웰, 해리슨 포드, 우피 골드버그, 안젤리나 졸리, 로버트 레드포드, 알리시아 실버스톤 등 영화배우들까지 많은 스타들이 자신들이 믿고 있는 바를 말할 뿐 아니라 후원금 모집에도 참여하고 있다. 이들은 대중의 인식을 일깨움과 동시에 변화를 이끌어내고 있다.

우리는 한 가지를 잊어서는 안 된다. 어떤 리더가 이룩한 일이 아무리 감동적이라 하더라도 그 노력에 동참한 수많은 사람들의 도움 없이는 성공할 수 없다는 점이다. 모두 함께라면 우리는 세상을 바꿀 수 있다. 이것이 마지막 계명의 내용이다.

10
열 번째 계명

우리는 혼자가 아니다
희망을 갖고 살자

Act Knowing We Are Not Alone and Live with Hope

이 마지막 계명이 아마 가장 중요한 계명일 것이다. 이 열 번째 계명은 크건 작건 간에 세상을 더 좋은 곳으로 만들려는 우리의 모든 행동이 중요하고 가치 있다는 것을 일깨워준다. 세상에는 우리와 같은 사람이 수백만 명이나 있기 때문에 우리가 각 개인의 몫을 해내기만 한다면 그것이 쌓이고 쌓여 결국 좋은 변화를 일으키는 원동력이 될 것이다.

각 개인의 중요성에 대하여 하는 말은 말뿐인 것처럼 느껴지기도 하지만, 각 개인의 행동이 실제로 세상을 달라지게 할 수 있다는 믿음은 매우 중요하다. 우리는 지구가 인간과 자연이 조화롭게 살아갈 수 있는 곳으로 변화하길 원한다. 동물이나 인간 모두에게 세상이 더 좋은 곳이 될 수 있도록 무엇을 할 수 있는지도 이미 알고 있다. 그러나 우리는 자신이 60억 인구 중 아주 작고 보잘것없는 일부분이라고 생각한다. 도대체 어떻게 한 사람의 행동이 이기적이고 배려할 줄 모르며 무감각한 세상을 정말로 바꿀 수 있단 말인가? 그래봐야 우리는 끊임없이 세상을 서서히 파괴시키고 있는 커다란 기계의 작은 톱니바퀴 하나에 불과한데 말이다. 그래서 우리는 무관심해지고 손을 놓게 된다.

그러나 희망은 있다. 우리에게는 아직도 세상을 옛날 모습으로 돌려놓을 수 있는 기회가 있다. 우리 중 충분한 수가 각자의 중요성을 제대로 이해하기만 한다면 말이다. 우리는 행동해야 한다. 그것도 지금 당장! 우리가 자연을 걱정하는 단 한 사람이 아니라는 것과 그러한 사람들이 점점 늘어나고 있다는 것에 새로운 희망을 갖는다면 모두 함께 성공할 수 있다. 어떻게 무관심을 떨쳐버릴 수 있을까? 희망은 우리가 혼자가 아니라는 것을 알 때 생긴다. 그리고 모두 함께라면 세상을 좀더 좋은 곳으로 만들 수 있다는 믿음, 그 믿음을 더 많은 사람들이 갖게 될 때 희망이 생겨난다.

세계화의 양지와 음지

'세계화'라는 과정에는 몸서리쳐질 정도로 끔찍한 부분이 있다. 가난한 사람들에 대한 계속되는 착취(농부가 피땀 흘려 모은 이윤을 부자들이 '도둑질'하는 것), 물질주의적인 서양 생활양식의 확산, 부와 명예가 가장 중요하다는 생각, 점차 획일화 되어가고 있는 문화의 일면들, 그리고 위선. 이 모든 것들이 나를 몸서리치게 한다.

그러나 세계화가 반드시 나쁜 것만은 아니다. 그 지역의 문화를 존중하고, 근로자들에게 정당한 보상을 하며, 병원과 학교를 지어 근로자의 삶을 개선하려 노력하는 회사들도 있다. 무엇보다도 세계화를 통해 전 세계 사람들이 하나로 연결될 수 있는 새로운 의사소통의 장이 마련되고 있다. 세계를 변화시키려 노력하는 소규모의 사람들이 어느 날 갑자기 다른 곳에서 같은 일을 하고 있는 다른 나라 사람들과 연락이 닿게 되었고, 그리하여 서로 함께 일한다면 세상에 큰 영향을 줄 수 있으리라는 것을 알게 되었다. 한번 이런 프로젝트가 성공적이라고 생각되면 다른 사람들도 동참하게 된다.

동물들의 삶을 개선하고, 동물보호법을 도입하고, 밀렵금지 조항을 강화하려 노력하는 소규모의 모임들이 서부 유럽과 다른 개발도상국들에서 속속 생겨나고 있다. 그리고 현재에는 세계 역사상 처음으로 서로 다른 곳에서 똑같은 생각을 하는 사람들과 손쉽게 의사소통 할 수 있는 기회를 갖게 되었다. 정보와 경험을 나누며 서로 지지해주고 어떤 때에는 경제적인 도움을 주기도 한다. 갑자기 상황이 그렇게 힘든 것만은 아니라는 생각이 들 것이다. 실제로 새로운 의사소통의 장은 세상을 변화시키기 위해 모두 협력할 수 있는 기회를 터주었다.

마크와 나는 여러 사람들과 함께 인터넷을 통해 일하고 있다. 오래 전에 내가 케임브리지 대학에서 박사학위를 받으려 할 때, 동물행동학자들이 살아 있는 동물들을 대하는 무감각한 태도에 기겁한 적이 있다. 전 세계 연구실에서 진행되고 있는 갖가지 연구들에 대해 알면 알수록 나는 과학자인 내가 부끄럽게 여겨진다. 과학이라는 미명하에 새들을 귀머거리로 만들고, 원숭이 머리에 전극을 단 채 의자에 며칠씩 묶어놓고, 고양이 눈꺼풀을 꿰매놓고, 원숭이 새끼들을 엄마 곁에서 억지로 떼어놓고, 개에게 전기충격을 주고, 먹이 없이 며칠이나 견딜 수 있는지 보려고 새들을 굶주려 죽이고, 쥐가 얼마나 오래 살 수 있는지 보려고 익사할 때까지 헤엄치게 하는 실험들은 끝도 없다. 지난 수년간 각 분야에서 착취되고 있는 동물들을 보호하기 위해 많은 과학자들이 보호기구를 만들었지만, 여기에 동물행동학자들은 동참하지 않았다. 마크를 만나기 전까지 나는 그러한 기구를 발족시키는 데 관심 있어 하는 행동학자를 보지 못했다.

동물들을 윤리적으로 대우하려는 시민 모임

2000년 6월 나와 제인은 '동물들을 윤리적으로 대우하려는 동물행동학자들의 모임Ethologists for the Ethical Treatment of Animals(EETA)' 혹은 '동물행동 연구에 관심 있는 시민들의 모임Citizens for Responsible Animal Behaviour Studies(CRABS)'이라는 국제 조직을 만들었다. 원래는 '동물들을 윤리적으로 대우하려는 동물행동학자들의 모임'이라고 이름 붙였지만, 학교 선생님, 변호사, 학생, 수의사, 야생동물 재활센터에서 일하는 사람 등등 너무나 많은 사람들이 관심을 보였기 때문에 후자의 이름을 덧붙이게 되었다.

우리의 목표는 야생의 현장과 연구실에서 벌어지고 있는 비교행동학 연구들에 대하여 엄격한 윤리 기준을 만들고 적용하는 것이다. 우리 조직에서는 인지행동학과 동물의 의식에 대한 최근의 연구결과를 놓고 현재 주어진 자료의 실용성을 논의하고 앞으로 어떻게 정책을 발전시켜 나갈 것인지에 대해 토론을 벌인다. 다양한 분야에서 일하고 각자 다른 배경을 가졌지만 미래에 대한 관점은 모두 같은 사람들이 모여 함께 일하기 때문에 사람들의 문제 인식이 깊어지고 의사소통이 활발해질 수 있다. 또한 이러한 경로를 통하여 행동학 연구가 좀더 윤리적이며 책임감 있게 수행되고, 지나치게 동물을 괴롭히지 않는 여러 가지 대안도 개발될 수 있을 것이다.

이미 우리 대학원생 한 명도 박사과정 연구를 좀더 인도주의적인 방향으로 전환했다. 우리는 세계 곳곳에서 갖가지 방법으로 동물을 학대하고 있는 사람들을 비난하면서 지양해줄 것을 권고했다. 또한 침팬지들을 교배시켜 사람처럼 될 수 있는지 보는 연구 프로젝트의 성과에 대해서도 의문을 제기했다. 이런 연구는 전에도 수행된 적이 있고 그 연구를 반복한다고 해서 얻어지는 것도 거의 없기 때문이다. 우리 조직 때문에 비동물 대안에 대해서 알게 된 사람들도 많다. 미래에도 동물행동학 연구가 계속될 것이기 때문에 어떻게 동물들을 연구할 것인지에 대해 책임감을 가져야 한다고 생각한다. 다른 동물들의 인지적, 감정적 삶에 대하여 더 많이 알게 되면서 이러한 정보는 전 세계적으로 공유될 것이며, 그에 따라 사람들이 동물들의 삶을 잘 이해하고 그들의 마음과 감정을 더 깊이 이해하게 됨으로써 윤리적으로 온당하고 동물들을 괴롭히지 않는 방법을 고안해낼 수 있다.

수천 명의 사람들이 EETA/CRABS의 홈페이지를 방문했다. 어느 날 윤리적인 문제에 대한 글을 쓰고 있던 한 학생은 우리 홈페이지를 방문하고 자신이 혼자가 아니라는 것을 깨닫게 되었다고 한다. 전 세계 수많은 사람들도 똑같이 느꼈을 것이다. 문제를 함께 인식하고 그 해결책을 같이 강구하자. 각자의 목소리가 변화의 출발점이다. 우리의 무기력함이 희망으로 변할 것이다.

어린이와 청소년에게 거는 기대

세계 곳곳을 여행하면서 나는 미래에 대해 고민하는 젊은 대학생들을 많이 만났다. 대학생들은 기성세대가 세상과 타협했다고 생각하고 있었고, 그것은 맞는 말이다. 내가 태어났던 1934년의 세계와 내 손자들이 태어난 오늘날의 세계를 비교해볼 때 나는 부끄러움을 느끼지 않을 수 없다. 너무도 많은 것이 파괴되었고, 그 중 몇몇은 아예 돌아올 수도 없을 지경이 돼버렸다. 너무 많은 생물들이 이 세상에서 영원히 사라졌다.

대학생들 중에는 이런 문제에 화를 내며 폭력을 휘두르는 사람들도 있다. 또 "무슨 상관이야?"라며 "즐겁게 먹고 마시자. 왜냐하면 내일 우리는 죽게 될 테니까"라고 생각하는 사람들도 있다. 이것은 제2차 세계대전 중 영국 젊은이들이 가졌던 생각과 같다. 어떤 젊은이들은 풀이 죽어 무감각해지고 그 중 몇몇은 심각한 우울증에 빠지기도 한다. 1991년 루츠앤드슈츠 프로그램을 시작하게 된 것도 바로 이러한 청소년들의 태도를 우려해서였다. 루츠앤드슈츠는 앞에서도 설명한 바와 같이 숨겨진 청소년들의 힘을 상징하는 말이다. 조심스럽지만 밝은 미래를 향해 걸림돌들을 하나씩 무너뜨려 지구를 치료해내려는 청소년들의 힘 말이다.

　루츠앤드슈츠 그룹의 멤버들은 동물과 자연세계에 대해서 더 많이 배운다. 이 프로그램을 만든 계기 중 하나는 탄자니아의 중학교 학생들이 다른 나라의 관광객들을 불러 모으는 자기 나라의 아름다운 야생동물들에 대하여 전혀 배운 바가 없다는 사실이었다. 학생들이 알고 싶어 하는데도 말이다. 세계 어디서나 마찬가지일 것이다. 어린이들은 자연과 동물들에 대해서 알고 싶어한다. 슬픈 사실은, 점차 도시화 되어가는 환경 속에서 자연과 접촉하지 못한 채 자라나는 아이들이 콘크리트나 강철처럼 차갑고 무미건조한 유년기를 보내게 된다는 것이다. 지나친 벌목과 가난으로 인해 어린이들이 메마른 삶을 보내게 되는 곳에서도 사정은 마찬가지다.

　그러나 일단 청소년들이 주위의 문제들을 인식하고 더 나은 미래를 위해 무엇이라도 할 수 있도록 도와준다면 청소년들의 태도는 빠르게 변할 것이다. 루츠앤드슈츠 프로그램은 청소년들에게 자신감을 고취시켜 세상을 더 나은 곳으로 만들기 위하여 함께 일할 수 있는 힘을 불어넣어 줄 것이다.

　힘든 현실에도 미래에 대한 희망을 잃지 않을 수 있는 것은 바로 이러한 청소년들의 숨겨져 있는 에너지와 열정, 그리고 생명에 대한 사랑 때문이다. 베이징의 루츠앤드슈츠 그룹에서는 20마리 정도밖에 남지 않아 멸종위기에 처해 있는 강돌고래에 대해 배우고 있는데, 어린이들은 이 절박한 구조 프로젝트를 위하여 후원금을 모은다. 캘리포니아의 섬여우도 20여 마리밖에 남지 않았는데, 여기에서도 루츠앤드슈츠 그룹들이 후원금을 모으고 사람들에게 널리 알려 여우들을 구하려 노력하고 있다.

　또 다른 그룹은 히말라야의 눈표범을 구하려는 노력의 일환으로 밤에 사냥하는 눈표범으로부터 양을 보호하여 농장주인들이 눈표범을 쏘지 않도록 농장 주위에 울타리를 세울 후원금을 모은다. 세계 어디에서나 루츠앤드슈츠 그룹들은 서식지를 복원하고, 하천을 청소하며, 모든 종류의 새가 번식할 수 있는 둥지상자를 달아주는 활동을 전개한다. 먹이와 둥지 재료가 가득 담긴 주머니를 매달아준 후 새들의 행동을 지켜보면서 그들의 생활방식을 알아나가는 활동도 포함해서 말이다.

　독일의 한 그룹에서는 농지에 사는 들쥐를 보호하는 활동을 펼치고 있다. 작물에 피해를 주기 때문에 농장주들은 들쥐를 독살시켜왔다. 루츠앤드슈츠 그룹에서는 들쥐를 관찰한 뒤 들쥐들이 알려진 것처럼 많은 피해를 주지는 않는다는 것을 알아냈다. 들쥐를 잡아먹는 맹금류와 다른 포식자들에게도 영향을 미칠 수 있기 때문에 들쥐를 독살시키는 것을 반대하고 있다. 시카고의 한 그룹은 그 지역 온천수를 식용으로 가공하는 공장이 설립될 것이라는 소식이 전해지자, 그러한 공장이 하류 생태계에 미칠 수 있는 영향과 공장 설립으로 인한 고용효과 등을 동시에 고려하여 페리어 생수회사를 상대로 소송을 제기했다. 그 결과 공공 기관에서 환경 영향 평가를 할 때까지 공장 설립이 중단되었다.

　루츠앤드슈츠 그룹들은 자연의 흔적을 줄이기 위한 활동도 한다. 어떤 고등학생들 그룹은 수질오염이 야생생물들에게 미칠 수 있는 영향을 지역사회에 널리 알리고, 또 다른 그룹은 헬륨 풍선이 야생 생물들에게 위협이 될 수 있다는 것을 설명한다 — 큰 물고기들과 해양 포유동물들이 종종 바람 빠진 헬륨 풍선을 삼켜 바다 속에서 고통스럽게 죽어간다. 또 다른 학생들은 여섯 병의 맥주병을 묶는 데 쓰이는 플라스틱 틀들이 동물들의 목을 조이거나 털을 뒤엉키게 만들기 때문에 이를 없애기 위해 애쓰고 있다. 일본의 학생들은 사람들의 손길을 많이 필요로 하는 야생동물 보호지역에서 자원봉사를 한다.

동물재활센터에서 일하는 어린이들도 많다. 많은 어린이들이 보호소에서 동물들을 보살피거나 길 잃은 개나 고양이의 집을 찾아주는 일 등을 한다. 탄자니아의 한 그룹은 시장에서 매매되는 염소나 닭의 상태를 조사하고, 미국의 한 그룹은 말에 대한 학대를 조사하고 있다. 영국의 어린이 그룹은 지나치게 알을 많이 낳고 움직이지도 못해 털이 다 뽑힌 닭들을 닭장 안에서 구해내고 점차 회복되는 과정을 지켜보기도 했다. 수천 명의 어린이들이 개와 고양이, 기니피그와 토끼, 닭과 소들을 어떻게 돌보는지 배우고 있으며, 미국, 유럽, 중국, 싱가포르, 태국, 멕시코, 콩고 등지의 그룹들은 그 지역 동물원의 사육사들과 협력하여 우리 안에 갇혀 사는 동물들의 따분함을 줄여줄 수 있는 방법을 강구하고 있다. 야생동물들에 대해 배우고, 동물원에 있는 동물들을 관찰하며, 동물들이 어떻게 느낄 것인가에 대해 토론하는 것은 어린이들에게 매우 중요한 교훈을 준다.

동물보호와 관련된 여러 문제를 해결하기 위한 후원금을 모집하는 행사 조직도 중요한 활동 중의 하나다. 이러한 행사 덕택에 수백 마리의 동물들이 '입양'되기도 한다. 어떤 회원들은 친구들에게 생일선물을 사주는 대신 JGI 침팬지 프로젝트에 후원금을 내달라고 부탁한다. 인디아는 다섯 살 때부터 침팬지들을 돕기 위한 돈을 조금씩 모았고, 그 친구 네 명도 그에 동참했다. 인디아는 심부름을 해서 받은 돈까지 모아 일곱 살이 되던 해에 나에게 그 동안 모아온 2,000달러를 보내왔다. 인디아는 한 사람이 세상을 바꿀 수 있다는 것을 우리에게 보여주었다.

의학실험 중에 학대받는 리서스원숭이를 위한 평화시위를 벌인 그룹

238

도 있다. 콜로라도 주 볼더의 루츠앤드슈츠 그룹 멤버들은 콜로라도 주 공립학교들이 해부실습에서 살아 있는 동물이 아닌 대안을 쓸 수 있도록 하는 데 드는 예산을 책정하는 조항을 통과시키려 노력 중이다. 이들은 볼더 지역의 다섯 개 학교 캠퍼스에서 프레리도그를 독살시키는 것에 항의했으며, 이 가족생활을 하는 설치류들을 다른 곳으로 옮겨주는 일에도 자원하였다. 다양한 문제들에 대해 편지를 쓰고 로비활동을 하는 그룹들도 수백 개가 넘는다.

루츠앤드슈츠 프로그램에 참가하고 있는 청소년과 어린이들 중에는 매우 특별한 사람들이 많다. 아홉 살인 케이틀린 알레그레는 동물실험을 계속하고 있는 P&G 사의 제품을 사지 말자는 내용의 편지를 주말 내내 쓴다. 케이틀린은 캘리포니아 오클랜드의 한 학교에서 루츠앤드슈츠 프로그램에 참가하게 되었는데, 이 학교에서는 다양한 제품을 조사하여 친구들이나 부모님들에게 어떤 제품은 사고 어떤 제품은 사지 말 것을 알리는 프로젝트가 운영되고 있다. 케이틀린과 친구들은 '엔바이로칙스Envirochicks('환경을 생각하는 어린이들'이라는 뜻 — 옮긴이)'라는 밴드를 만들어 동물과 환경에 관한 가사를 담은 노래를 부른다. 이 어린이들은 지금도 지구를 위해 무엇을 할 수 있는지에 대한 메시지를 담은 노래를 부르고 있다.

리사 토마스도 아주 특별한 어린이다. 남아프리카 공화국 요하네스버그에서 내 강연을 듣고, 리사는 자기 학교에서 루츠앤드슈츠 프로그램을 만들려고 했다. 그러나 교직원들의 반대와 학교 친구들의 냉담한 반응에 부딪혔고, 이러한 걸림돌을 극복하기 위해 자기 스스로가 무엇인가를 해야 한다고 생각했다. 리사의 집 근처에는 남아프리카 공화국이 떠안고 있는 큰 문제 중 하나인 떠돌이 개 보호시설이 있었는데, 여기에서는 주인이 찾아오거나 입양되지 않는 개들을 안락사시키고 있었다. 열다섯 살의 사춘기 소녀 리사는 한때 집에서 귀여움을 독차지하던 개들이 냄새 나는 좁은 철창 안에 갇혀 버려지고 마음에 상처를 입는다고 생각하니 마음이 아팠다. 그래서 개들이 죽게 되더라도 다시 한번 사랑을 느끼게 해줘야겠다고 생각하여 일주일에 한 번 그 보호소에 들려 개 한 마리마다 10분 이상 놀아주었다. 이 어린 소녀의 도덕적 가치와 그것을 지키려는 의지는 매우 강한 것이었다. 나라도 매주마다 그렇게는 하지 못한다.

루츠앤드슈츠 프로그램은 변화의 원동력이 지식과 이해이자 힘든 노력과 인내이며, 모든 생명체에 대한 사랑과 동정이라는 믿음을 기본으로 한 비폭력 원칙을 지킨다. 이렇게 세계화가 급속히 진행되어가고 9·11테러와 같은 참사가 발생하는 오늘날 어린이들이 문화와 인종, 종교, 사회경제적 수준이 다른 사람들을 이해하고 존중하는 것을 배우는 일은 매우 중요하다.

루츠앤드슈츠 프로그램의 가장 중요한 모토 중 하나는 전 세계가 하나의 '이해의 파트너Partnerships in Understanding'가 되자는 것이다. '이해의 파트너'라는 생각은 우리가 아무리 멀리 떨어져 있더라도 절대로 혼자가 아니라는 것을 인식시킬 뿐 아니라 같이 느끼고 같이 생각하며 세상을 변화시키기 위해 같이 고민한다는 사실을 일깨워준다. 청소년들이 미래에 대해 희망을 갖고, 자신감과 자존심을 키우며, 다른 사람들과 다른 생명체들을 존중할 줄 아는 것이 무엇보다도 필요하다. 마크와 나는 동물들에 대한 이해와 존중이 인간을 사랑하는 밑거름이 된다는 것을 절대적으로 믿고 있다.

이러한 모든 활동들은 어린이와 청소년들 그리고 그 가족들과 선생님들 모두의 태도를 변화시킨다. 더구나 전 세계 수십만 명의 어린이들이 루츠앤드슈츠 프로그램과 비슷한 다른 프로젝트에 참여하고 있다는 사실을 생각하면 미래는 더 밝게 느껴진다. 어린이들을 연결하고, 자신을 표현하는 마당이 되며, 희망과 좌절을 나눌 수 있는 인터넷이라는 정보망도 있지 않은가. 어린이들은 지금 사랑과 존중 그리고 장애에 부딪쳤을 때 조심스럽게 극복할 수 있는 방법, 즉 포기하지 않는 방법을 배우고 있다.

긍정적인 태도와 희망을 잃지 말자

사람들은 종종 마크와 나에게 세계 곳곳에서 끔찍한 일들이 벌어지고 있는데도 어떻게 그렇게 긍정적인 태도를 가질 수 있느냐고 묻는다. 그 질문에 우리는 자신감에 가득 차 반짝이는 눈으로 말한다. 바로 자기 자신이 주위를 변화시킬 수 있다는 것을 믿고 루츠앤드슈츠 프로그램에 참가하고 있는 어린이와 청소년들을 볼 때 항상 용기를 얻는다……. 이들은 세계 전역에 자기와 같은 생각을 가진 젊은이들이 있다는 것을 알고 있다. 내일을 이끌 다음 세대들이 현재 남은 것을 보존하고, 환경을 복원하며, 어디에서나 자연과 조화롭게 살아가기 위해 노력할 준비가 되어 있다.

내가 예전부터 여러 번 해온 이야기가 있다. 마크와 내가 인간과 동물의 관계에 대해 설명하려는 모든 것을 상징하는 이야기이므로 여기에도 적고자 한다. 아프리카에서 태어난 조조라는 이름의 수컷 침팬지 이야기다. 두 살이 되었을 때 조조의 엄마가 사살되었고, 조조는 피가 흥건한 엄마의 시체 곁에서 발견되어 미국으로 보내졌다. 그 후 몇 년 동안 조조는 좁은 우리 안에 혼자 갇혀 지내다가 사람들이 후원금을 모아 지어준, 해자로 둘러싸인 넓은 야외 우리로 옮겨졌다(침팬지들은 수영을 못한다). 열아홉 마리의 다른 침팬지들도 그 우리에서 살게 되었다.

어느 날 수컷 한 마리가 조조에게 덤벼들었고 조조는 물에 뛰어들었다. 조조는 더 깊은 웅덩이에 빠지지 않으려고 안간힘을 써서 울타리에 기어오르려 했다. 조조는 세 번이나 수면 위로 올라와 허우적대다가 결국 다시 떠오르지 못했다. 웅덩이 건너편에는 사람들이 몇 명 있었는데, 사육사 한 명이 긴 막대기를 가지러 달려갔다. 그때 다행스럽게도 동물원에 놀러온 릭 스워프가 물에 뛰어들어 축 처진 조조의 몸을 어깨에 얹고 울타리를 넘었다. 그리곤 조조를 한쪽 구석에 내려놓고 우리에서 빠져 나오려는 중이었다.

갑자기 구경하고 있던 사람들이 릭에게 빨리 나오라고 소리를 지르기 시작했다. 사람들은 세 명의 큰 수컷들이 털을 빳빳이 세운 채 그곳으로 달려오는 것을 본 것이다. 조조는 경사가 급한 쪽에 누워 있었기 때문에 다시 웅덩이 속으로 미끄러져 들어갔다. 우연히 한 여성이 그 광경을 비디오에 담았다. 릭은 그때 울타리 옆에 서 있었는데, 걱정스런 표정의 가족과, 자기에게로 달려오는 침팬지들과, 물 속으로 사라져가는 조조를 번갈아 쳐다보고는 잠시 가만히 서 있었다. 그러더니 물로 다시 뛰어들어가 조조를 물 밖으로 밀어내놓고 자신은 물 속에서 나오지 않았다. 그때 마침 정신을 차린 조조가 간신히 지푸라기를 붙잡고 땅 위로 기어올라 왔고 릭도 무사히 울타리를 넘었다.

그날 밤 비디오는 미국 전역으로 TV를 통해 방영되었다. JGI의 관리국장이 릭에게 전화를 걸어 물었다. "대단한 용기시네요. 어떻게 그런 용기를 내셨나요?" 릭의 대답은 이랬다. "글쎄요, 우연히 조조의 눈과 마주쳤는데 사람의 눈과 똑같지 않겠어요? 마치 '나 좀 도와주세요'라고 말하는 것 같았어요."

　나 역시도 고통받는 동물들의 눈에서 도와달라는 간절한 눈빛을 자주 보았다. 아프리카의 시장에 묶여 있는 고아 침팬지의 눈에서, 높이와 너비가 2미터도 채 되지 않는 좁은 우리에 갇혀 밖을 내다보는 어른 수컷 침팬지의 눈길에서, 다르에스살람의 해변가에서 주인에게 버림받은 개의 눈빛에서, 시멘트 바닥에 묶여 있는 코끼리의 눈빛에서, 그리고 브룬디에서 자행된 '인종 청소' 과정에서 가족들이 사살되는 것을 본 어린이들의 눈빛에서 그런 간절함을 느낄 수 있었다. 도와달라는 눈빛으로 우리를 바라보고 있는 사람들과 동물들은 우리 주위 어디에나 있다.

　우리가 용기를 내어 그들의 눈을 바라본다면 그들의 고통이 그대로 우리에게 전해져 올 것이다. 전 세계적으로 살 곳을 잃어버린 동물들의 고통과 굶주리고 아픈 사람들, 특히 우리 중 몇몇이 풍족한 생활을 누리고 있는 중에도 굶어 죽어가고 있는 사람들의 고통까지도 이해하는 사람들이 점차 늘어나고 있다. 한 번에 하나씩이라도 상처받은 동물들과 절박한 사람들을 돕는다면, 우리는 함께 전 세계의 배고픔, 두려움, 고통을 줄여나갈 수 있을 것이며, 인간들이 갖는 두려움과 증오심은 사랑과 동정으로 바뀌게 될 것이다. 모든 생명체에 대한 사랑으로 말이다.

다 알고 나서도 침묵할 것인가?

지금은 콜로라도 볼더 시간으로는 오후 1시이고, 제인이 며칠간 휴식을 취하고 있는 본머스 시간으로는 저녁 9시일 것이다.

제인에게 있어 '휴식'은 하루 18시간 일하는 것을 말한다. 전화를 걸어 어떠냐고 물었더니 제인은 피곤하다고 대답했다. 제인은 솔트레이크 시티에서 열릴 동계올림픽(2002년 2월에 열렸던 동계올림픽을 말함 — 옮긴이)에 환경계 대표인사로 초청되었지만, 거기에서 로데오를 공연할 계획이라는 것을 안 이후 참석을 거절했다. 로데오가 전 세계의 상호이해와 인내, 그리고 형제애를 다지는 명목으로 공연된다는 것이다. 게다가 올림픽 경기에 참가하는 선수들은 참가비용을 받지 않는데도, 미국과 캐나다에서 로데오에 참가하는 각각 40명의 카우보이들은 14만 달러의 상금을 놓고 경합을 벌일 예정이었다.

누구를 위한 이해와 인내인가? 로데오는 아주 잔인한 경기다. 말을 전기막대로 자극하여 꼬리가 꼬이고 고환이 오그라들게 하여 견디지 못한 말이 껑충껑충 뛰고 반항하게 만들기 때문이다. 그리고 어떤 경우는 장래 로데오를 하고 싶어하는 아이들로 하여금 '양 로데오mutton busting'에 참가하도록 한다. 로데오에 사용되는 동물들은 다리가 부러져 다리를 절거나 찰과상을 입게 될 뿐 아니라 목에 걸린 줄 때문에 숨이 막히게 된다. 그뿐 아니라, 올림픽 마스코트 중에 '코퍼'라는 이름의 코요테가 버젓이 있는데도 유타 주는 코요테 사냥에 현상금까지 걸고 있으며, 그 사냥에는 공기총, 독, 덫, 올가미 등 끔찍한 방법들이 사용된다. 코요테 사냥은 잠시 중단될 계획이었는데, 그것은 올림픽 기간 동안 코요테의 서식지 중 몇 곳이 비행금지구역으로 지정되었기 때문이다.

올림픽의 다른 마스코트인 흰토끼 '파우더'와 흑곰 '콜'도 유타 주에서 사냥되고 있는 동물들이다. 나는 30년 넘게 코요테를 연구하고 있기 때문에 제인을 도와줄 수 있었다. 이후 닷새 동안 매일 아침 나는 제인에게 올림픽 로데오에 관한 팩스를 보냈다. 그 중에는 올림픽에서 금메달을 딴 스케이터 스콧 해밀턴(첫 번째 계명에서 언급했던 사람)의 멋진 편지와 내가 코요테에 대해 최근에 쓴 수필도 포함되어 있었다. 그러나 로데오를 막으려는 우리의 목소리에 올림픽 운영위원회는 귀를 기울여주지 않았다. 불행히도 다른 종류의 로데오들도 곳곳에서 벌어지고 있다. 2002년 5월에 열린 '공연하는 동물들을 위한 복지협회(PAWS)' 회의에서 나는 우리에 갇힌 돌고래 등에 올라타 파도를 타는 남자의 비디오를 보았다. 돌고래와 인간 모두에게 얼마나 수치스러운 일인가.

사람들은 나에게 어떻게 이 책을 쓰게 되었냐고 묻는다. 나는 2001년 4월 20일 우리 어머니의 여든한 번째 생신에 이 책을 쓰기 시작했다. 이

날짜는 우리 어머니 베아트리스 여사를 기리기 위하여 선택한 것이다. 이 책을 쓰는 일은 재미있기도 했지만 고된 일이기도 했다. 좋은 이야깃거리를 찾고 그것을 과학 자료와 연관시키는 것은 쉽지 않았다. 제인도 나와 동시에 글을 쓰면서, 자신의 경험과 동물행동에 대한 지식에서 우러나오는 진정한 사랑과 지혜를 기술했다. 세계 곳곳에서 수많은 전화와 팩스가 우리에게 날아왔음은 말할 것도 없다.

내가 제인에게 전화했을 때, 제인은 종종 높게 쌓인 종이더미에 파묻혀 그 내용들을 잘라내 글에 덧붙이는 작업을 하고 있었다(이것을 내가 후에 컴퓨터에 일일이 입력해야 했다). 제인과 내가 같은 계명에 대한 내용을 동시에 같은 생각으로 써 내려갔다는 것이 놀랍지 않은가! 똑같은 내용을 담은 팩스가 동시에 오갔던 적도 두 번이나 있었다. 제인과 내가 유럽 내에 공인된 동물원이 몇 군데나 있는지에 대해 이야기하고 있을 때, 마침 벨기에에 사는 내 친구 코엔 마고트로부터 이메일이 도착한 적도 있다. 이것에 대한 자료를 코엔에게 미리 부탁해둔 상태였다. 이처럼 동시다발적으로 벌어진 경우가 여러 번 있었다. 그러나 돌이켜보면, 이러한 우연은 그렇게 놀라운 것이 아니다. 제인과 나는 지구를 더 좋은 곳으로 만들고자 하는 공통된 사명감을 갖고 있었기 때문이다.

우리는 주로 (내게는 이른 아침이고 제인에게는 늦은 밤인 시간에) 전화나 팩스를 주고받았다. 올해 2월 1일 새벽 4시에 나는 제인에게 전화를 걸어 IBP(두 번째 계명 참조)가 어떻게 되었으며, 로버트 버드 의원이 통과시켰던 '인도주의적 도살 조항'을 강화하기 위해 책정해둔 예산이 다른 곳에 쓰였다는 사실에 대해 이야기해 주었다. 《도살장》의 저자 게일 아이스니츠와 '동물복지협회'의 케이티 리스와 크리스 헤이드, 그리고 '인도주의적 사육협회'의 몇몇 사람들이 우리에게 도움을 요청해왔고 제인과 나는 그들을 도왔다. 이 모든 일이 벌어지고 있는 동안 제인은 버드 의원에게 도살장에서 생을 마감하게 될 가축들의 대우를 혁신하려는 그의 노력을 지지한다는 편지를 썼다. 2002년 2월 버드 의원은 농무부 세출위원회에 참가하여 농무부 대변인인 앤 비너먼에게 비인도적으로 도살되고 있는 수백만 마리의 동물들에 대해 질문을 던졌다. 비너먼은 '인도주의적 도살 조항'을 위반한 경우가 몇 건이었으며, 미국에 몇 개의 도살장이 있는지, 그리고 버드 의원이 도살장에서 동물을 다루는 방법을 개선하기 위해 책정한 300만 달러가 실제로 어떻게 사용되었는지 등의 간단한 질문에도 대답하지 못했다. 버드 의원은 위원회에 이렇게 말했다. "내가 지금으로부터 1년 뒤에 돌아올 테니 이 질문들에 대한 답을 준비해놓으시오. 이 동물들은 말을 못하는 동물들이란 말입니다."

그 후 미국 내 도살장들이 동물가죽을 가죽공장에 보내서 30%의 이윤을 얻고, 미식축구연맹이 축구공 제작에 1만 2,000여 마리의 소를 사용한다는 사실도 밝혀졌다. 가죽공장 근처에 사는 사람들은 다른 사람들보다 백혈병과 고환암의 발병률도 높은 것으로 나타났다.

나는 볼더 외곽의 산림지대에 살고 있다. 나는 이곳을 사랑한다. 나는 자연의 모든 것을 사랑하는 사람이기 때문이다. 몇 년 전 커다란 판다로사소나무가 보이는 곳에 창문을 새로 달았다. 내가 친구에게 창문을 달아달라고 부탁했을 때, 그 친구는 고개를 갸우뚱거리며 "그러면 저 망할 놈의 소나무밖에 볼 게 없을걸?" 하고 말했다. 나는 마치 몰랐다는 듯 "아, 그래?"라고 답했다. 그리고는 친구에게 말했다. "나는 나무가 좋아. 다른 창문에서도 산을 볼 수 있지만, 이 나무가 있다는 사실이, 그리고 이 나무를 보는 것만으로도 나는 기분이 좋아지거든. 자연을 이해하는 것 같은 기분이 든단 말이야"라고. 요즘 나는 종종 창문 앞에 앉아 나무를 내다보며 내가 느끼는 감정이 무엇일까 궁금해하곤 한다.

나무는 아주 놀라운 생명체이며 많은 동물들에게 편안함을 준다. 나무는 동물에게 집과 은신처가 되지만, 앞에서도 말했듯이 은신처가 늘 안전한 것은 아니다. 두 번째 계명에서 제인은 와이오밍에서 목격한, 나무 위로 쫓겨 올라간 퓨마가 결국 사살되는 장면이 얼마나 끔찍한 것이었는지 이야기해 주었다. 나 역시 퓨마와 함께 살아가기를 선택한 사람이기 때문에 퓨마와 몇 번 마주친 적이 있다. 아주 어둡고 별이 반짝이는 밤이었는데, 옆집 독일산 양치기 개 롤로에게 인사하려고 차에서 내렸다. 그런데 롤로가 내 뒤에서 짖어대는 소리가 들렸다. 내가 인사하려고 했던 것은 우리집 근처에서 여우를 방금 사냥한 큰 수컷 퓨마였던 것이다! 몇 년 전에는 이웃에게 근처에 퓨마가 있으니 아이들과 개들을 단속하라고 말해주고 뒤돌아 걷다가 퓨마를 밟을 뻔한 적도 있다. 그때부터 나는 그들의 이웃이 될 수 있도록 나를 받아들여준 퓨마, 흑곰, 코요테, 붉은여우, 사슴, 그리고 많은 새들과 곤충들까지 모든 장엄한 짐승들과 함께 살기로 마음을 바꿨다. 나는 요즘 곰을 쫓는 스프레이와 손전등을 들고 나의 개 제스로와 함께 하이킹을 한다. 어떤 때는 제스로의 목에 빨간 신호등과 종을 매달기도 한다. 정말 간단한 장비만 갖추면 되는 일이다.

대부분의 경우 침입자는 동물들이 아니라 우리라는 것을 잊지 말자. 그리고 많은 동물들이 우리 때문에 날마다 고통받고 있다는 것도. 어떤 면에서 보면 지구는 우리 각각이 하나의 역할을 담당하고 있는 실험의 장이기도 하다. 2001년 5월 제인과 나는 '과학과 영적 탐구'의 모임이 있었던 파리의 노천카페에 앉아 있었는데, 우리 앞으로 한쪽 다리에 전선이 감긴 비둘기가 지나가는 것을 보았다. 우리는 그 비둘기를 잡으려고 했지만 비둘기는 도망쳐버렸다. 이 불쌍한 새의 고통을 한탄하는 것 말고는 우리가 할 수 있는 일이란 아무 것도 없었다. 새들은 플라스틱 병 운반대에 머리가 끼기도 하며, 다른 동물들도 캠프장이나 바다, 강, 호수에 버려진 쓰레기 때문에 엄청난 고통을 받는다. 온 사방에 널린 인간들뿐 아니라 그들이 버린 쓰레기까지 고통을 준다. 우리 중 상당수가 (틀림없이 '모두'는 아닐 것이다) 너무 많은 물건들을 갖고 있기 때문이 아닐까.

이 지구에서 우리는 절대로 혼자가 아니다. 그러나 우리는 마치 그런 것처럼 행동한다. 빠르게 발달하는 사회문화적 환경과 맞닥뜨린, 천천히 진화하는 인간의 커다란 두뇌는 인간이 자연과 어느 정도 맞닿아 있음을 느끼게 해주는 동시에 멀게 만들기도 한다. 이러한 자연으로부터의 소외가 지구를 망치는 결과를 낳는다. 어떠한 식으로든 단기적인 그리고 장기적인 결과를 초래하는 어렵고도 고통스러운 선택에 끊임없이 맞닥뜨려져 있다. 우리의 활동들이 전반적으로 어떤 영향을 미치는지 늘 살펴야 한다. 그렇다고 우리가 미치는 영향이 늘 단기간에 금방 드러나는 것은 아니다. 예를 들어, 지구온난화는 에티오피아의 몇몇 영장류에게 영향을 주는 것으로 나타났다. 온도가 올라가면 겔라다비비가 먹을 수 있는 풀과 곡식이 줄어들기 때문에 그 수가 줄어드는 것이라는 우려의 목소리가 나왔다. 이뿐 아니라 극심한 가뭄도 어린 원숭이의 놀이행동을 줄이는 결과를 초래하는데, 이것은 어른 원숭이들의 사회적 행동과 사회조직에 엄청난 영향을 미칠 수도 있다.

포유동물뿐 아니라 새들도 온난화와 북극 얼음층의 감소로 인해 고통받고 있다. 기후변화의 영향에 대해서는 장기적인 연구가 수행되어야 한다. 북극 쿠퍼 섬에서 30년간 연구해온 조지 디보키에 따르면, 비둘기 크기의 바다새인 검둥바다오리들은 북극의 빙하가 바닷가에서 멀어지고 북쪽으로 후퇴하게 됨에 따라 빙하에 도달하지 못해 죽는다고 한다. 북극해의 빙하는 1978년부터 1996년까지 10년에 3%씩 감소했고, 북해의 빙하는 지난 130년 동안 30% 정도 감소했다. 북극해의 여름 빙하는 이산화탄소의 양이 두 배로 늘어나게 되면 60% 이상 줄어들 것이라는 예측도 나왔다.

　동물의 학대와 도살이 계속되고 있는 상황에서 우리는 그것에 반대한다는 것을 명확히 밝혀야 한다. 몇몇 사람들이 동물들에게 하는 선택적인 행동들을 보면서, 나는 그 동물들이 그렇게 놀랍고 신비로운 존재가 아니기를 바랐다. 그러나 실제로 많은 동물들이 끔찍한 착취로 인해 극심한 고통을 받고 있는 게 사실이다. 그러니 이에 대한 우리의 태도를 지금 당장 바꿔야 한다. 우리에게는 동물들이 필요하다. 그리고 우리는 동물들을 사랑한다. 그들은 아무 것도 느끼지 못하는 물건이 아니라 생각하고 느끼는 존재이다. 물론 고통을 느끼지 못할 것이라 생각되는 동물들에게도 관심을 기울여야 한다. 인간의 자기중심적인 활동에 그들의 삶이 침해받지 않도록 말이다. 이것은 지나치게 감성적인 생각도 아니며, 우리의 이상에 위배되는 생각도 아니다.

　지금 당장은 불가능한 것처럼 보일지 몰라도, 점점 더 많은 사람들이 동물학대와 환경훼손에 반대하게 되면서 우리의 자손들이 그 혜택을 받게 될 것이다. 지금 당장 노력의 결과를 보지 못한다고 해도 범세계적인 용기와 사랑, 그리고 존중이 변화를 가져올 것이라는 희망을 잃어서는 안 된다. 동물과 환경보호 활동이 효과를 거두려면 어느 정도 시간이 필요하므로 당장은 좌절하거나 직접적인 인신공격은 피해야 한다.

한 사람 한 사람의 목소리와 행동이 변화를 가져올 것이라고 굳게 믿어야 한다. 당연히 그럴 것이기 때문이다. 마틴 루터 킹 주니어도 "침묵이 배신이 될 때가 온다"라고 말한 바 있다. 그는 옳았다. 침묵과 무관심은 동물과 환경을 결국 죽이고 말 것이다.

'무슨 일이건 끝내고 보면 언제나 행동보다는 말이 훨씬 많았다'라는 속담이 있다. 이 말은 우리와 동물과 환경의 관계를 보여주는 동시에 제인과 내가 이 책을 쓰게 된 이유 중 한 가지이기도 하다. 하지만 사랑이 넘치는 세상을 만들기 위한 노력은 이미 많은 성과를 거뒀다. 존중하고 아끼며 동정하고 감싸주는 사랑의 마음으로 동물과 이 지구를 배려한다면 수많은 동물들과 사람들, 그리고 그들이 사는 곳은 훨씬 더 아름다운 곳이 될 것이다. 아무리 작은 존재일지라도 그 존재를 사랑하는 마음은 결국 모든 것을 사랑하는 마음으로 커질 수 있다. 지구상의 다른 동물들에 대해 경외심을 갖고 그들의 신비를 알고자 한다면, 아무래도 그들을 덜 파괴하게 될 것 아닌가.

우리가 다른 동물의 존재를 인식함과 더불어 그 존재를 마음으로 느끼게 된다면, 이 세상은 기쁨과 평화로 가득 차고, 영적 발달과 일체감을 경험할 수 있다. 이 행복과 축복의 감정은 지구에서 살아가는 동물과 사람, 그리고 물과 공기까지 큰 아낌과 사랑 속에 하나가 됨을 느끼게 해줄 것이다. 어떤 사람도 어떤 개체도 모두 다 중요하게 여기는 사랑 속에 말이다. 하나의 공동체 안에서 개체들이 서로 연결되어 있다는 것은 한 개체의 행동이 다른 구성원들 모두에게 영향을 미친다는 것을 의미한다. 뉴욕에서 벌어지고 있는 일이 베이징을 비롯하여 다른 멀리 떨어진 곳까지 영향을 주는 것처럼 말이다.

최근에 나는 우리 모두가 얼마나 긴밀하게 연결되어 있는지 깨닫게 해주는 기사를 읽었다. 미국 지질조사단의 과학자들이 알아낸 바에 의하면, 사하라 사막의 모래가 대서양을 건너 카리브 해와 미국에서 발견됐다는 것이다. 이 먼지에는 5~7일의 여정을 견뎌내는 작은 미생물이 묻어 있었다. 세균, 곰팡이, 그리고 바이러스들이 대양을 건너 수천 킬로미터 떨어진 곳까지 무임승차를 하는 것이다. 그 결과 호흡기 질병의 발병률이 증가했다. 연구에 따르면, 먼지가 많은 날에는 공기 1리터에 166마리의 세균과 213개의 바이러스가 들어있는 반면, 맑은 날에는 공기 1리터 당 약 19마리의 세균과 바이러스가 있을 뿐이라고 한다.

1963년 미국 대통령 존 F. 케네디는 오늘날에도 똑같이 적용될 수 있는 말을 했다. "결국 우리의 공통점은 우리 모두가 이 작은 행성 위에서 살아가고 있다는 것이다. 우리는 모두 같은 공기로 숨쉬고, 우리 아이들의 미래를 걱정한다. 그리고 우리는 모두 죽게 마련이다." 우리는 지구 공동체이며, 지구는 단 하나뿐이다. 우리는 이 공동체를 그 어느 때보다도 필요로 하고 있다.

내가 이 짧은 결론을 약간 우려하면서 쓰는 동안, 푸에블라의 멕시코계 나우아족 인디언 여성 200명으로부터 날아온 이메일이 나에게 기운을 북돋아주었다. 이들은 호텔과 건강식품 상점을 경영할 뿐 아니라 약용식물을 재배하는 온실과 재생지와 생분해성 세제 등을 만들어 파는 가게까지 운영하는 아주 훌륭한 환경 프로그램을 운영하고 있었다. 좋은 소식은 그뿐이 아니다. 2002년 5월 독일은 유럽 국가 중에서는 최초로 동물의 권리를 보장하는 법률 제정에 대한 투표를 실시하였다. 멕시코는 2.8평방 킬로미터에 달하는 해양에서 고래를 보호하는 조약을 승인함으로써 세계 최대의 고래 보호구역을 가진 나라가 되었다. 인도에서는 새로 설립된 국립동물보호국에서 동물복지에 관한 석사학위를 수여하게 되었다. 일본의 한 어부는 최근 돌고래를 죽이는 것을 그만두었는데, 그 이유에 대해 다음과 같이 말했다. "돌고래는 죽기 전에 눈물을 흘립니다…… 뺨 위로 눈물이 흘러내리는데 어떻게 죽일 수 있단 말입니까?"

유럽인과 미국인 1,500명을 대상으로 한 조사에서 70~90%의 응답자가 비록 인간에게 불편하다 할지라도 자연은 보호받을 권리가 있다는 것을 인식하였다. 최근에는 '내게 말해봐Talk To Me Treatball'라는 새로운 장난감이 개발되었다. 이 공은 사람들이 목소리를 녹음하여 먹이와 함께 놓아두도록 되어 있어서 장시간 혼자 남겨지는 개나 고양이들의 분리 불안을 덜어준다. 오하이오 신시내티의 시장은 최근 도살장에서 뛰쳐나온 소 한 마리를 되돌려 보내는 대신 살려주었다. 수백만 마리의 실험동물을 공급하는 '찰스 리버 실험실Charles River Laboratories'은 1997년부터 그들의 사업에서 실험동물이 차지하는 비중을 80%에서 40%로 줄여왔다. 2002년 4월 세계 최대의 온라인 브로커 '찰스슈왑앤드컴퍼니Charles Schwab & Company'는 동물의 생체해부로 잘 알려진 헌팅턴 생명과학연구소와 관계를 끊기까지 했다. 그리고 비슷한 시기에 권위 있는 과학 학술지《네이처》는 동물들의 고통과 인지에 관한 연구를 촉구하는 기사를 실었다. 아직도 할 일이 많이 남아 있고 또 지나친 낙관은 금물이지만, 위의 사건들은 실험동물의 사용을 근절할 수 있는 좋은 출발이며, 이러한 추세가 계속되도록 적절한 압력도 필요하다.

2002년 4월 캐나다 밴쿠버에서 개최된 브리티시컬럼비아 동물학대방지협회British Columbia Society for the Prevention of Cruelty to Animals(BCSPCA)에서 동물들의 복지에 있어서 놀이행동의 중요성에 관해 강연하게 되었을 때, 나는 케빈 앤더슨에 대한 이야기를 듣고 하던 일을 멈추지 않을 수 없었다. 케빈은 스물아홉 살의 청년이었는데, 두어 달 전 어느 비오는 밤 크레센트 비치(브리티시컬럼비아의 해안)를 지나다가 길 위의 개를 구하기 위해 차를 멈췄다. 차에서 내려 개를 안으려고 다가가던 중 케빈은 다른 차에 치어 숨졌고, 그 개는 살아남았다. 케빈은 죽은 뒤에나마 BCSPCA에서 수여하는 '용기 있는 행동상'을 수상했다. 나는 영광스럽게도 케빈의 가족을 만날 수 있었는데, 그들은 케빈이 얼마나 멋진 사람이었는지, 또 얼마나 그를 자랑스러워 하는지 이야기해 주었다. 가족들은 케빈의 뜻을 기리는 아름다운 사람들이었다. 용기와 진정한 영웅심은 아무도 알아채지 못하는 행동에서 나타난다. 케빈은 진정으로 용기 있는 영웅이었으며, 친절을 베푸는 것이 다른 어떤 것보다 먼저였던 사람이었다. 문득 '케빈을 알고 지냈더라면' 하는 생각이 들었다. 케빈과 같이 동물들을 위하여 헌신적으로 행동하는 사람이 좀더 많다면 세상은 더 좋은 곳이 되지 않을까.

열대우림을 사랑하고 이를 구하기 위해 일생을 바치고자 하는 지비 엡스타인이라는 사람도 있다. 지비는 내가 애디 로치오와 스테이시 셀츠와 힘을 합쳐 조직한, 볼더에 있는 콜라주 어린이박물관Collage Children's Museum의 루츠앤드슈츠 프로그램의 일원이었다. 열일곱 번째 생일 파티에서 지비는 선물을 받는 대신 442달러를 모았고 이 금액을 열대우림연맹에 보냈다. 그리고 오하이오 토론토의 공립학교 학생들도 2001년 9월 11일 참사에 헌정하는 시와 수필 그리고 그림을 담은 책자를 제작했다.

어린이들은 선과 평화를 위해 쉬지 않고 일하는 십자군 전사들 같다. 이것은 사회로부터 소외된 노인들과 죄수들 그리고 희망과 꿈을 가진 다른 사람들도 마찬가지이다. 나는 골든 웨스트 요양소에서 일한 적이 있는

데, 그곳에서는 노인들이 동물과 사람들 그리고 환경에 대한 견해를 함께 나누고 있었다. 많은 노인들은 여전히 삶에 대한 열정을 갖고 있었다. 이 열정은 다른 사람에게도 쉽게 전파되었으며, 남들도 자신과 같은 생각을 하고 같이 느낀다는 것을 알고는 기뻐하고 기운을 얻었다. 죄수들도 마찬가지였다. 볼더 주립교도소에서의 경험은 나에게 힘과 에너지를 불어넣어 주었다. 당시 노인들과 죄수들과 함께 할 수 있었기에 내가 더 나은 사람이 되었다고 믿는다. 그들이 나에게서 배웠던 것만큼 나 또한 그들로부터 많은 것을 배웠다.

문제를 회피하지 말고 윤리를 수호하자

1960년대에 태어난 사람으로서 나는 끝없이 꿈꾸는 사람 중 하나다. 내 주위 사람들에게 각자가 용기, 동정, 그리고 희망이 들어 있는 서류가방을 지니고 있다고 상상하고, 세상은 베푸는 대로 받게 마련이므로 용기와 동정 그리고 희망을 끊임없이 다른 사람에게 나눠주라고 말한다. 우리들의 영혼은 주위에서 벌어지는 나쁜 일들 때문에 쉽게 피폐해진다. 우리는 마치 사랑하는 동물들과 풍경을 파괴하는 데 중독되어버린 것 같다. 그러나 매일같이 전 세계에 걸쳐 우리의 영혼을 밝게 해주고 우리에게 힘을 북돋아주는 좋은 일들이 수없이 많이 벌어지고 있다.

제인과 나는 이 책이 여러분을 고무시켜 세상을 좀더 좋은 곳으로 만드는 그 어떤 노력이라도 하도록 만들길 바란다. 마거릿 미드도 다음과 같이 말했다. "사려 깊고 헌신적인 소수의 시민들이 세상을 바꿀 수 있다는 것을 의심치 말자. 실제로 그들이 세상을 바꾼 것이다." 여러분이 각자

열심히 노력하고, 여러분의 노력이 반대에 부딪혀 다른 길로 흘러가는 일이 없도록 하는 것이 중요하다. 여러분의 뜻에 반대하는 사람들과 싸우는 것은 시간과 정력 낭비일 뿐이다. 여러분이 눈앞에 놓인 중요한 문제보다 그들에게 더 신경을 쓰는 것은 결국 그들에게 이로운 일이 되기 때문이다. 하루가 1분 혹은 10초밖에 없다고 하더라도 여러분은 세상을 바꿀 수 있다. 휴식시간에, 산책할 때, 혹은 그냥 빈둥거릴 때에라도 친구와 가족들에게 말을 건네보자. 전등을 끄고, 샤워를 조금 짧게 하고, 차를 운전하는 대신 걷고, 재활용하고, 만나는 사람마다 "안녕하세요"라고 인사를 건네는 것에 대해서 말이다. 지역 언론매체에 편지를 쓸 수도 있다. 우리 각자가 담당하는 작은 한 부분이 커다란 해결책을 이끌어내고, 아무리 작은 물결이라도, 아무리 작은 흔들림이라도 넓게 그리고 빨리 퍼져나갈 수 있다. 단 한 명밖에 돕지 못한다 하더라도 여러분은 결국 변화를 일으킬 것이다. 매년 단 한 마리 혹은 단 몇 마리의 북대서양 고래 암컷만 구해내도 그 고래의 멸종을 막을 수 있다. 한 마리가 중요한 것이다.

그리고 늘 풍부한 지식을 갖도록 노력해야 한다. 과학적인 자료, 상식, 그리고 일화들을 알아두어 어떤 상황에서 어떤 결정을 내릴 것인지에 대한 자료를 확보해두도록 하자. 과학기술이 고도로 발달한 이 세계에는 그 즉시로 얻을 수 있는 자료가 엄청나게 많다. 제인은 언젠가 뉴욕 주 버펄로 시에 퍼지기 시작한 귀화식물의 이름이 도저히 생각나지 않는다고 말했다. 나는 관광업에 종사하는 사람들이 그 지역 생태계에 관련된 문제를 알고 있으리라 생각하여 버펄로 시의 한 민박집에 전화를 걸었다. 내 예상은 적중했다! 나는 그 식물이 '털부처꽃(다섯 번째 계명 참조)'이라는 것을 알아냈고, 많은 사람들이 이 귀화식물에 밀려나고 있는 여러 지역의 토착식물들에 대해 진심으로 걱정하고 있다는 것도 알게 되었다. 결국 나의 절망은 희망으로 바뀌었다. 어떤 사람들은 정보가 부족해서 용기를 잃거나 절망에 빠질 수도 있다. 전혀 해결책이 없을 것 같은 문제들에 대해서 동료들과 이야기해본 결과, 나는 사람들이 실제로 어떤 일들이 벌어지고 있는지 안다면 이러한 문제들이 해결될 수도 있다는 생각이 들었다. 우리가 무언가를 확신할 수 없을 때에는 동물과 자연의 편에 서서 생각하는 것이 더 낫다.

우리가 타조처럼 모래 속에 머리를 처박는다면 현재의 수많은 문제들은 결코 사라지지 않고 상황은 악화되기만 할 것이다. 대립과 혼란 속에서 모든 인간과 동물들 그리고 다른 자연에게 좋은 상황을 만들어내기란 매우 어렵다. 그러나 우리는 결코 멈춰서는 안 된다. 우리가 그런 상황을 만들어내지 못한다면, 우리와 우리 아이들의 아이들, 동물들, 그리고 자연은 모두 사라져버릴 것이며 이 세상을 더욱 좋은 곳으로 만들려는 우리의 모든 노력은 수포로 돌아가고 말 것이다. 다행히 점점 더 많은 사람들이 동물에 관한 윤리적인 문제에 관심을 갖고 있으며, 그에 따라 동물들에게, 인간에게, 그리고 이 지구에게로 관심이 기울어지고 있다. 인터넷에 동물보호, 보존, 종 다양성에 대한 내용을 검색하자 수만 가지의 기사와 웹페이지가 나오는 것에 나는 정말 놀랐다.

정말 자연과 조화되어 살기를 원하는가? 진정 우리가 생각하는 그런 사람들인가? 이는 단순하면서도 대답하기 매우 어려운 질문들이다. 정치적, 도의적, 생태적으로도 맞는 것은 그 중 한두 질문 모두에 "예"라고 대답하는 것이다. 그렇다면 관용과 겸손, 존중, 동정, 그리고 사랑의 마음을 지닌 채 앞으로 나아가야 한다. 동물과 지구와 사람의 관계에 대한 우리의 무관심을 없애고 그 자리를 관심과 사랑으로 채워나가야 한다. 그렇다면 잃는 것은 없고 훨씬 더 많은 것을 얻을 수 있을 것이다. 사랑과 친절에는 끝이 없다.

또 지구에서 함께 살아가는 그 아름다운 동물들, 우리의 삶을 더 풍요롭게, 더 즐겁게 만들어주는 그 경이로운 존재들을 위하여 우리가 최선을 다했다는 사실을 가슴 깊이 느끼게 된다면 우리는 스스로를 매우 자랑스럽게 여길 것이다. 비록 볼 수는 없지만 저 밖 어딘가에 있을 동물들을 도왔다는 사실이 뿌듯하게 느껴지지 않는가? 비록 우리 노력에 대한 열매를 볼 수는 없지만 지구를 위해 무언가를 했다는 사실이 기쁘지 않은가? 지구를 복원하려는 노력은 우리 자신을 복원하려는 노력이다. 그 동안 다른 동물들을 이 지구로부터 분리시켜 생각해왔기 때문에 조각난 우리의 영혼을 복원시키려는 노력인 것이다. 우리는 우울할 때 자연에 기댄다. 그만큼 동물, 자연, 그리고 야생을 필요로 한다.

우리는 평화를 유지해야 한다. 다른 이들에게 관심을 갖는다면 우리에게 평화가 찾아올 것이고, 이 평화는 급속히 그리고 널리 모든 사람들에게 퍼질 것이다. 평화와 타협은 세계 각국의 지도자들이 가장 중요시하는 항목이다. 2002년 4월 유엔 사무국장 코피 아난은 제인을 평화대사로 지정하였다. 나는 달라이 라마의 2002 세계 평화를 위한 칼라차크라의 일부인 '자연으로 이르는 길The Path to Nature's Wisdom'에 관한 회의에서 기조강연을 했다. 평화와 평온(그리고 달라이 라마가 강조한 개인의 행복)은 각 개인들을 공동체로 인도하는 데 필요하다. 공동체 안에서는 모든 존재들이 더 나은 세상을 만들고자 하는 공동목표를 가지므로 각 개인에 대한 중요성은 낮아지기 때문이다.

우리를 필요로 하는 동물들의 시선을 피하지 말자. 우리도 동물들의 존재를 그들만큼, 아니 어쩌면 더 많이 필요로 한다. 동물 친구가 없는 삶은 외롭고 비참할 수 있다. 좀더 큰 시야로 보면, 각 개인은 세상에게 해준 만큼 받게 된다. 세상에 사랑을 쏟아 붓는다면, 그만큼의 사랑이 돌아올 것이다. 사랑을 되돌려 받지 못할까봐 걱정할 필요는 없다. 사랑은 점점 더 강해지는 힘이 있어 결국 모든 생명체에 대한 동정과 존중 그리고 사랑을 일으킬 수 있는 엄청난 힘의 원동력이 된다. 각 개인 모두가 중요한 역할을 담당하고 있고 한 사람의 영혼과 사랑이 다른 사람들의 영혼과 사랑과 한데 얽혀야 한다. 이러한 상호작용은 상승작용을 일으켜 개체를 초월한 하나됨의 느낌을 돈독히 해줄 것이다. 이러한 조화로운 상호작용은 모든 생명체를 위해 좀더 좋은 세상, 좀더 사랑이 넘치는 세상을 만든다. 당연히 동물 친척들과 함께 나아가야 하며, 그들을 무분별하고 이기적인 파괴 속에 놔두어서는 안 된다.

동물들에게 관심을 기울임으로써 우리는 자신에게 관심을 기울이게 된다. 각자가 변하는 것이 중요하다. 다음 세대들을 위하여 더 나은 세계를 위한 꿈을 키우고 한 발자국씩 신중하게 나아가자. 우리가 지구를 파괴하면 결국 서로를 파괴하는 것이다. 모두가 꿈꾸는 사람인 동시에 행하는 사람이다. 불행하게도 인간은 자신에게, 다른 동물들에게, 그리고 무엇이든 행할 수 있는 다른 모든 것들에게 커다란 빚을 지고 있다. 발달된 두뇌를 가진, 어디에나 있는, 그리고 힘이 막강해서 무엇이든 할 수 있는 포유동물로서 인간은 지구에서 가장 힘센 존재이다. 실제로 그만큼 막강하며, 그 힘으로 윤리적인 인류로서 수많은 책임들을 지니고 있다. 결코 이를 부정할 수 없다.

마크 베코프

많은 사람들이 자료를 찾는 데 도움을 주었고 우리가 언급했던 주제들에 대해 함께 토론해주었다. 우리에게 도움을 준 모든 사람들을 기억해낸다는 것은 불가능하지만, 구하기 어려웠던 정보를 제공해주거나 우리의 기대 이상으로 선전해준 사람들이 여러 명 있다. 크리스 하이드, 코엔 마고트, 토니 스미스, 마티 베커, 데이비드 바론, 짐 윌리스(그는 아내 니콜 밸런타인-윌리스와 함께 티어가르텐 보호구역을 운영하고 있다), 매트 로셀, 데일 피터슨, 존 클레이파스, 에이미 모가나, 브렌다 피터슨, 톰 맨젤슨, 카라 블레슬리 로우, 톰 랭커, 개리 매키보이, 제시카 앨미, 그리고 게일 아이스니츠 등이다.

우리 대리인 조나단 라지어와 그의 동료인 크리스티 카르데나스, 줄리 마이요, 타냐 크롬리는 이 프로젝트를 시작하고 진행하는 데 도움을 주었다. 줄리 마이요는 조각조각 붙인 노트들을 전부 타이핑하여 초고로 만들어주었다. 제인구달연구소의 총무팀장 미에 호리우치는 늘 대기하였다가 각종 행정 관련 업무에 도움을 주었고, 하퍼 샌프란시스코의 편집자 리즈 펄리와 일하는 것은 늘 즐거운 일이었다. 또한 하퍼 샌프란시스코의 앤 코널리와 테리 레너드도 우리의 도움 요청에 언제 어느 때나 응해준 놀라운 인물들이다.

물론 매리 루이스도 항상 우리의 전화를 연결해주었고, 마크에게 제인이 어디에 있는지 혹은 언제쯤 통화 가능한지 알려주며, 마크에게 필요한 정보가 담긴 이메일을 보내는 등 헤아릴 수 없을 만큼 소중한 소식들을 전달해주었다.

이 책의 원천이 된 출간물과 웹 사이트의 목록을 정리했다. 이 목록은 완벽한 것이 아니며, 여기에 제시된 참고문헌들을 통하여 독자들은 또 다른 수많은 글들, 웹 사이트와 만날 수 있을 것이다.

도서 및 기사

Abram, D. 1996. *The Spell of the Sensuous: Perception and Language in a More-Than-Human World*. New York: Pantheon Books.

Allen, C., and M. Bekoff. 1997. *Species of Mind: The Philosophy and Biology of Cognitive Ethology*. Cambridge, MA: MIT Press.

Ammann, K. 2001. "Bushmeat Hunting and the Great Apes." In B. Beck et al., eds., *Great Apes and Humans: The Ethics of Coexistence*. Washington, D.C.: Smithsonian Institution Press, pp. 71–85.

Animals Agenda Directory of Organizations. 2002. New York: Lantern Books.

Balcombe, J. 1999. *The Use of Animals in Education: Problems, Alternatives, and Recommendations*. Washington, D.C.:Humane Society of the United States.

Balls, M., A.-M. van Zeller, and M. E. Halder, eds. 2000. *Progress in the Reduction, Refinement and Replacement of Animal Experimentation*. The Netherlands: Elsevier.

Barrett, L., R. I. M. Dunbar, and P. Dunbar. 1992. "Environmental Influence on Play Bahaviour in Immature Gelada Baboons," *Animal Behaviour* 44: 111–15.

Beck, A., and A. Katcher. 1996. *Between Pets and People: The Importance of Animal Companionship*. West Lafayette, IN: Purdue University Press.

Becker, M. 2002. *The Healing Power of Pets*. New York: Hyperion.

Bekoff, M., ed. 1998. *Encyclopedia of Animal Rights and Animal Welfare*. Westport, CT: Greenwood.

—. 2000. *Strolling with Our Kin: Speaking for and Respecting Voiceless Animals*. New York: AAVS/Lantern Books. (Available in Italian, German, Turkish, Chinese, and Spanish.)

—, ed. 2000. *The Smile of a Dolphin: Remarkable Accounts of Animal Emotions*. New York: Discovery Books.

—. 2000. "Field Studies and Animal Models: The Possibility of Misleading Inferences." In M. Balls, A.-M. van Zeller, and M. E. Halder, eds., *Progress in the Reduction, Refinement and Replacement of Animal Experimentation*. The Netherlands: Elsevier, pp. 1553–59.

—. 2002. *Minding Animals: Awareness, Emotions, and Heart*. New York: Oxford University Press.

Berger, J., A. Hoylman, and W. Weber. 2001. "Perturbation of Vast Ecosystems in the Absence of Adequate Science: Alaska's Arctic Refuge," *Conservation Biology* 15: 539–41.

Berry, T. 1999. *The Great Work*. New York: Bell Tower.

Boone, J. A. 1976. *Kinship with All Life*. San Francisco: Harper&Row Publishers.

Brawn, J. D. et al. 2001. "The Role of Disturbance in the Ecology and Conservation of Birds." *Annual Reviews of Ecology and Systematics* 32: 251–76.

Brown, D. A. 2002. *American Heat: Ethical Problems with the United States' Response to Global Warming*. Lanham, MD: Rowman & Littlefield.

Brown, L., M. Renner, and B. Halwell. 2000. *Vital Signs: The Environmental Trends That Are Shaping Our Future*. New York: Norton.

Burgess-Jackson, K. 1998. "Doing Right by Our Animal Companions," *Journal of Ethics* 2: 159–85.

Campbell, T. C., and C. J. Chen. 1994. "Diet and Chronic Degenerative Diseases: Perspectives from China," *American Journal of Clinical Nutrition* 59: 1153–61.

Cantalupo, C., and W. D. Hopkins. 2001. "Asymmetric Broca's Area in Great Apes," *Nature* 414: 505

Caro, T., ed. 1998. *Behavioral Ecology and Conservation Biology*. New York: Oxford University Press.

Cavalieri, P. 2001. *The Animal Question*. New York: Oxford University Press.

Cavalieri, P., and P. Singer, eds. 1993. *The Great Ape Project: Equality Beyond Humanity*. London: Fourth Estate.

Cheney, D. L., and R. M. Seyfarth. 1990. *How Monkeys See the World: Inside the Mind of Another Species*. Chicago: University of Chicago Press.

Constable, J. L., M. V. Ashley, J. Goodall, and A. E. Pusey. 2001. "Noninvasive Paternity Assignment in Gombe Chimpanzees," *Molecular Ecology* 10: 1279–1300.

Crooks, K., and M. E. Soulé. 1999 "Mesopredator Release and Avifaunal Extinctions in a Fragmented System," *Nature* 400: 563–66.

Curtis, P. 2002. *City Dog: Choosing and Living Well with a Dog in Town*. New York: Lantern Books.

D'Agnese, J. 2002. "An Embarrassment of Chimpanzees." *Discover*, May.

Dalai Lama, His Holiness the. 1999. *The Path to Tranquillity: Daily Wisdom*. New York: Viking Arkana.

Darwin, C. 1872/1998. *The Expression of the Emotions in Man and Animals*, 3d ed. With an introduction, afterword, and commentaries by Paul Ekman. New York: Oxford University Press.

Davis, K. 1996. Poisoned Chickens, *Poisoned Eggs: An Inside Look at the Modern Poultry Industry.* Summertown, TN: Book Publishing Company.

de Waal, F. 2001. *The Ape and the Sushi Master.* New York: Basic Books.

Douglas-Hamilton, I., and O. Douglas-Hamilton. 1975. *Among the Elephants.* New York: Viking.

Ehrlich, P. R. 1977. *A World of Wounds: Ecologists and the Human Dilemma.* Oldendorf/Luhe, Germany: Ecology Institute.

Eisnitz, G. A. 1997. *Slaughterhouse: The Shocking Story of Greed, Neglect, and Inhumane Treatment Inside the U.S. Meat Industry.* Buffalo, NY: Prometheus Books.

Fano, A. 1997. *Lethal Laws: Animal Testing, Human Health and Environmental Policy.* London: Zed Books.

Fossey, D. 2000. *Gorillas in the Mist.* Boston: Houghton Mifflin, Mariner Books.

Fouts, R., with S. Mills. 1997. *Next of Kin: What Chimpanzees Have Taught Me About Who We Are.* New York: Morrow.

Fox, M. A. 1999. *Deep Vegetarianism.* Philadelphia: Temple University Press.

Fox, M. W. 1997. *Eating with Conscience: The Bioethics of Good.* Troutdale, OR: NewSage Press.

—. 1999. *Beyond Evolution: The Genetically Altered Future of Plants, Animals, the Earth... and Humans.* New York: Lyons Press.

Francione, G. L. 1995. *Animals, Property, and the Law.* Philadelphia: Temple University Press.

—. 2000. *Introduction to Animal Rights: Your Child or the Dog?* Philadelphia: Temple University Press.

Francione, G. L., and A. E. Charlton. 1992. *Vivisection and Dissection in the Classroom: A Guide to Conscientious Objection.* Jenkintown, PA: The American Anti-Vivisection Society.

Frey, D. 2002. "George Divoky's Planet," *New York Times Magazine,* January 6.

Galdikas, B. M. F. 1996. *Reflections of Eden: My Years with the Orangutans of Borneo.* Boston: Little, Brown.

Glassner, P. M., ed. 2001. *Cinderella Dogs: Real-Life Fairy Tail Adoptions from the San Francisco SPCA.* San Francisco: Kinship Communications.

Glenz, C., A. Massolo, D. Kuonen, and R. Schlaepfer. 2001. "A Wolf Habitat Suitability Prediction Study in Valais(Switzerland)," *Landscape and Urban Planning* 55: 55–65.

Goodall, J. 1986. *The Chimpanzees of Gombe.* Cambridge, MA: Harvard University Press.

—. 1990. *Through a Window: My Thirty Years with the Chimpanzees of Gombe.* Boston: Houghton Mifflin.

—. 1999. *Reason for Hope: A Spiritual Journey.* New York: Warner Books.

Greek, R., and J. Greek. 2000. *Sacred Cows and Golden Geese*. New York: Continuum.

Green, A. 1999. *Animal Underworld: Inside America's Market for Rare and Exotic Species*. New York: Public Affairs.

Griffin, D. R. 2001. *Animal Minds: Beyond Cognition to Consciousness*. Chicago: University of Chicago Press.

Grimaldi, J. V. 2002. National Zoo cites privacy concerns in its refusal to release animals' medical records. *Washington Post*, May 6, pg. E12.

Guillermo, K. S. 1993. *Monkey Business: The Disturbing Case That Launched the Animal Rights Movement*. Washington, D.C.: National Press Books.

Hancocks, D. 2001. *A Different Nature: The Paradoxical World of Zoos and Their Uncertain Future*. Berkeley: University of California Press.

Hauser, M. 2000. *Wild Minds: What Animals Really Think*. New York: Holt.

Heseltine, A. 2002. "The Blood of Dolphins" *Earth Island Journal* 17: 24.

Hill, Julia Butterfly. 2000. *The Legacy of Luna*. San Francisco: HarperSanFrancisco.

Huffman, M. A. 2001. "Self-Medicative Behavior in the African Great Apes: An Evolutionary Perspective into the Origins of Human Traditional Medicine," *BioScience* 51: 651–61.

Jensen, D. 2000. *A Language Older Than Words*. New York: Context Books.

Kareiva, P. 2001. "When One Whale Matters," *Nature* 414: 493–94.

Kennedy, J. F. 1963. Speech at American University. June 10.

Key, M. H. 2001. *What Animals Teach Us*. Roseville, CA: Prima Publishing.

Kincaide, A. 2001. *Straight from the Horse's Mouth*. New York: Crown. (This book provides a very useful list of manufacturers of cruelty-free products.)

Kistler, J., ed. 2000. *Animal Rights: Subject Guide and Bibliography with Internet Sites*. Westport, CT: Greenwood.

Knight, A. 2002. *Learning Without Killing: A Guide to Conscientious Objection*. www. interniche. org.

Koren, C., et al. 2002. "A Novel Method Using Hair for Determining Hormonal Levels in Wildlife," *Animal Behaviour* 63: 403–6.

Krause, B. 2002. "The Loss of Natural Soundscapes." *Earth Island Journal*, Spring.

Laszlow, E. 2001. *Macroshift: Navigating the Transformation to a Sustainable World*. San Francisco: Berrett-Koehler.

Linnell, J. D. C. et al. 2001. "Predators and People: Conservation of Large Carnivores is Possible at High Human Densities if Management Policy is Favorable."
Animal Conservation 4: 345–49.

Linzey, A. 1976. *Animal Rights*. London: SCM Press.

Mangelsen, T. D., story by C. S. Blessley. 1999. *Spirit of the Rockies: The Mountain Lions of Jackson Hole*. Omaha, NE: Images of Nature.

Lyman, H. F. 1998. *Mad Cowboy: Plain Truth from the Cattle Rancher Who Won't Eat Meat*. New York: Scribners.

Margodt, K. 2000. *The Welfare Ark: Suggestions for a Renewed Policy in Zoos*. Brussels: VUB University Press.

Mason, J. 1993. *An Unnatural Order: Uncovering the Roots of Our Domination of Nature and Each Other*. New York: Simon & Schuster.

Masson, J., and S. McCarthy. 1995. *When Elephants Weep: The Emotional Lives of Animanls*. New York: Delacorte.

Matsuzawa, T., ed. 2001. *Primate Origins of Human Cognition and Behavior*. New York: Springer.

McElroy, S. C. 1995. *Animals As Teachers and Healers*. Troutdale, OR: NewSage Press.

McKinney, M. L. 2001. "The Role of Human Population Size in Raising Bird and Mammal Threat Among Nations," *Animal Conservation* 4: 45–57.

Mead, M. The source of her quotation on activism remains a mystery; see www.mead2001. org/ faq_page.htm#quote.

Midgley, M. 1983. *Animals and Why They Matter*. Athens: University of Georgia Press.

Montgomery, S. 1991. *Walking with the Great Apes: Jane Goodall, Dian Fossey, and Biruté Galdikas*. Boston: Houghton Mifflin.

Moss, C. 2000. *Elephant Memories: Thirteen Years in the Life of an Elephant Family*. Chicago: University of Chicago Press.

Nature. 2002. "Rights, Wrongs, and Ignorance," 416: 351.

Nilsson, G. 1981. *The Bird Business: A Study of the Commercial Cage Bird Trade*. Washington, D.C.: Animal Welfare Institute.

Noddings, N. 2002. *Starting at Home: Caring and Social Policy*. Berkeley: University of California Press.

Norris, S. 2002. "Creatures of Culture? Making the Case for Cultural Systems in Whales and Dolphins," *BioScience* 52(1): 9–14.

Paine, R. T., and D. E. Schindler. 2002. "Ecological Pork: Novel Resources and the Trophic Reorganization of an Ecosystem," *Proceedings of the National Academy of Sciences* 99: 554–55.

Patterson, C. 2002. *Eternal Treblinka: Our Treatment of Animals and the Holocaust*. New York: Lantern Books.

Peterson, B. 2000. *Build Me an Ark*. New York: Norton.

Peterson, D. 1989. *The Deluge and the Ark: A Journey into Primate Worlds*. Boston: Houghton Mifflin.

Peterson, D., and J. Goodall. 1993. *Visions of Caliban: On Chimpanzees and People*. Boston:

Houghton Mifflin.

Plous, S., and H. Herzog. 2000. "Polls Show That Researchers Favor Lab Animal Protection." *Science* 209: 711.

——. 2001. "Reliability of Protocal Reviews for Animal Research." *Science* 293: 608–9.

Pollan, M. 2002. "Power Steer." *New York Times Magazine*, March 31.

Poole, J. 1996. *Coming of Age with Elephant.* New York: Hyperion Press.

——. 1998. "An Exploration of a Commonality Between Ourselves and Elephants," *Etica & Animali* 9/98: 85–110.

Posey, D. A., ed. 1999. *Cultural and Spiritual Values of Biodiversity.* Nairobi, Kenya: United Nations Environment Programme.

Rachels, J. 1990. *Created from Animals: The Moral Implications of Darwinism.* New York: Oxford University Press.(The quote about monkeys subjected to lethal doses of radiation in the Third Trust is from p. 132.)

Randour, M. L. 2000. *Animal Grace: Entering a Spiritual Relationship with Our Fellow Creatures.* Novato, CA: New World Library.

Regan, T. 1983. *The Case for Animal Rights.* Berkeley: University of California Press.

Rendell, L., and H. Whitehead. 2001. "Culture in Whales and Dolphins," *Behavioral and Brain Sciences* 24: 309–82.

Rifkin, J. 1992. *Beyond Beef: The Rise and Fall of the Cattle Culture.* New York: E. P. Dutton.

Rivera, M. 2000. *Hospice Hounds.* New York: Lantern Books.

Riyan, J. G., et al. 2001. "The New Biophilia: An Exploration of Visions of Nature in Western Countries," *Environmental Conservation* 28: 1–11

Roberts, C. M. 2002. "Deep Impact: The Rising Toll of Fishing in the Deep Sea," *Trends in Ecology and Evolution* 17(5): 242–45.

Roemer, G., C. J. Donlan, and F. Courchamp. 2002. "Golden Eagles, Feral Pigs, and Insular Carnivores. How Exotic Species Turn Native Predators into Prey," *Proceedings of the National Academy of Sciences* 99: 791–96.

Rollin, B. E. 1989. *The Unheeded Cry: Animal Consciousness, Animal Pain and Science.* New York: Oxford University Press. Reprint 1998, Iowa State University Press.

Russell, E. 2001. *War and Nature: Fighting Humans and Insects with Chemicals from World War I to Silent Spring.* New York: Cambridge University Press.

Russell, W. M. S., and R. L. Burch. 1959/1992. *The Principles of Humane Experimental Technique.* Wheathampstead, England: UFAW.

Ryder, R. D. 1989. *Animal Revolution: Changing Attitudes Towards Speciesism.* London: Blackwell.

Salem, D. J., and A. N. Rowan, eds. 2001. *The State of the Animals 2001.* Washington, D.C.:

Humane Society of the United States.

Samsel, R. W., G. A. Schmidt, J. B. Hall, L. D. H. Wood, S. G. Shroff, and P. T. Schumaker. 1994. "Cardiovascular Physiology Teaching: Computer Simulations vs. Animal Demonstrations," *Advances in Physiology Education* 11: S36–46.

Schirf, D. L. 2000. "Mauritius kestral." www.mindspring.com/~slywy/mkestrel.html.

Schneider, S. H., and T. L. Roots, eds. 2002. *Wildlife Responses to Climate Change: North American Case Studies*. Washington, D.C.: Island Press.

Schoen, A. M. 2001. *Kindred Spirits: How the Remarkable Bond Between Humans and Animals Can Change the Way We Live*. New York: Broadway Books.

Seligman, M. E. P., S. F. Maier, and J. H. Geer. 1968. "Alleviation of Learned Helplessness in the Dog," *Journal of Abnormal Psychology* 73: 256–62. (The quote about learned helplessness in the Third Trust is from p.256.)

Sewall, L. 1999. *Sight and Sensibility: The Ecopsychology of Perception*. New York: Tarcher/Putnam.

Shapiro, K. 1998. *Animal Models of Human Psychology: Critique of Science, Ethics and Policy*. Seattle: Hogrefe & Huber.

Sheldrake, R. 1999. *Dogs That Know When Their Owners Are Coming Home, and Other Unexplained Powers of Animals*. London: Hutchinson.

Sheldrake, R., and P. Smart. 2000. "Testing a Return-Anticipating Dog," *Anthrozoös* 13: 203–11.

Siddle, S., with D. Cress. 2002. *In My Family Tree: A Life with Chimpanzees*. New York: Grove Press.

Singer, P. 1990 *Animal Liberation*, 2d ed. New York: New York Review of Books.

——. 1998. *Ethics into Action: Henry Spira and the Animal Rights Movement*. Lanham, MD: Rowman & Littlefield.

Spinka, M., R. C. Newberry, and M. Bekoff. 2001. "Mammalian Play: Training for the Unexpected," *Quarterly Review of Biology* 76: 141–68.

Stein, T. 2002. "Bear's Death Places Zoo Under Scrutiny," *Denver Post*, February 15. www.denverpost.com/Stories/0,1002,53%257E403732,00.html.

Streever, B. 2002. "Science and Emotion, on Ice: The Role of Science on Alaska's North Pole," *BioScience* 52: 179–84.

Suzuki, D., and H. Dressel. 2002. *Good News for a Change: Hope for a Troubled Planet*. Toronto: Stoddart Publishing Company Ltd.

The National Anti-Vivisection Society. 2000. *Personal Care for People Who Care*. 10th ed. Chicago. (This is an excellent guide for choosing cruelty-free products.)

Tinbergen, N. 1951/1989. *The Study of Instinct*. New York: Oxford University Press.

Tobias, M., and K. Solisti, eds. 1998. *Kinship with the Animals*. Portland, OR: Beyond Words

Publishers.

Vincent, A., and Y. Sadovy. 1998. "Reproductive Ecology in the Conservation and Management of Fishes." In Caro, T., ed. *Behavioral Ecology and Conservation Biology*. New York: Oxford University Press.

von Kriesler, K. 2001. *Beauty in the Beasts: True Stories of Animals Who Choose to Do Good*. New York: Tarcher/Putnam.

Waskon, R. M. 1994. "Best Management Practices for Manure Utilization," *Colorado State University Bulletin*.

Whiten, A., et al. "Cultures in Chimpanzees," *Nature* 399: 682–85.

Wielebnowski, N. 1998. "Contributions of Behavioral Studies to Captive Management and Breeding of Rare and Endangered Mammals." In Caro, T., ed. *Behavioral Ecology and Conservation Biology*. New York: Oxford University Press.

Wilkie, D. S. 2001. "Bushmeat Trade in the Congo Basin." In B. Beck et al., eds. *Great Apes and Humans: The Ethics of Coexistence*. Washington, D.C.: Smithsonian Institution Press, pp.86–109.

Williams, Terry Tempest. 2001. *Red: Passion and Patience in the Desert*. New York: Pantheon Books.

Willis, J. 2002. *Pieces of My Heart*. www.infinitypublishing.com.

Wilson, E. O. 2002. *The Future of Life*. New York: Alfred a. Knopf.

Wise, S. 2000. *Rattling the Cage: Toward Legal Rights for Animals*. Cambridge, MA: Perseus Books.

Woodruff, D. S. 2001. "Declines in Biomes and Biotas and the Future of Evolution," *Proceedings of the National Acaedmy of Sciences* 98: 5471–76.

Yorio, P., et al. 2001. "Tourism and Recreation at Seabird Breeding Sites in Patagonia, Argentina: Current Concerns and Future Prospects." *Bird Conservation International* 11: 231–45.

비디오

"Natural Connections." Snohomish, WA: Howard Rosen Productions. (The data on the effects of the loss of tree cover around Puget Sound in the Fifth Trust are from this video.)

마크 베코프의 《동족과의 산책 Strolling with Our Kin》 독일어판에는 유럽의 여러 동물보호단체들에 대한 정보가 실려 있다.

세계 동물관련 인터넷 주소록(www.worldanimalnet.org)은 동물보호협회에 대한 세계 최대의 데이터베이스로, 1만 3,000여 개의 항목을 담고 있으며 6,000개가 넘는 웹 사이트가 링크되어 있다.

* 공연하는 동물들을 위한 동물복지협회 Performing Animal Welfare Society(PAWS)
  www.pawsweb.orgg
* 국제동물복지기금 International Fund for Animal Welfare
  www.ifaw.org
* 국제영장류보호연맹 International Primate Protection League(IPPL)
  www.ippl.org
* 국제오랑우탄재단 www.orangutan.org
* 녹색굴뚝 www.greenchimneys.org
* 동물보호협회 Animal Protection Institute(API)
  www.api4animals.org
* 동물복지 Anmialkind www.netcomuk.co.uk/~jcox/index.html(영국)
* 동물복지협회 Animal Welfare Institute(AWI) www.awionline.org
* 동물복지를 위한 대학연맹 Universities Federation for Animal Welfare
  www.ufaw.org.uk
* 동물에 대한 윤리적인 대우를 위하여 모인 사람들
  People for the Ethical Treatment of Animals(PETA)
  www.peta.org
* 동물재단 www.faunafoundation.org

- 동물지킴이 In Defense of Animals(IDA) www.idausa.org

- 동물의 친구들 Friends of Animals(FOA) www.friendsofanimals.org

- 루츠앤드슈츠

  www.janegoodall.org

  www.janegoodall.org/rs/rs_history.html

- 맥라이벌 사건

  www.mcspotlight.org/case/trial/verdict/index.html

  www.mcspotlight.org

- 멸종위기종을 생각하는 초콜릿 회사 www.chocolatebar.com

- 미국동물해부반대협회 American Anti-Vivisection Society(AAVS)

  www.aavs.org

- 미국인도주의협회 Humane Society of the United States(HSUS)

  www.hsus.org

- 비동물대안 Nonanimal alternatives

  다른 곳보다 www.mindlab.msu.edu를 먼저 참조하십시오.

  www.enviroweb.org   www.aavs.org

  www.hsus.org   www.interniche.org

- 사육되는 침팬지보호와 어린이교육 센터

  Center for Captive Chimpanzee Care and Kids for Chimps

  www.savethechimps.org

- 생명의 순환 재단 Circle of Life Foundation

  www.circleoflifefoundation.org

- 세계원숭이·영장류구조센터 www.monkeyworld.co.uk

- 신뢰할 수 있는 약품을 위한 의사협회

  Physicians Committee for Responsible Medicine(PCRM)

  www.pcrm.org

- 실험에 쓰이는 영장류 보호단체 Laboratory Primate Advocacy Group(LPAG)

  www.lpag.org

- 아시아동물보호네트워크 Asian Animal Protection Network

  www.aapn.org

- 아크 트러스트 www.arktrust.org
- 야생동물재단 Born Free Foundation www.bornfree.org.uk
- 암보셀리코끼리연구프로젝트 www.elephanttrust.org
- 얼라이브 www.alive-net.net(일본)
- 동물들에 대한 윤리적 대우를 위한 심리학자들의 모임

  Psychologists for the Ethical Treatment of Animals(PsyETA)

  www.psyeta.org
- 윤리적인 동물행동학자 / 동물행동학에 관심 있는 시민들의 모임(EETA/CRABS)

  www.ethologicalethics.org
- 인도주의축산업협회 Humane Farming Association(HFA) www.hfa.org
- 인도야생보호재단 Wildlife Trust of India www.wildlifetrustofindia.org
- 지구원로원 www.earthelders.org
- 지구헌장 www.earthcharter.org
- 캐나다동물연맹 www.animalalliance.ca
- 코끼리보호구역 www.elephants.com
- 티어가르텐보호구역 jimwillis0.tripod.com/tiergarten
- 하천지킴이 www.riverkeeper.org
- 한국동물보호협회 www.koreanimals.org
- 한국영장류연구소 www.iprc.or.kr
- 현명한 사람들의 모임 Bright Eyes Society www.brighteyes.dk(스페인)

최재천

서울대학교 동물학과를 졸업하고, 하버드대학교에서 생물학 박사 학위를 받았다. 서울대학교 생명과학부 교수를 거쳐 이화여자대학교 에코과학부 석좌교수로 재직 중이며 국립생태원 초대 원장을 역임했다. 지은 책으로는 《개미제국의 발견》, 《생명이 있는 것은 다 아름답다》 등이 있고, 《무지개를 풀며》, 《통섭》 등을 우리말로 옮겼다.

이상임

서울대학교 생물학과에서 〈까치의 번식 성공과 자손 성비의 연간 변이〉로 박사 학위를 받았다. 2008년부터 2016년까지 서울대학교 정밀기계 공동 연구소에서 소속되어 기계공학자들과 공동연구를 하면서 연구의 지평을 넓혔다. 2016년부터는 DGIST에서 학생들을 가르치며 본인의 다양한 융합 연구 경험을 공유하고 있다. 옮긴 책으로 《인간의 그늘에서》, 《호랑이》, 《이기적 유전자》(공역) 등이 있다.

제인 구달 생명의 시대

초판 1쇄 발행	2003년 11월 3일
개정 1판 1쇄 발행	2016년 6월 2일
개정 2판 2쇄 발행	2023년 8월 10일

지은이	제인 구달 · 마크 베코프
옮긴이	최재천 · 이상임
펴낸곳	(주)바다출판사
주소	서울시 종로구 자하문로 287
전화	02-322-3885(편집), 02-322-3575(마케팅)
팩스	02-322-3858
E-mail	badabooks@daum.net
홈페이지	www.badabooks.co.kr
ISBN	979-11-6689-005-5 03470